U0909139

"十四五"职业教育国家规划教材

iCourse · 教材

模拟电子技术项目教程

（第二版）

主　编　庄丽娟　高　雪

副主编　谈雪梅　曾贵苓

MONI DIANZI JISHU XIANGMU JIAOCHENG

中国教育出版传媒集团

高等教育出版社 · 北京

内容提要

本书是“十四五”职业教育国家规划教材，在长期教学改革的基础上，对模拟电子技术的教学内容进行梳理修订而成。

本书是活页式项目教程，共6个项目，主要内容包括：低频小信号放大电路的分析与调试、集成运算放大器的应用、信号发生电路的分析与调试、功率放大电路的安装与调试、直流稳压电源的分析与装调，以及模拟电子技术综合应用。

本书是新形态一体化教材，配套在线开放课程以及教学课件、微课、动画、仿真等丰富的教学资源，其中部分资源以二维码形式在书中呈现，方便读者使用，其他资源可通过封底的联系方式获取。

本书可作为高等职业院校、成教学院、技师学院等相关专业“模拟电子技术”课程的教学用书，也可作为相关工程技术人员的学习参考用书。

图书在版编目(CIP)数据

模拟电子技术项目教程/庄丽娟，高雪主编.—2版.—北京：高等教育出版社，2023.1

ISBN 978-7-04-059121-7

Ⅰ.①模…　Ⅱ.①庄…②高…　Ⅲ.①模拟电路-电子技术-高等职业教育-教材　Ⅳ.①TN710

中国版本图书馆CIP数据核字(2022)第138987号

策划编辑 谢永铭　**责任编辑** 张尕琳　谢永铭　**封面设计** 张文豪　**责任印制** 高忠富

出版发行	高等教育出版社	**网　址**	http://www.hep.edu.cn
社　址	北京市西城区德外大街4号		http://www.hep.com.cn
邮政编码	100120	**网上订购**	http://www.hepmall.com.cn
印　刷	上海当纳利印刷有限公司		http://www.hepmall.com
开　本	787 mm×1092 mm　1/16		http://www.hepmall.cn
印　张	18	**版　次**	2018年1月第1版
字　数	416千字		2023年1月第2版
购书热线	010-58581118	**印　次**	2023年1月第1次印刷
咨询电话	400-810-0598	**定　价**	52.00元

物 料 号　59121-00

配套学习资源及教学服务指南

二维码链接资源

本书配套微课、动画等学习资源，在书中以二维码链接形式呈现。手机扫描书中的二维码进行查看，随时随地获取学习内容，享受学习新体验。

打开书中附有二维码的页面　　扫描二维码　　查看相应资源

在线自测

本书提供在线交互自测，在书中以二维码链接形式呈现。手机扫描书中对应的二维码即可进行自测，根据提示选填答案，完成自测确认提交后即可获得参考答案。自测可以重复进行。

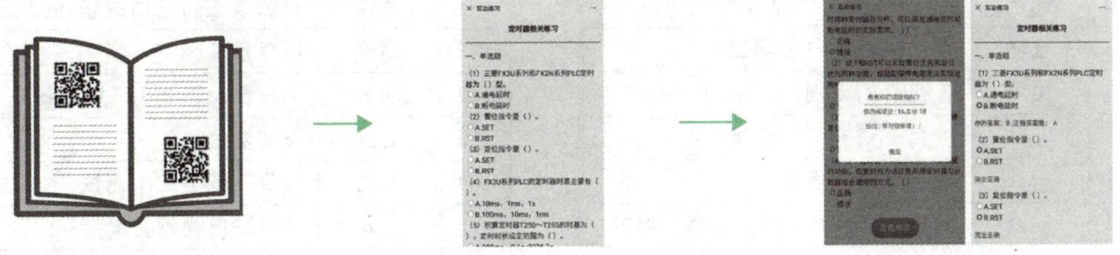

打开书中附有二维码的页面　　扫描二维码开始答题　　提交后查看自测结果

在线开放课程

本书配套在线开放课程“模拟电子技术”，可进行在线学习互动讨论。

学习方法：访问网址 https://www.icourse163.org/course/CZILI-1207043806。

教师教学资源下载

本书配有课程相关的教学资源，例如，教学课件、习题及参考答案、仿真案例等。选用教材的教师，可扫描下方二维码，关注微信公众号“高职智能制造教学研究”，点击“教学服务”中的“资源下载”，或电脑端访问网址（101.35.126.6），注册认证后下载相关资源。

★如您有任何问题，可加入工科类教学研究中心QQ群：243777153。

本书二维码资源列表

项目	页码	类型	说　　明
一	002	延伸阅读	半导体的发展与现状
	003	动画	本征半导体
	004	微课	PN 结及其单向导电性
	004	动画	PN 结的形成
	004	动画	PN 结的单向导电性
	006	微课	二极管的基础知识
	008	微课	二极管的基本应用
	013	动画	双极型晶体管内载流子的运动
	014	动画	共射输出特性
	015	动画	双极型晶体管的开关作用
	016	动画	温度对 Q 点的影响
	017	动画	结型场效应晶体管的结构
	017	动画	结型场效应晶体管的工作原理
	018	动画	结型场效应晶体管的转移特性
	018	动画	结型场效应晶体管的输出特性
	020	动画	MOSFET 工作原理
	023	互动	项目一任务一小测试
	023	微课	二极管的识别与测试
	036	互动	项目一任务二小测试
	041	微课	放大电路的组成
	042	动画	共射接法的基本放大电路的组成
	043	微课	放大电路的分析方法
	044	动画	基本放大电路的放大作用
	045	微课	共射放大电路的静态分析
	046	动画	分压式偏置电路
	047	微课	共射放大电路的动态分析
	048	动画	微变等效电路的画法
	049	动画	放大电路动态图解分析
	051	动画	射极输出器
	061	互动	项目一任务三小测试
	075	文本	项目一自测题答案
	077	文本	项目一习题答案
二	085	延伸阅读	芯片的发展与现状
	087	微课	集成运放及其组成
	089	微课	差分放大电路及静态分析
	090	动画	R_e 的抑制零漂作用
	091	微课	差分放大电路的动态分析
	092	动画	差模和共模信号
	093	动画	差分放大电路的输入
	096	互动	项目二任务一小测试
	101	微课	反馈的基本概念
	102	动画	瞬时极性法
	103	微课	负反馈放大电路的基本类型
	104	动画	反馈组态判断(一)
	105	动画	反馈组态判断(二)
	106	动画	负反馈在改善波形中的作用
	111	互动	项目二任务二小测试
	115	微课	集成运放的特性
	116	动画	虚短和虚断
	117	微课	反相比例运算
	117	微课	同相比例运算
	123	互动	项目二任务三小测试
	133	文本	项目二自测题答案
	135	文本	项目二习题答案
三	145	微课	正弦波振荡电路的基础知识
	146	动画	振荡条件
	153	动画	变压器反馈式 LC 振荡器
	162	动画	方波发生器
	164	互动	项目三任务三小测试
	175	文本	项目三自测题答案
	176	文本	项目三习题答案
四	179	延伸阅读	观中国“天眼”,树民族自信
	181	微课	功率放大电路
	182	动画	功放的类型和效率
	183	动画	交越失真
	184	动画	功放的图解分析
	190	互动	项目四小测试
	201	文本	项目四自测题答案
	202	文本	项目四习题答案
五	209	微课	直流稳压电源概述
	210	微课	整流电路
	211	动画	单相桥式整流电路
	214	动画	电容滤波电路
	220	动画	串联反馈式稳压电路
	227	互动	项目五任务二小测试
	231	延伸阅读	工匠精神
	237	文本	项目五自测题答案
	240	文本	项目五习题答案

前　言

本书是“十四五”职业教育国家规划教材，根据高等职业院校人才培养目标和对专业基础课程教学改革的基本要求，对模拟电子技术的理论知识和实践项目进行重新梳理修订而成。

本书在编写过程中推进党的二十大精神进教材，全面贯彻党的教育方针，落实立德树人根本任务，融入思政教学元素，注重学生科学思维和职业素养的培养，以逐步培养学生解决实际问题、树立工程应用概念为主线，突出了模拟电子技术的应用性。

本书具有以下特点：

1. 本书按项目任务编排内容，每个任务有“知识积累”和“任务实施”，每个项目有“拓展训练”，在保证基础理论和基本知识够用的前提下，强化实践和应用，注重工作过程的体验，包括工作任务的导入，工作过程的准备、实施、交流分享和评价总结等，突出基本技能的培养和职业素养的培育，充分体现学做一体的理念。

2. 前五个项目均配有“项目描述”“项目目标”“复习与讨论”“项目小结”“自测题”和“习题”，可帮助学生明确重点，并随时了解自己的掌握情况。

3. 项目六为“模拟电子技术综合应用”，可作为课程配套的实训周内容或课程设计内容。书中部分任务实施以计算机仿真形式出现，可以更好地满足不同院校的教学需求。

4. 本书采用活页形式呈现，方便在任务实施过程中的生生交互、师生交互，以及对教材的二次开发，每个项目后的活页式自测题也给教学过程中的随堂测验带来方便。

5. 本书是新形态一体化教材，在纸质教材外，师生可获得在线数字课程资源的支持，同时配套教学课件、微课、动画、延伸阅读等丰富的教学资源，其中部分资源以二维码形式在书中呈现，助教利学。

6. 本书将重要的名词、概念、公式、结论、使用注意事项等用波浪线标记，一方面突出重点，另一方面也提高可读性。同时，通过扫描书中的二维码可观看丰富资源，提高学习效率，激发学习兴趣。

全书共有6个项目，14个任务，建议安排72学时，另外最好配套两周左右的综合实训周。教师在实际教学中可结合具体情况进行选择。

本书由常州工业职业技术学院庄丽娟、高雪担任主编，由常州工业职业技术学院谈雪梅、芜湖职业技术学院曾贵苓担任副主编。其中，项目一和项目四由高雪负责编写，项目二、项目六和附录由庄丽娟、曾贵苓负责编写，项目三和项目五由谈雪梅负责编写。庄丽娟完成全书的统稿工作。

浙江天煌科技实业有限公司的鲁其银工程师对教材编写提出了宝贵建议，编者在此表示衷心的感谢。

由于编者水平所限，书中错漏在所难免，恳请读者批评指正(读者反馈邮箱:877441988@qq.com)。

编　者

目　录

项目一 低频小信号放大电路的分析与调试

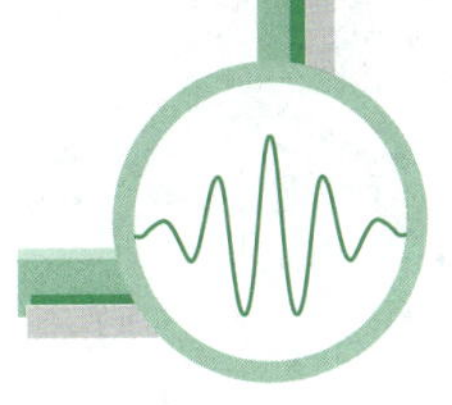

项目描述

自然界中的物理量大部分是模拟量,如温度、压力、长度、图像及声音等,要被电子设备利用,就需要通过传感器转化为电信号,但是转化后的电信号一般很小,不足以驱动负载工作(或者进行某种传输和转换)。于是,人们得到这些很小的信号后,首先要对它们进行放大。放大电路中的放大,其本质是能量的控制和转换。例如,常见的扩音器,其中话筒将语音信号转化为电信号,在此输入信号的作用下,通过放大电路将直流电源的能量转化成扬声器所获得的能量。

放大电路(如扩音器)主要由电压放大电路和功率放大电路两部分组成,先由电压放大电路将微弱的电信号放大去推动功率放大电路,再由功率放大电路输出足够的功率去推动执行元件(如扬声器)。

电压放大电路按构成的器件不同,可分为分立元件放大电路和集成器件放大电路。本项目是按照放大电路的基本要求,制作并调试一个由分立元件构成的低频小信号放大电路。

项目目标

【知识目标】

☆ 掌握二极管的基本特征、主要参数、电路符号，了解其主要应用。

☆ 掌握三极管及场效应晶体管的基本特征、主要参数及电路符号。

☆ 理解基本放大电路的组成和原理，并能分析共射放大电路基本性能指标。

☆ 理解放大电路非线性失真的原因和改善失真的方法。

☆ 掌握阻容耦合多级放大电路的分析方法。

☆ 了解常用电子仪器仪表的特点和使用方法，了解元器件的成形方法与焊接步骤。

【技能目标】

☆ 能用万用表对二极管、三极管等元器件进行简易判断。

☆ 初步掌握常用电子仪器仪表的使用，掌握电烙铁的使用。

☆ 能安装和调试三极管基本放大电路，并测量其性能指标。

☆ 具有电路测试方案的设计能力和分析测试数据的能力。

☆ 具有检索和阅读各种电子手册及资料的能力，并逐步培养排除电路故障的能力。

☆ 能熟练运用 Multisim 仿真软件。

【素质目标】

☆ 通过了解半导体器件的发展与现状，激发学习兴趣，树立职业梦想，培养爱国情怀。

☆ 通过焊接技术的训练，培养学生的质量意识和安全意识。

☆ 通过单管放大电路装调任务的实施，逐步培养学生沟通能力及团队协作能力。

☆ 通过仿真软件的学习与使用，培养自主学习和创新能力，并逐步形成发现问题和解决问题的能力。

任务一　常用半导体元器件的认识与检测

半导体分立元件是构成电子电路的核心元器件,它们所用的材料是经过特殊加工且性能可控的半导体材料。放大电路是由许多电子元器件构成的,如二极管、三极管、电阻器及电容器等,因此,掌握常用电子元器件的结构、原理及识别方法,熟练地检测并能正确地选择这些电子元器件对后续内容的学习至关重要。

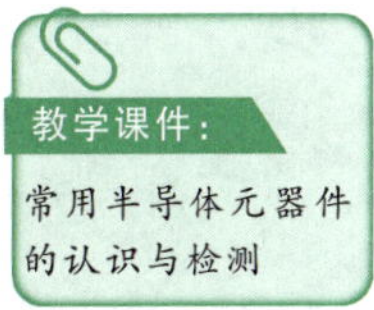

知识积累

一、半导体的基础知识

1. 半导体的特征

导电能力介于导体和绝缘体之间的物质称为半导体。目前,用得最多的半导体材料是硅和锗,它们都是四价元素,具有热敏性、光敏性和掺杂性。热敏性是指其导电能力受环境温度影响很大,温度升高,导电能力增强,利用热敏性可制成各种热敏电阻;光敏性是指半导体的导电能力对光照强度敏感,利用光敏性可制成光电二极管、光电三极管及光敏电阻;掺杂性是指在纯净的半导体中掺入微量杂质,可显著提高它的导电能力,利用掺杂性可制成各种不同性能、不同用途的半导体元件,如二极管、三极管、场效应晶体管等。

2. 杂质半导体

纯净的不含有任何杂质的半导体称为本征半导体。常温下,本征半导体中由热激发而形成的电子-空穴对数量很少,故导电能力差,用处不大,但在其中掺入某种微量杂质,会使其导电能力发生显著的变化。根据掺入杂质的不同,可形成两种不同的杂质半导体,即 N 型半导体和 P 型半导体。

(1) N 型半导体

在本征半导体硅或锗中掺入微量的五价元素,可使自由电子的浓度大大增加,自由电子成为多数载流子,简称多子,空穴成为少数载流子,简称少子,由于主要靠电子导电,故称电子型半导体,又称 N 型半导体。

(2) P 型半导体

在本征半导体硅或锗中掺入微量的三价元素,可使空穴的浓度大大增加,空穴成为多子,而自由电子成为少子。这种以空穴导电为主的半导体称为 P 型半导体。必须指出,虽然 N 型半导体中有大量带负电的自由电子,P 型半导体中有大量带正电的空穴,但是由于带有相反极性电荷的杂质离子(半导体中的离子不是载流子)的平衡作用,无论是 N 型半导体还是 P 型半导体,对外表现都是电中性的。

3. PN结及其单向导电性

在一块完整的晶片上，通过一定的掺杂工艺，一边为P型半导体，另一边为N型半导体，则在它们的交界处会形成一个具有特殊物理性能的薄层，称为PN结。在PN结两端加上外电压，称为PN结偏置。

(1) PN结正向偏置

将P区接电源正极，N区接电源负极，称为PN结正向偏置，简称正偏。由于外加电源产生的外电场方向与PN结内电场方向相反，削弱了内电场，使PN结变薄，促进了两区多子向对方扩散，形成持续的正向电流，此时PN结处于正向导通状态，表现为图1-1(a)所示电路中小电珠发亮。

(2) PN结反向偏置

将P区接电源负极，N区接电源正极，称为PN结反向偏置，简称反偏。由于外加电源产生的外电场方向与PN结内电场方向一致，加强了内电场，使PN结变宽，阻碍了多子的扩散运动，只有少子形成很微弱的反向电流，在一定电压范围内，该反向电流不随反向电压的增大而增大，亦称反向饱和电流，其值受温度影响较大。由于反向电流较小，可以忽略不计，此时PN结处于反向截止状态，表现为图1-1(b)所示电路中小电珠熄灭。

综上所述，PN结具有单向导电性，即加正向电压时PN结导通，加反向电压时PN结截止。

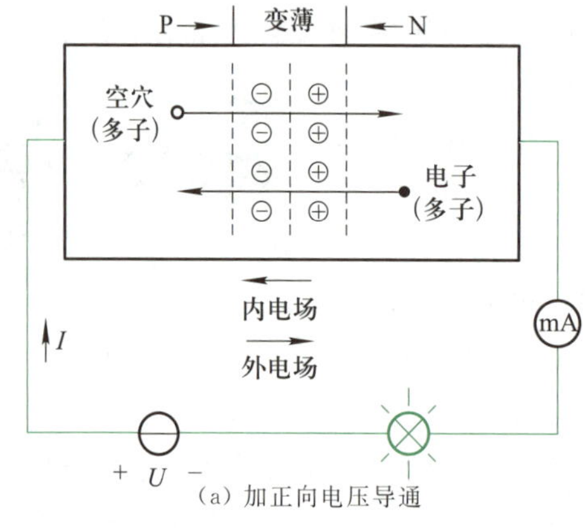

图1-1 PN结的单向导电性

二、二极管(Diode)

1. 初步认识二极管

(1) 二极管实物

常用二极管实物见表1-1。

表 1-1　常用二极管实物

贴片二极管 	贴片整流二极管 	贴片发光二极管 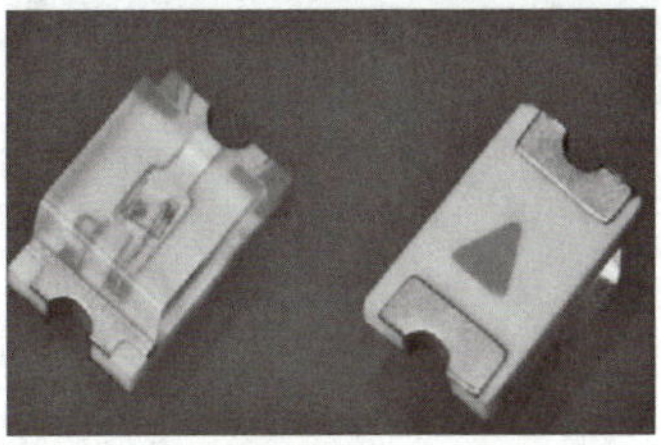
普通二极管 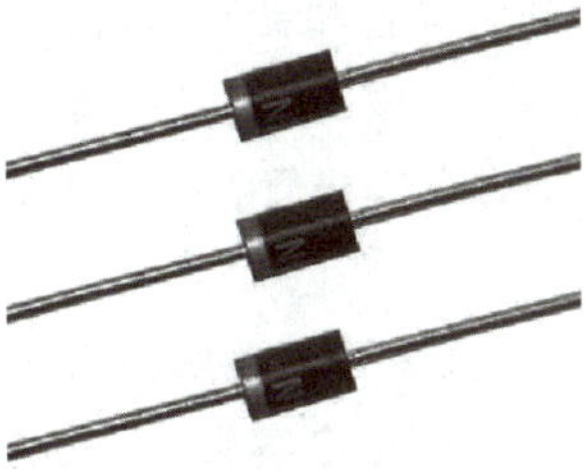	发光二极管 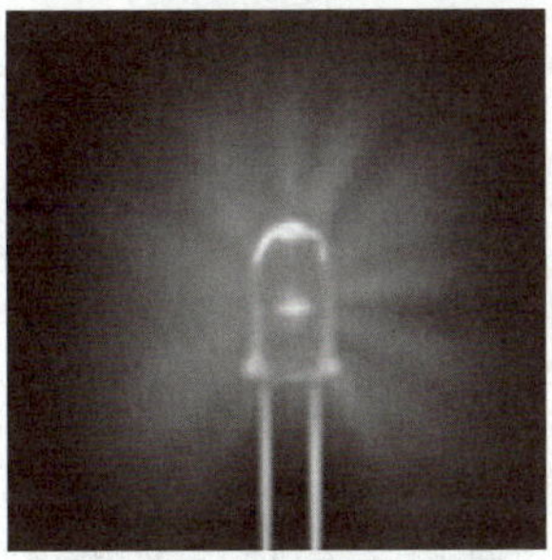	稳压二极管 
大功率整流二极管 	光电二极管 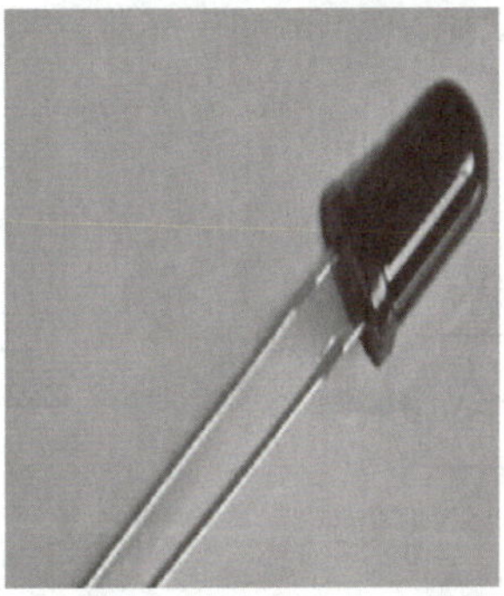	微波二极管 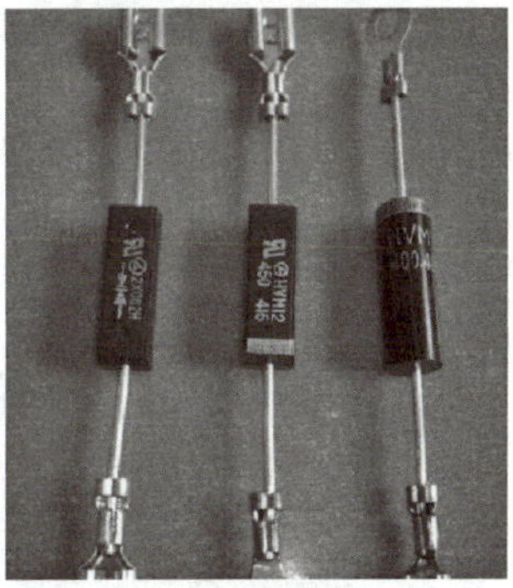
变容二极管 	激光二极管 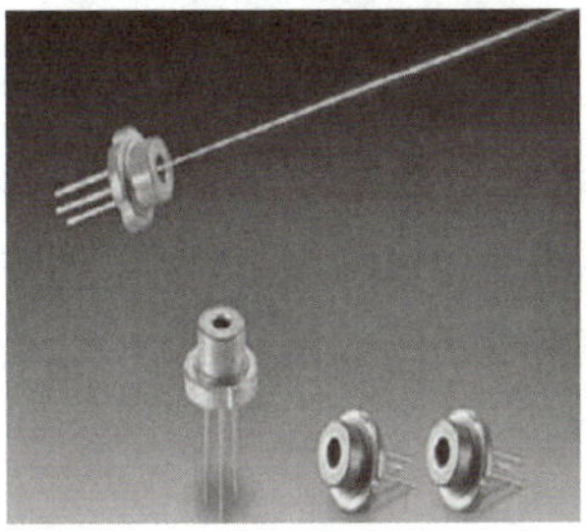	肖特基二极管 

(2) 二极管的结构与符号

在 PN 结的两端引出金属电极，用玻璃、金属或塑料封装，就做成了二极管，其结构如图 1-2(a)所示。常见的二极管体积不大，与普通电阻器相当。有的二极管外壳上会标出二极管的极性，二极管的电气图形符号如图 1-2(b)所示。

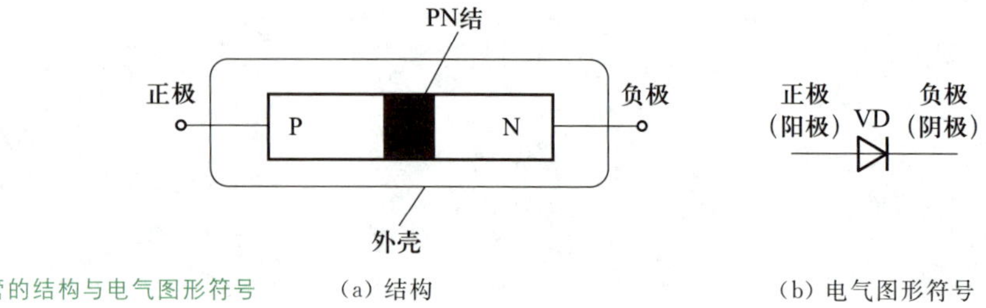

图 1-2　二极管的结构与电气图形符号　(a) 结构　(b) 电气图形符号

(3) 二极管的分类

二极管种类很多，按制造材料可分为硅管和锗管；按用途可分为整流二极管、稳压二极管、开关二极管、发光二极管、光电二极管、变容二极管等；按功率可分为大功率二极管、中功率二极管、小功率二极管等。

二极管按结构还可分为点接触型二极管和面接触型二极管两类：点接触型二极管如图 1-3(a)所示，由于其 PN 结面积很小，因而结电容很小，其高频性能好，但不能通过大电流，主要用于高频检波和小电流整流等；面接触型二极管如图 1-3(b)所示，由于其 PN 结面积大，因而结电容大，不适应在高频环境工作，但允许通过较大电流，主要用于低频整流电路。

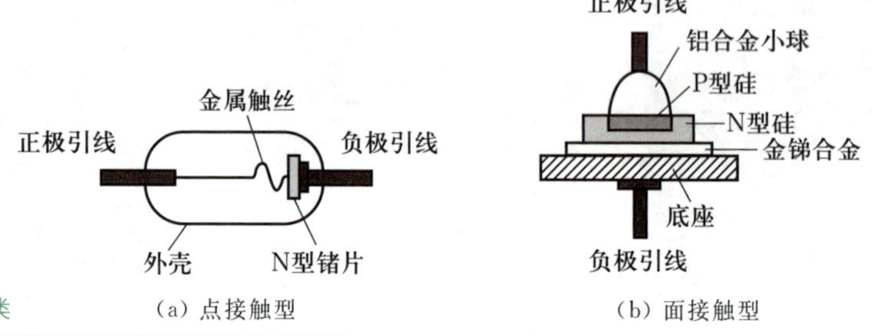

图 1-3　二极管按结构分类　(a) 点接触型　(b) 面接触型

2. 二极管的伏安特性

二极管的核心是 PN 结，它的特性就是 PN 结的特性——单向导电性。为了形象地描述二极管的单向导电性，常用伏安特性曲线来表示。所谓伏安特性曲线，是指二极管两端电压和流过二极管电流的关系曲线，如图 1-4 所示，图中虚线为锗管的伏安特性曲线，实线为硅管的伏安特性曲线。实际使用中，常用晶体管特性图示仪测量二极管的伏安特性曲线。

(1) 正向特性

二极管两端加正向电压时，就产生正向电流，当正向电压较小时，如图 1-4中 OA(OA')段，正向电流极小(几乎为 0)，这一部分称为死区，对应的 A(A')点的电压称为死区电压，硅管约为 0.5 V，锗管约为 0.1 V。

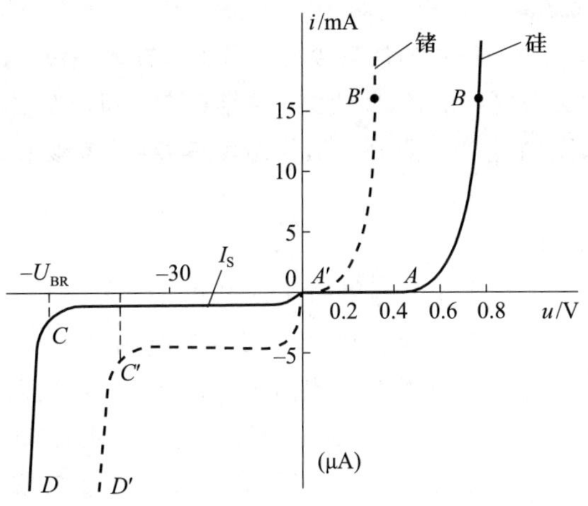

图 1-4　二极管伏安特性曲线

当正向电压大于死区电压时，如图 1-4 中 $AB(A'B')$段，正向电流急剧增大，二极管呈现很小的电阻而处于导通状态，这时硅管的正向导通压降为 0.6～0.7 V，锗管为 0.2～0.3 V。

(2) 反向特性

二极管两端加反向电压时，在起始的一定范围内，如图 1-4 中 $OC(OC')$段，二极管呈现出非常大的电阻，反向电流很小，且不随反向电压的变化而变化。此时的电流称为反向饱和电流，用 I_S 表示。

(3) 反向击穿特性

二极管两端反向电压增加到一定值时，如图 1-4 中 $CD(C'D')$段，反向电流突然急剧增大，这种现象称为反向击穿。此时对应的电压称为反向击穿电压，用 U_{BR} 表示。

(4) 温度对二极管特性的影响

二极管的核心是 PN 结，它的导电性能与温度有关，温度升高时，二极管正向特性曲线向左移动，正向压降减小；反向特性曲线向下移动，反向电流增大。

3. 二极管的主要参数

二极管的特性除了用伏安特性曲线来表示外，还可以用参数来说明，二极管的主要参数如下：

(1) 最大整流电流 I_F

I_F 是指在规定的环境条件下，二极管长期运行允许通过的最大半波正向电流平均值。使用时，实际正向电流平均值不能超过此值，否则会烧坏二极管。

(2) 最大反向工作电压 U_{RM}

U_{RM} 是指允许加在二极管上的反向电压的峰值，也就是通常所说的耐压值。一般产品手册上给出的最大反向工作电压值是试验反向击穿电压 U_{BR} 的一半左右。使用时应注意，加于二极管的反向工作电压峰值不能超过 U_{RM}。

(3) 最大反向电流 I_R

I_R 是指在给二极管加最大反向工作电压时的反向电流值。I_R 越小说明二极管的单向导电性越好，此值受温度的影响较大。

(4) 最高工作频率 f_M

f_M 是指二极管单向导电作用的最高频率。当工作频率超过 f_M 时，二极管的单向导电性就会变差，甚至失去单向导电性，此值由 PN 结结电容所决定。

此外还有结电容、正向整流压降 U_F、工作温度等参数，各参数均可在半导体手册中查得。

4. 二极管的基本应用

(1) 二极管的开关作用

电子电路中，二极管常常作为开关使用，这是因为二极管正偏导通时两端的电压很小，可近似看作压降为 0 V(实际工程估算中，若二极管的正向导通电压比外加电压小许多时，一般按 10 倍来衡量，常可忽略不计，并将此时的二极管称为理想二极管)，即相当于开关闭合；反向偏置时流过的电流很小，可近似看作开路，即相当于开关断开。因此，二极管具有开关特性。

(2) 二极管的整流作用

整流就是利用二极管的单向导电性，把交流电变成脉动直流电。

(3) 二极管的限幅作用

利用二极管导通后压降很小且基本不变的特性，可以构成限幅电路，使输出电压幅度限制在某一电压值内。

(4) 二极管的保护作用

电子电路中，常利用二极管来保护其他元器件免受过高电压的损害。

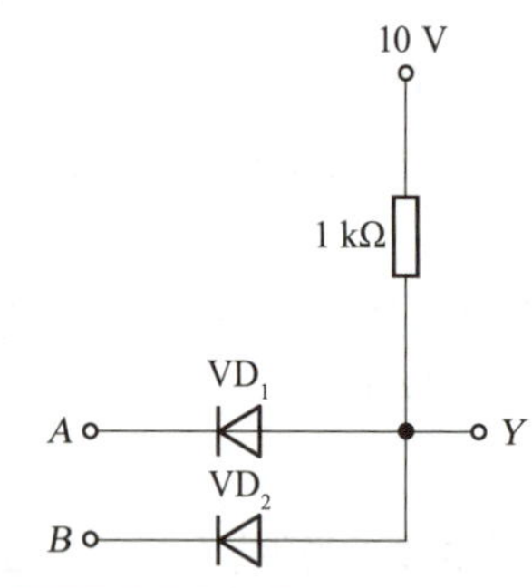

图 1-5 例 1-1 电路图

例 1-1 在图 1-5 所示电路中，设二极管的导通电压为 0.7 V，试求下列几种情况下输出端 Y 点的电位及流过各元器件的电流。(1) $V_A=V_B=0$ V；(2) $V_A=3$ V，$V_B=0$ V。

解：(1) 二极管 VD_1 和 VD_2 均承受正向电压，且正向电压相等，都导通。所以输出端 Y 点电位为二极管的导通电压，即 $V_Y=0.7$ V。流过二极管 VD_1 和 VD_2 的电流为 $I_{VD1}=I_{VD2}=\frac{1}{2}\times\frac{10\text{ V}-0.7\text{ V}}{1\text{ k}\Omega}=4.65$ mA。

(2) 二极管 VD_1 和 VD_2 均承受正向电压，但 VD_2 承受的正向电压大，VD_2 优先导通。所以输出端 Y 点电位为二极管的导通电压，即 $V_Y=0.7$ V，将 VD_1 钳制在截止状态。流过二极管 VD_1 的电流 I_{VD1} 为 0 mA，流过二极管 VD_2 的电流 $I_{VD2}=\frac{10\text{ V}-0.7\text{ V}}{1\text{ k}\Omega}=9.3$ mA。

例 1-2 二极管双向限幅电路如图 1-6 所示，设 $u_i=10\sin\omega t$ V，二极管为理想二

1

极管，试画出 u_i 和 u_o 的波形。

解：u_i 正半周时，VD_2 截止。当 $u_i<4$ V 时，VD_1 截止，$u_o=u_i$；当 $u_i\geqslant 4$ V 时，VD_1 导通，$u_o=4$ V。

u_i 负半周时，VD_1 截止。当 $u_i\leqslant -6$ V 时，VD_2 导通，$u_o=-6$ V；当 $u_i>-6$ V 时，VD_2 截止，$u_o=u_i$。

由此可画出波形，如图 1-7 所示。

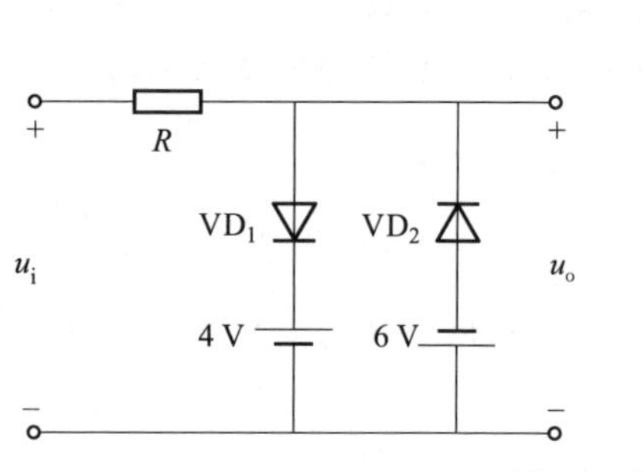

图 1-6　例 1-2 电路图

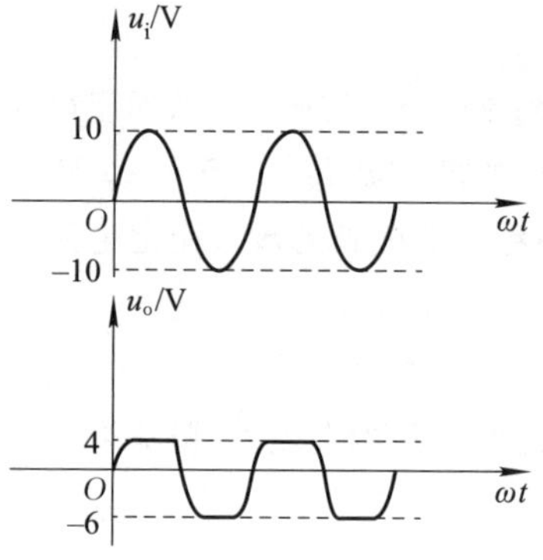

图 1-7　例 1-2 波形图

5. 特殊二极管及其应用

(1) 稳压二极管

稳压二极管简称稳压管，它的特性曲线及电气图形符号如图 1-8 所示。稳压二极管和普通二极管的正向特性相同，不同的是反向击穿电压较低，且击穿特性陡峭，这说明反向电流在较大范围内变化时，击穿电压基本不变。稳压二极管正是利用反向击穿特性来实现稳压的，因此，稳压二极管正常工作时，处于反向击穿状态，此时的击穿电压称为稳定电压，用 U_Z 表示。

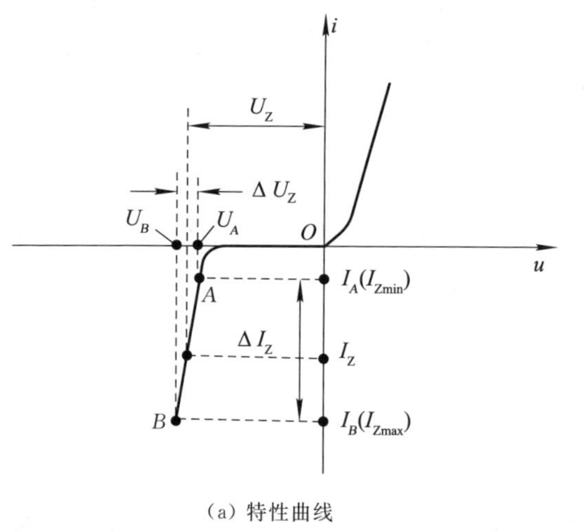

(a) 特性曲线

(b) 电气图形符号

图 1-8　稳压二极管的特性曲线及电气图形符号

稳压二极管的主要参数：

① 稳定电压 U_Z：稳压二极管的反向击穿电压。

② 稳定电流 I_Z：指稳压二极管工作在稳压状态时流过的电流。当稳压二极管流过的电流小于最小稳定电流 I_{Zmin} 时，没有稳压作用，大于最大稳定电流 I_{Zmax} 时，稳压二极管会因过流而损坏。

稳压二极管的参数除了 U_Z 和 I_Z 外，还有动态电阻 r_Z、耗散功率 P_Z、电压温度系数 C_{TV} 等。

例 1-3 在图 1-9 所示电路中，已知 $U_I=15\ V$，稳压二极管的稳定电压 $U_Z=6\ V$，稳定电流的最小值 $I_{Zmin}=5\ mA$，最大功耗 $P_{ZM}=150\ mW$，试求电阻 R 的取值范围。

解：稳压二极管的最大稳定电流

$$I_{Zmax}=P_{ZM}/U_Z=25\ mA$$

流过电阻 R 的电流 I_R 范围为 $I_{Zmin}\sim I_{Zmax}$，且 $R=\dfrac{U_I-U_Z}{I_R}$，所以 R 的最大值、最小值为

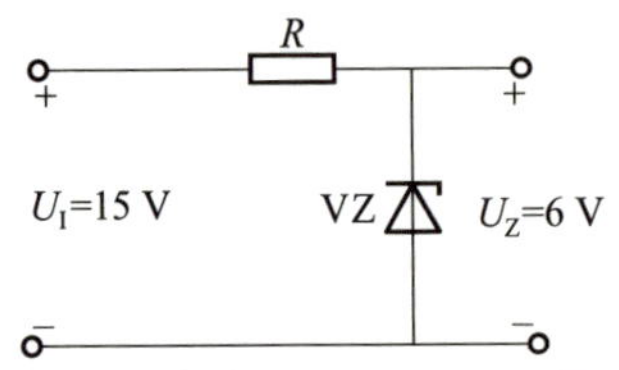

图 1-9　例 1-3 电路图

$$R_{max}=\frac{U_I-U_Z}{I_{Zmin}}=\frac{15-6}{5}k\Omega=1.8\ k\Omega$$

$$R_{min}=\frac{U_I-U_Z}{I_{Zmax}}=\frac{15-6}{25}k\Omega=0.36\ k\Omega$$

R 的取值范围为 0.36～1.8 kΩ。

(2) 光电二极管

光电二极管是一种很常用的光电元件，工作在反偏状态，它的管壳上有一个玻璃窗口，以便接受光照。光电二极管的电气图形符号如图 1-10 所示。

光电二极管与普通二极管一样，通常正向电阻为几千欧，反向电阻为无穷大，否则表明光电二极管质量劣化或损坏。当受到光线照射时，反向电阻显著变化，正向电阻不变。

光电二极管的应用很广泛，主要用于在需要光电转换的自动探测、控制装置以及光导纤维通信系统中作为接收器件等。

(3) 发光二极管

发光二极管(LED)与普通二极管一样，也是由 PN 结构成的，具有单向导电性，工作在正向偏置状态，导通时能发光，是一种把电能转换成光能的半导体元件。发光二极管的电气图形符号如图 1-11 所示。

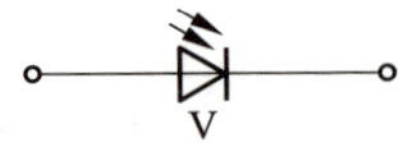

图 1-10　光电二极管的电气图形符号

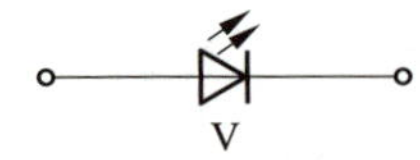

图 1-11　发光二极管的电气图形符号

发光二极管的 PN 结正向特性也较特殊，当工作电流为几毫安至十几毫安时，正向压降为 1.5～3 V。发光二极管可分为普通发光二极管、红外线发光二极管、激光二极管，常见发光二极管的主要特性见表 1-2。

表 1-2 常见发光二极管的主要特性

颜色	波长/nm	基本材料	正向电压/V(10 mA 时)	光强/mcd	光功率/μW
红外	900	砷化钾	1.3～1.5		100～500
红	655	磷砷化钾	1.6～1.8	0.4～1	1～2
鲜红	635	磷砷化钾	2.0～2.2	2～4	5～10
黄	583	磷砷化钾	2.0～2.2	1～3	3～8
绿	565	砷化钾	2.2～2.4	0.5～3	1.5～8

发光二极管的用途很广泛，常用作设备的电源指示灯，音响设备、数控装置中的显示器，红外发光二极管常用于发射装置中，半导体激光二极管用于 CD 机、视盘机及激光打印机等电子设备中。发光二极管使用时，一定要串接限流电阻，如图 1-12 所示。限流电阻的阻值可根据供电电压大小、发光二极管正向电压大小以及发光二极管最大正向工作电流三者决定，一般为几百欧至几千欧。

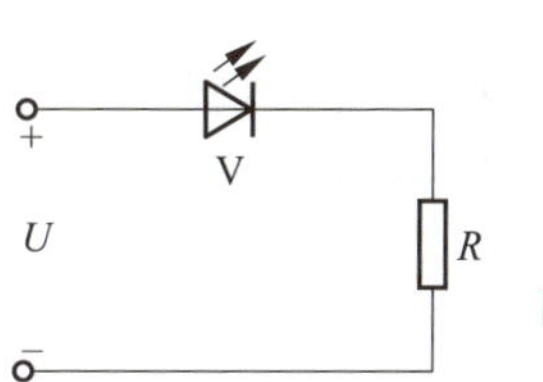

图 1-12 发光二极管基本应用电路

三、三极管(Triode)

三极管是通过一定工艺，将两个 PN 结结合在一起的元件。由于两个 PN 结之间相互影响，使三极管表现出不同于单个 PN 结的特性，即具有电流放大功能，从而使 PN 结的应用发生了质的飞跃。

1. 初步认识三极管

(1) 三极管实物

常用三极管实物见表 1-3。

表 1-3 常用三极管实物

金属封装大功率三极管	塑料封装大功率三极管	塑料封装小功率三极管
金属封装高频三极管	达林顿三极管	贴片三极管

(2) 三极管的结构与符号

三极管是由三层不同性质的半导体组合而成的，其结构如图 1-13(a)所示，按半导体的组合方式不同，可将其分为 NPN 型三极管和 PNP 型三极管。三极管的电气图形符号如图 1-13(b)所示，符号中的箭头表示发射结正向偏置时的电流方向。

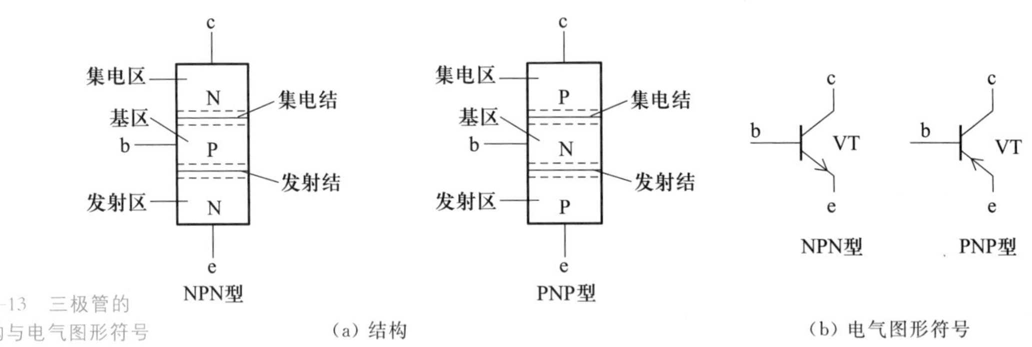

图 1-13　三极管的结构与电气图形符号

为了使三极管具有电流放大作用，在制作时，每个区的掺杂浓度及面积均不同，其内部结构特点是：发射区的掺杂浓度高；基区做得很薄，且掺杂浓度低；集电结面积大于发射结面积。这些特点是三极管实现放大作用的内部条件。

(3) 三极管的分类

三极管的种类很多，常见的分类形式有以下 5 种：

① 按结构类型分为 NPN 管和 PNP 管。

② 按制作材料分为硅管和锗管。

③ 按工作频率分为高频管和低频管。

④ 按功率大小分为大功率管、中功率管和小功率管。

⑤ 按工作状态分为放大管和开关管。

2. 三极管的电流放大作用

三极管实现电流放大作用的外部条件是发射结正向偏置，集电结反向偏置。图 1-14(a)为 NPN 管的偏置电路，三个电极之间的电位关系为：$V_C > V_B > V_E$，确保满足外部条件。图 1-14(b)为 PNP 管的偏置电路，和 NPN 管的偏置电路相比，电源极性正好相反，为保证三极管实现放大作用，必须满足 $V_C < V_B < V_E$。

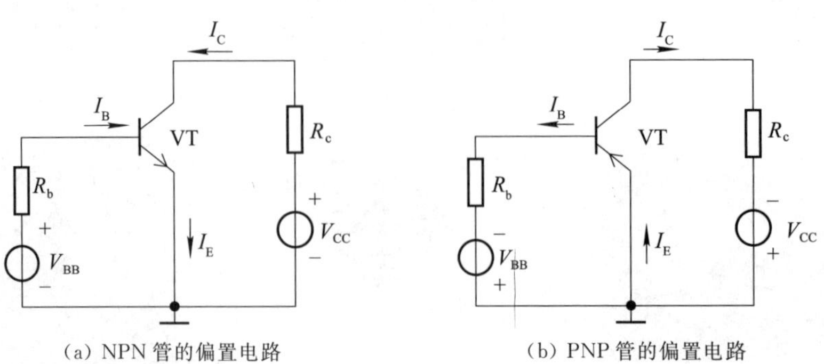

图 1-14　三极管具有放大作用的外部条件

为了解三极管各极电流的分配关系，以 NPN 型三极管为例，用图 1-15 所示的电路进行测试，调节电位器 R_P，可测得几组数据，见表 1-4。

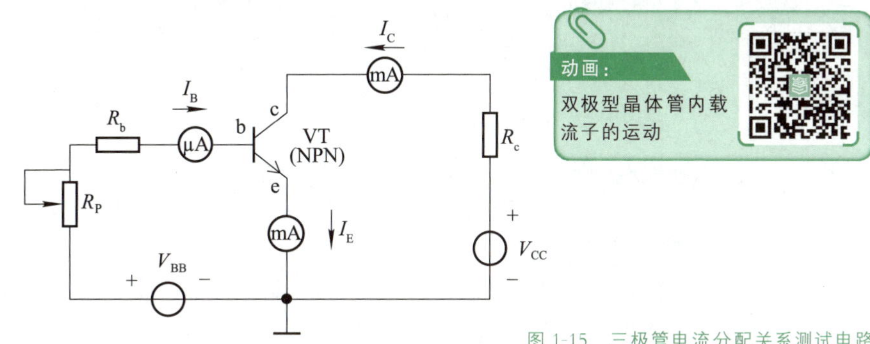

图 1-15 三极管电流分配关系测试电路

表 1-4 三极管各极电流测试数据

基极电流 $I_B/\mu A$	集电极电流 I_C/mA	发射极电流 I_E/mA	基极电流 $I_B/\mu A$	集电极电流 I_C/mA	发射极电流 I_E/mA
−1	0.001	0	30	3	3.03
0	0.1	0.1	40	4	4.04
10	1	1.01	50	5	5.05
20	2	2.02			

通过对表 1-4 中的数据进行分析、计算，可发现三极管极间电流存在如下关系：

① $I_E=I_B+I_C$，其中，$I_C \gg I_B$，此结果满足基尔霍夫电流定律，即流入三极管的电流等于流出三极管的电流。

② $\dfrac{I_C}{I_B}$ = 定值，通常用 $\bar{\beta}$ 表示，称为共射极直流电流放大系数，表征三极管的直流放大能力。

③ $\dfrac{\Delta I_C}{\Delta I_B}$ = 定值，通常用 β 表示，称为交流电流放大系数，表示三极管的交流放大性能。由上述数据分析可知：$\bar{\beta}$ 和 β 基本相等，为了表示方便，以后不加区分，统一用 β 表示。

④ 当 $I_E=0$ 时，即发射极开路，$I_C=-I_B$，这是因为集电结加反偏电压，引起少子的定向运动，形成一个由集电区流向基区的电流，称为反向饱和电流，用 I_{CBO} 表示。

⑤ 当 $I_B=0$ 时，$I_C=I_E\neq 0$，但该电流十分微小，此电流称为集电极-发射极穿透电流，用 I_{CEO} 表示。

3. 三极管的特性曲线

三极管的特性曲线是指各电极间电压和电流之间的关系曲线，它能直观、全面地反映三极管各极电流与电压之间的关系。三极管的特性曲线可用图 1-16 所示电路测试后逐点描绘，也可以用晶体管特性图示仪直观地显示出来。

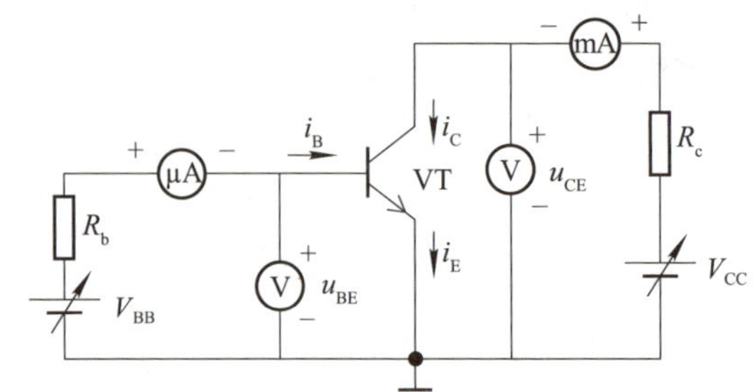

图 1-16　三极管特性曲线测试电路

(1) 输入特性曲线

三极管的输入特性曲线如图 1-17(a)(以硅管为例)所示,该曲线是指当电压 u_{CE} 一定时,输入回路中的基极电流 i_B 与基极-发射极电压 u_{BE} 之间的关系曲线,用函数式可表示为

$$i_B = f(u_{BE})\ |_{u_{CE}=\text{常量}}$$

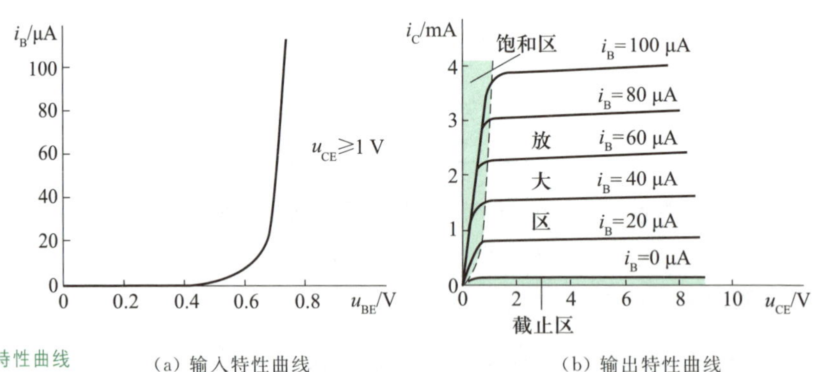

图 1-17　三极管的特性曲线　(a) 输入特性曲线　(b) 输出特性曲线

由图 1-17(a)可见,输入特性曲线与二极管正向特性曲线形状一样,也有一段死区,只有当 u_{BE} 大于死区电压时,输入回路才有电流 i_B 产生。常温下硅管的死区电压约为 0.5 V,锗管为 0.1~0.2 V。另外,当发射结完全导通时,三极管也具有恒压特性。常温下,硅管的导通电压为 0.6~0.7 V,锗管的导通电压为 0.2~0.3 V。

动画:
共射输出特性

(2) 输出特性曲线

三极管的输出特性曲线如图 1-17(b)所示,该曲线是指当 i_B 一定时,输出回路中的 i_C 与 u_{CE} 之间的关系曲线,用函数式可表示为

$$i_C = f(u_{CE})\ |_{i_B=\text{常量}}$$

在图 1-17(b)中,给定不同的 i_B 值,可对应地测得不同的曲线,这样不断地改变 i_B,便可得到一簇输出特性曲线。根据输出特性曲线的形状,将其分为三个区域:放大区、饱和区、截止区。

① 放大区

三极管处于放大状态的条件是发射结正偏,集电结反偏。放大区就是 $i_B>0$ 和 $u_{CE}>$ 1 V的曲线比较平坦的区域。此时的特征是 i_C 由 i_B 决定,而与 u_{CE} 关系不大,即 i_B 固定

1

时，i_C 基本不变，具有恒流特性，改变 i_B 可以改变 i_C，且 i_B 远小于 i_C，表明i_C 是受 i_B 控制的受控电流源，有电流放大作用。

② 饱和区

饱和区是对应于 $u_{CE} \leqslant u_{BE}$ 的区域，此时，发射结和集电结均处于正向偏置，三极管失去了基极电流对集电极电流的控制作用，此时，i_C 由外电路决定，而与 i_B 无关，所对应的 u_{CE} 值称为饱和压降，用 u_{CES} 表示。一般情况下，小功率硅管的 u_{CES} 约为 0.3 V，锗管的 u_{CES} 约为 0.1 V，大功率管的 u_{CES} 为 1～3 V。在理想条件下，$u_{CES} \approx 0$，三极管集电极、发射极间相当于短路状态，类似于开关闭合。

③ 截止区

一般将 $i_B = 0$ 以下的区域称为截止区。$i_B = 0$，$i_C = I_{CEO}$，此时，发射结零偏或反偏，集电结反偏，三极管的集电极、发射极间相当于开路状态，类似于开关断开。

使用三极管时，通常有两类不同的应用方式：使三极管工作在放大状态下，利用 i_B 对 i_C 的控制作用，是模拟电子技术的应用；使三极管在饱和与截止状态间转换，三极管相当于一个受控的开关，是数字电子技术的应用。

4. 三极管的主要参数及温度影响

(1) 三极管的性能参数

① 电流放大系数

电流放大系数表征三极管的电流放大能力。接成共射电路时，其电流放大系数用 β 表示。β 的定义在前面已介绍过，这里不再重复。

② 极间反向电流

极间反向电流主要指集电结反向电流 I_{CBO} 和集电极-发射极穿透电流 I_{CEO}，两者关系为：$I_{CEO} = (1+\beta)I_{CBO}$。由于反向电流是少子定向运动形成的，故要注意温度影响。常温下，小功率硅管的 $I_{CBO} < 1\ \mu A$，锗管的 $I_{CBO} \approx 10\ \mu A$。若考虑穿透电流，则 $I_C = \beta I_B + I_{CEO}$。

(2) 三极管的极限参数

所谓极限参数，指的是三极管在工作中的电流、电压或功率不允许超过的参数，它关系到三极管的安全应用问题。

① 集电极最大允许电流 I_{CM}

当集电极电流太大时，三极管的电流放大系数 β 值下降。把 i_C 增大至使 β 值下降为正常值的 2/3 时所对应的集电极电流称为集电极最大允许电流 I_{CM}。

② 集电极-发射极击穿电压 $U_{(BR)CEO}$

$U_{(BR)CEO}$ 是指当基极开路时，集电极与发射极之间的反向击穿电压。

③ 集电极最大耗散功率 P_{CM}

P_{CM} 是集电极最大耗散功率。超过此极限值将使三极管性能变差，甚至烧坏三极管。

(3) 温度对三极管特性与参数的影响

三极管的输入、输出特性和主要参数都和温度有着密切的关系。当环境温度升高时，输入特性曲线左移，输出特性曲线整簇上移，并且曲线间距变大。说明，无论是硅管还是锗管，u_{BE} 随温度上升都将减小，其温度系数约为 -2.5 mV/℃，随温度上升，I_{CBO}，I_{CEO} 和

β 都将增大。通常，温度每升高 10 ℃，I_{CBO} 近似增大一倍，β 增大 5%～10%。温度上升时，极限参数要降低使用。

5. 三极管的选择和使用

三极管的种类很多，所用半导体材料及其用途、功率大小等也各不相同，国产三极管的型号一般由五大部分组成，具体的型号命名方法可参考附录二。另外，市场上常见的进口三极管主要有 2S 系列、2N 系列、90 系列，主要参数可参考相关手册。

在设计或制作电路过程中，若已知三极管的型号，可通过查手册，了解其类型、用途、主要参数，看是否满足电路要求；若要自己选择三极管，则应首先确定类型，再到手册中查找对应的栏目，将栏目中各型号三极管参数逐一与要求的参数相比较，看是否满足要求，从而确定型号。

在实际使用中，往往还要求判别三极管的质量好坏以及管型和引脚，这部分内容见本任务的“任务实施”部分。若使用中涉及三极管的更换，其基本原则是尽量更换同型号的三极管，若无同型号三极管，则可以更换基本参数相同的，性能高的可以替换性能低的三极管。

6. 特殊三极管

(1) 光电三极管

光电三极管也称光敏三极管，具有两个 PN 结，基本原理与光电二极管相似，但它把光信号变成电信号的同时，还放大了信号电流，因此，具有更高的灵敏度。一般，光电三极管的基极已在管内连接，只引出集电极和发射极两个电极，光电三极管的光窗口即为基极，其电气图形符号如图 1-18 所示。

图 1-18　光电三极管的电气图形符号

(2) 光电耦合器

光电耦合器是以光为媒介传输电信号的一种电—光—电转换器件，它由发光源和受光器两部分组成，把发光源和受光器组装在同一密闭的壳体内，彼此间用透明绝缘体隔离。发光源的引脚为输入端，受光器的引脚为输出端，常见的发光源为发光二极管，受光器为光敏电阻、光电二极管、光电三极管等。光电耦合器可以组成开关电路、隔离耦合电路等，其电气图形符号如图 1-19 所示。

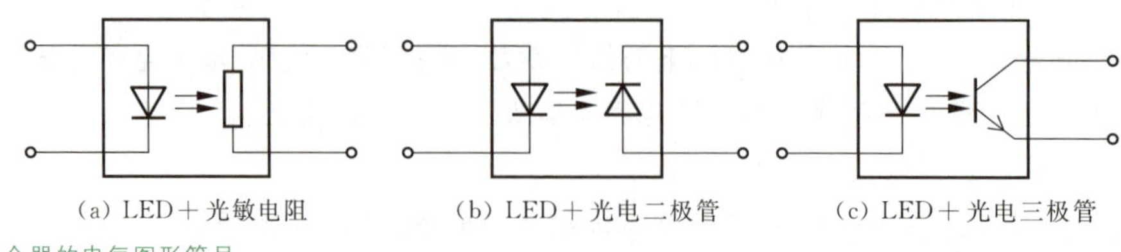

(a) LED＋光敏电阻　(b) LED＋光电二极管　(c) LED＋光电三极管

图 1-19　光电耦合器的电气图形符号

四、场效应晶体管(Field effect transistor)

三极管是利用基极的小电流控制集电极的大电流来实现其放大作用的，属于电流控制型器件，它的主要缺点是输入电阻较低。场效应晶体管是利用电场效应来控制输出电流的半导体器件，属于电压控制型器件。它的特点是输入电阻很高，此外，还具有功耗小、噪声低、抗辐射能力强、热稳定性好、制造工艺简单、易于集成等优点，因此，在电子电路中得到了广泛的应用。场效应晶体管按结构分为结型场效应晶体管和绝缘栅场效应晶体管两类。

1. 结型场效应晶体管(JFET)

(1) 结构与工作原理

在一块 N 型硅半导体两侧制作两个 P 型区域，形成两个 PN 结，把两个 P 型区域相连后引出一个电极，称为栅极，用字母 G 或 g 表示，在 N 型硅半导体两端分别引出两个电极，称为漏极和源极，用字母 D，S 或 d，s 表示。两个 PN 结中间的区域是电流流通的路径，称为导电沟道，此为 N 型沟道结型场效应晶体管，其结构和电气图形符号如图 1-20(a)(b)所示。

同理，在 P 型硅半导体两侧各制作一个高浓度的 N 型区域，形成两个 PN 结，漏极和源极之间由 P 型硅半导体构成导电沟道，称为 P 型沟道结型场效应晶体管，其电气图形符号如图1-20(c)所示。

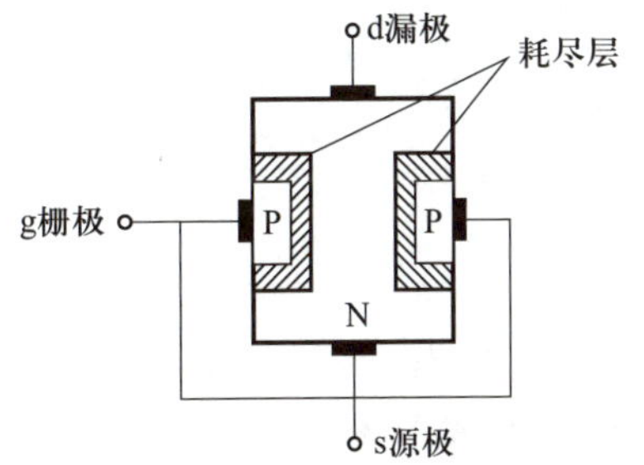

(a) N 型沟道结型场效应晶体管结构

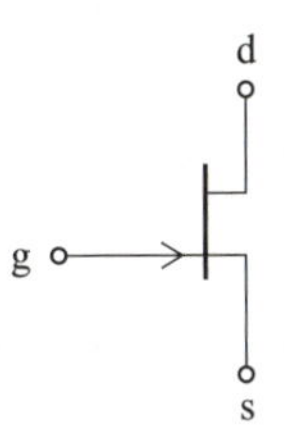

(b) N 型沟道结型场效应晶体管电气图形符号

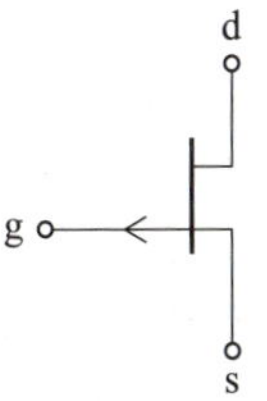

(c) P 型沟道结型场效应晶体管电气图形符号

图 1-20　结型场效应晶体管结构与电气图形符号

以 N 型沟道结型场效应晶体管为例，加上偏置电压，如图 1-21 所示。注意，栅极和源极之间加的是反向电压 u_{GS}，此时，耗尽层变宽，沟道变窄，阻值变大，在漏源电压 u_{DS} 作用下，将产生漏极电流 i_D，当 u_{GS} 改变时，沟道电阻也随之改变，从而引起电流 i_D 变化，即实现了电压 u_{GS} 对电流 i_D 的控制作用。

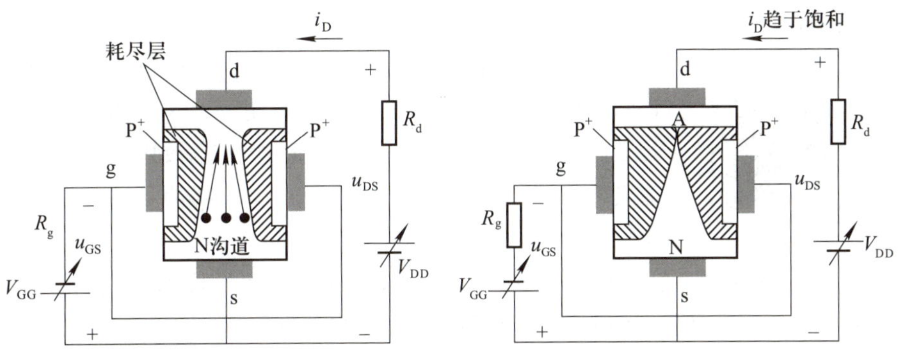

图 1-21　N 型沟道结型场效应晶体管加上偏置电压

(2) 特性曲线

场效应晶体管的特性曲线分为转移特性曲线和输出特性曲线。

① 转移特性

在 u_{DS}一定时，漏极电流 i_D 与栅源电压 u_{GS}之间的关系称为转移特性，即 $i_D = f(u_{GS})|_{u_{DS}=\text{常量}}$，如图 1-22 所示。

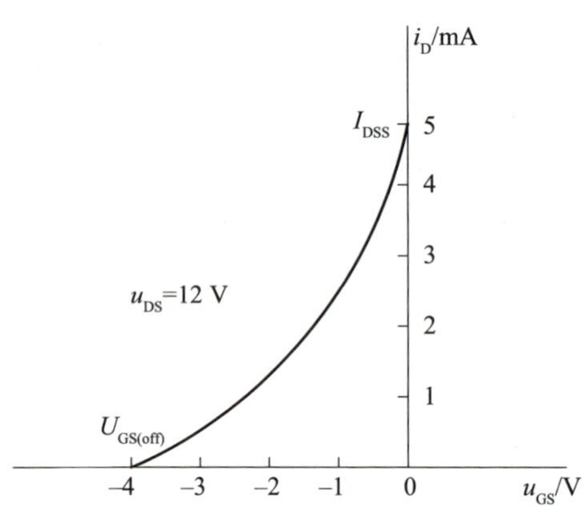

图 1-22　N 型沟道结型场效应晶体管的转移特性曲线

由转移特性可知，当 $u_{GS}=0$ 时，i_D 最大，称为饱和漏极电流，用 I_{DSS}表示。当$|u_{GS}|$增大时，沟道电阻增大，漏极电流 i_D 减小，当 $u_{GS}=U_{GS(off)}$ 时，沟道被夹断，此时，$i_D=0$，$U_{GS(off)}$ 称为夹断电压。

在 $U_{GS(off)} \leqslant u_{GS} \leqslant 0$ 的范围内，漏极电流 i_D 与栅源电压 u_{GS}的关系为

$$i_D = I_{DSS}\left(1-\left|\frac{u_{GS}}{U_{GS(off)}}\right|\right)^2 \qquad (1\text{-}1)$$

② 输出特性

输出特性是指栅源电压 u_{GS}一定时，漏极电流 i_D 与漏源电压 u_{DS}之间的关系，即

$$i_D = f(u_{DS})|_{u_{GS}=\text{常量}}$$

图 1-23 所示为 N 型沟道结型场效应晶体管的输出特性曲线，可分为四个区域：可变电阻区、恒流区、击穿区和夹断区。

a. 可变电阻区：u_{DS}很小，导电沟道畅通。此时，场效应晶体管的漏极和源极之间相当于一个电阻，u_{GS}一定，电阻一定，i_D 随 u_{GS}的变化而线性变化。在这个区域中，场效应晶体管的漏极和源极之间可以看成一个由电压 u_{GS} 控制的可变电阻，即压控电阻。

b. 恒流区：特性曲线近似水平的部分，是场效应晶体管的线性放大区。其特点是 i_D 受 u_{GS}的控制，与 u_{DS}几乎无关。曲线是一簇近乎平行于 u_{DS}轴的水平线。

c. 击穿区：u_{DS}增大到一定值后，漏极和源极之间会发生击穿，i_D 急剧增大，若不加以限制，场效应晶体管会损坏。

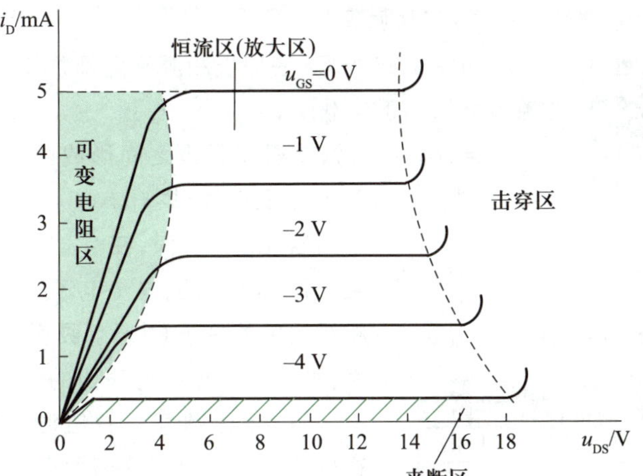

图 1-23 N 型沟道结型场效应晶体管的输出特性曲线

d. 夹断区：当 u_{GS} 负向增加到夹断电压 $U_{GS(off)}$ 后，$i_D \approx 0$，场效应晶体管截止。

2. 绝缘栅场效应晶体管(IGFET)

结型场效应晶体管的输入电阻实质上是 PN 结的反向电阻，它虽然可高达 10^8 Ω，但仍不能满足某些场合的要求，而且当温度升高时，因 PN 结的反向电流增大，输入电阻还要显著下降。绝缘栅场效应晶体管的栅极和沟道是绝缘的，因此，它的输入电阻可高达 10^{15} Ω。它是由金属、氧化物、半导体组成的，所以又称为金属氧化物半导体场效应晶体管(MOSFET)，简称 MOS 管。MOS 管按其导电沟道分为 N 型沟道管和 P 型沟道管，称为 NMOS 管和 PMOS 管，而每一种 MOS 管又可分为增强型和耗尽型两类。下面以 NMOS 管为例进行说明。

(1) 增强型 MOS 管

① 结构与符号

图 1-24(a)为增强型 NMOS 管的结构，是在一块 P 型衬底上，扩散形成两个高浓度的 N 区，并用金属导线引出两个电极作为场效应晶体管的漏极和源极，在 P 型衬底表面上生成一层很薄的二氧化硅绝缘层，再覆盖一层金属薄层并引出一个电极作为栅极。另外，在衬底引出衬底引线 B，通常在管内与源极相连。图 1-24(b)(c)所示分别为 N 型沟道和 P 型沟道增强型 MOS 管的电气图形符号。

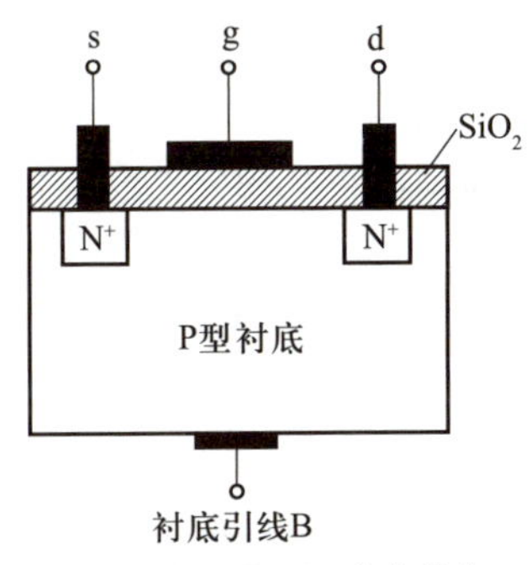

(a) 增强型 NMOS 管的结构

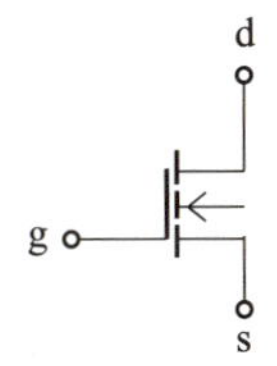

(b) N 型沟道增强型 MOS 管的电气图形符号

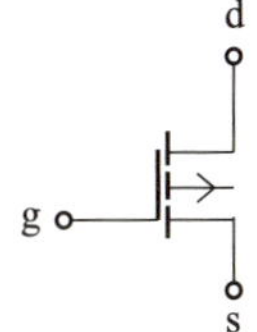

(c) P 型沟道增强型 MOS 管的电气图形符号

图 1-24 增强型 MOS 管的结构及电气图形符号

动画：
MOSFET 工作原理

② 工作原理

如图 1-25 所示，在栅极和源极之间加正向电压 u_{GS}，漏极和源极之间加正向电压 u_{DS}。

当 $u_{GS}=0$ 时，漏极和源极之间形成两个背靠背串联的 PN 结，其中一个 PN 结是反偏的，故 $i_D\approx 0$。

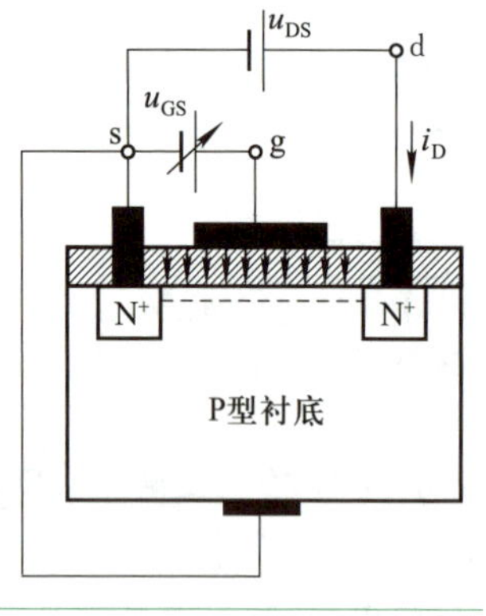

图 1-25　增强型 NMOS 管加上偏置电压

当 $u_{GS}>0$ 时，在 u_{GS} 作用下，会产生一个垂直于衬底的电场，这个电场排斥衬底表面的空穴，将衬底中的少子（电子）吸引到衬底表面。u_{GS} 越大，吸引到 P 型衬底表面的电子就越多。

当 u_{GS} 达到某一数值时，吸引过来的电子便在栅极附近 P 型衬底表面形成一个 N 型薄层，称为反型层。它将两个 N^+ 区相连通，于是在漏极和源极之间构成了 N 型导电沟道，这时，加上漏源电压 u_{DS}，就会产生漏极电流 i_D，开始形成沟道时的栅源电压 u_{GS} 称为开启电压，用 $U_{GS(th)}$ 表示。改变栅源电压就可以改变沟道的宽度，也就可以有效地控制漏极电流 i_D。

由于这种场效应晶体管没有原始导电沟道，只有当 $u_{GS}\geqslant U_{GS(th)}$ 时才形成导电沟道，故称增强型场效应晶体管。

③ 特性曲线

a. 转移特性

增强型 NMOS 管的转移特性如图 1-26(a)所示，在 $u_{GS}\geqslant U_{GS(th)}$ 时，i_D 与 u_{GS} 之间的关系为

$$i_D=I_{DO}\left(\frac{u_{GS}}{U_{GS(th)}}-1\right)^2$$

式中，I_{DO} 是 $u_{GS}=2U_{GS(th)}$ 时的 i_D 值。

b. 输出特性

增强型 NMOS 管的输出特性如图 1-26(b)所示，与结型场效应晶体管输出特性类似。

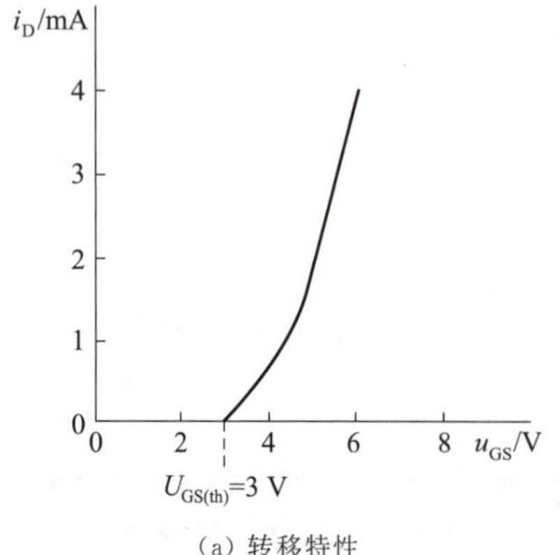

(a) 转移特性

(b) 输出特性

图 1-26　增强型 NMOS 管特性曲线

(2) 耗尽型 MOS 管

耗尽型 MOS 管的结构与增强型类似，不同之处在于这种 MOS 管制造时，在绝缘层中掺入了大量的正离子，如图 1-27(a)所示。图 1-27(b)(c)所示分别为 N 型沟道和 P 型沟道耗尽型 MOS 管的电气图形符号。

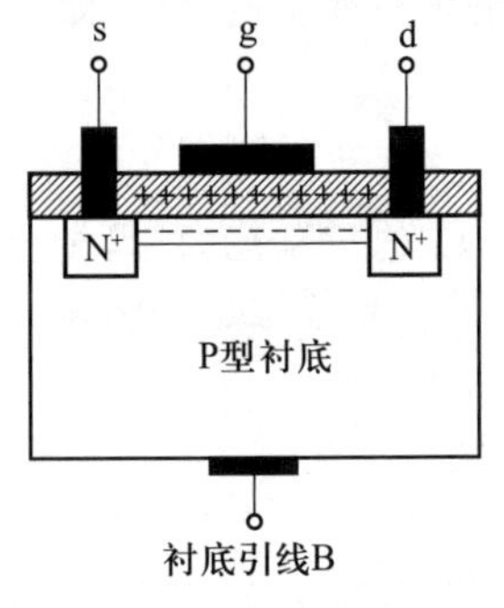

(a) 耗尽型 NMOS 管的结构

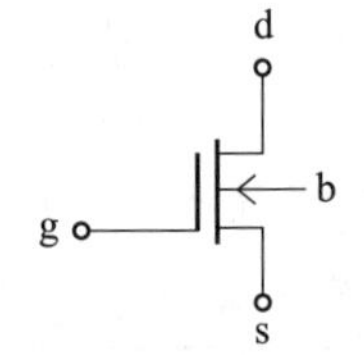

(b) N 型沟道耗尽型 MOS 管的电气图形符号

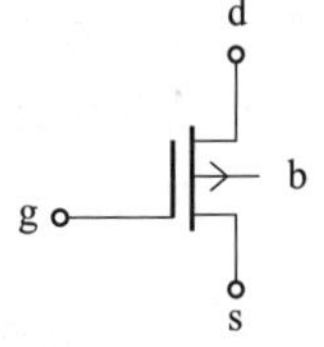

(c) P 型沟道耗尽型 MOS 管的电气图形符号

图 1-27　耗尽型 MOS 管的结构及电气图形符号

由于正离子的作用，即使 $u_{GS}=0$，也有导电沟道存在，只要加上电压 u_{DS}，就会产生电流 i_D。耗尽型 NMOS 管的特性曲线如图 1-28 所示。

由特性曲线可知，当栅极和源极之间加负电压 u_{GS} 时，沟道中感应的负电荷减少，当负电压大到某一值时，沟道被夹断，$i_D=0$，此时的 u_{GS} 称为夹断电压，用 $U_{GS(off)}$ 表示。$u_{GS}=0$ 时的漏极电流，称为饱和漏极电流，用 I_{DSS} 表示。在 $u_{GS}\geqslant U_{GS(off)}$ 时，i_D 与 u_{GS} 的关系符合式(1-1)。

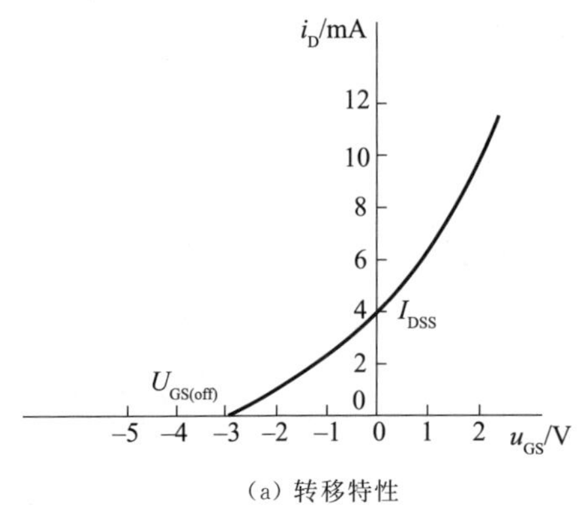

(a) 转移特性

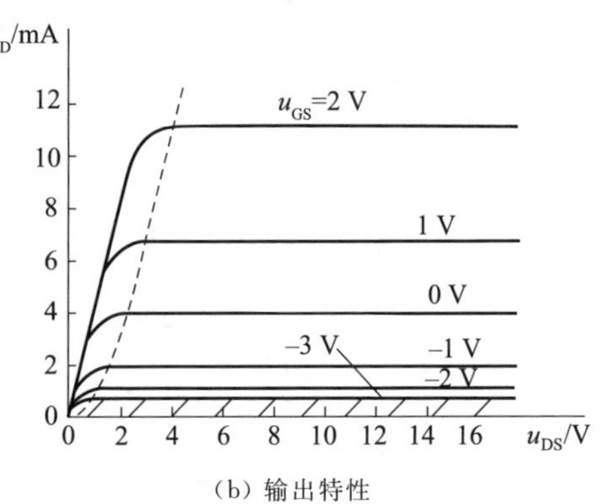

(b) 输出特性

图 1-28　耗尽型 NMOS 管特性曲线

3. 场效应晶体管的主要参数及使用注意事项

(1) 主要参数

① 夹断电压 $U_{GS(off)}$：当 u_{DS} 为定值时，使耗尽型场效应晶体管的漏极电流为零所需施加的栅源电压。

② 开启电压 $U_{GS(th)}$：当 u_{DS} 为定值时，使增强型场效应晶体管导通所需施加的栅源电压。

③ 饱和漏极电流 I_{DSS}：当 u_{DS} 为定值时，栅源电压为零所对应的漏极电流。

④ 漏源击穿电压 $U_{(BR)DS}$：随 u_{DS} 增加，i_D 开始急剧增加，此时的 u_{DS} 称为漏源击穿电压 $U_{(BR)DS}$。使用时，u_{DS} 不允许超过此值，否则，会烧坏场效应晶体管。

⑤ 最大耗散功率 P_{DM}：场效应晶体管允许的最大功率，是决定场效应晶体管温升的参数。使用时，实际管耗 P_D 不允许超过 P_{DM}，否则会烧坏场效应晶体管。

⑥ 直流输入电阻 R_{GS}：指栅极和源极之间所加的一定电压与栅极电流的比值。场效应晶体管的 R_{GS} 很大。

⑦ 跨导 g_m：当 u_{DS} 为定值时，漏极电流变化量与对应的栅源电压变化量之比，即

$$g_m = \left.\frac{\mathrm{d}i_D}{\mathrm{d}u_{GS}}\right|_{u_{DS}=\text{常量}}$$

g_m 是转移特性曲线上工作点处斜率的大小，反映了 u_{GS} 对 i_D 的控制能力，是衡量场效应晶体管放大能力的重要参数，g_m 越大，放大能力越强。g_m 的常用单位是 mS，其大小一般为零点几毫西至几十毫西。

表 1-5 列出了各种场效应晶体管的电气图形符号和特性曲线。

表 1-5 各种场效应晶体管的电气图形符号和特性曲线

结构种类	工作方式	电气图形符号	电压极性		转移特性 $i_D=f(u_{GS})$	输出特性 $i_D=f(u_{DS})$
			u_{GS}	u_{DS}		
绝缘栅（MOSFET）N 型沟道	耗尽型	d g 衬 s	（−）（+）	（+）	i_D O u_{GS}	i_D u_{GS}=2 V 0 V −2 V −4 V O u_{DS}
	增强型	d g 衬 s	（+）	（+）	i_D O u_{GS}	i_D u_{GS}=5 V 4 V 3 V O u_{DS}
绝缘栅（MOSFET）P 型沟道	耗尽型	d g 衬 s	（+）（−）	（−）	i_D O u_{GS}	$-i_D$ u_{GS}=−1 V 0 V 1 V 2 V O $-u_{DS}$
	增强型	d g 衬 s	（−）	（−）	i_D O u_{GS}	$-i_D$ u_{GS}=−6 V −5 V −4 V O $-u_{DS}$
结型（JFET）P 型沟道	耗尽型	d g s	（+）	（−）	i_D O u_{GS}	$-i_D$ u_{GS}=0 V 1 V 2 V 3 V O $-u_{DS}$
结型（JFET）N 型沟道	耗尽型	d g s	（−）	（+）	i_D O u_{GS}	i_D u_{GS}=0 V −1 V −2 V −3 V O u_{DS}

(2) 使用注意事项

① 使用场效应晶体管时，各极电源极性应按规定接入，特别注意结型场效应晶体管的栅源电压要使 PN 结反偏。

② MOS 管的衬底和源极通常连在一起，只引出 3 个电极，也有 MOS 管将衬底引出，有 4 个引脚，使用时，若衬底和源极分开，则衬底和源极之间的电压要保证衬底和源极之间的 PN 结为反向偏置。

③ MOS 管的输入电阻很高，使栅极的感应电荷不易泄放，易造成 MOS 管的击穿。故应避免栅极悬空以减小外界感应，储存时应使三个电极短接，焊接时电烙铁必须良好接地或断电，利用余热焊接。

④ 使用场效应晶体管时，漏源电压、电流以及耗散功率等都不能超过各项极限参数的规定值。

复习与讨论

互动：
项目一任务一小测试

1. PN 结的单向导电性的具体含义是什么？
2. 稳压二极管和普通二极管有什么区别？
3. 三极管在放大、饱和和截止三种工作状态下的电压偏置特征和电流关系各是什么？
4. 三极管有哪些主要参数？使用时应特别注意哪些参数？
5. 场效应晶体管有哪几类？各有什么特点？使用时应注意些什么？

任务实施　二极管、三极管的判别与性能检测

一、任务导入

一般根据设备及电路技术要求，查阅半导体器件手册，选用满足要求的二极管，应尽量选用经济、通用、市场容易买到的器件。本任务要求使用万用表判断常用普通二极管（如 1N4148）正、负极，并能粗略检测普通二极管、稳压二极管和发光二极管的性能；能用万用表判断常用三极管（如 9013，9014）的引脚及管型，并粗略检测三极管的性能。

二、工作过程

（一）准备

熟悉各种半导体器件的外形，查阅半导体器件手册，并将所给二极管、三极管的类别、型号及主要参数记录在表 1-6 中。

表 1-6 二极管、三极管观察记录表

序号	类别	型号	主要参数(查阅手册)	备注
1				
2				
3				
4				
5				

(二) 实施

1. 普通二极管的检测

将指针式万用表的选择开关置于 $R\times100$ 或 $R\times1$ k 挡,并进行调零。两表笔分别接二极管的两个电极,测出一个电阻值;对调两表笔,再测出一个电阻值,并记录在表 1-7 中。

表 1-7 二极管测量记录表

序号	型号	正向电阻	反向电阻	判断二极管质量
1				
2				
3				

分析:(1)两次测量结果中,测量值较大的为反向电阻,测量值较小的为正向电阻。测量值较小时,黑表笔接的是二极管的正极,红表笔接的是二极管的负极,如图 1-29 所示。

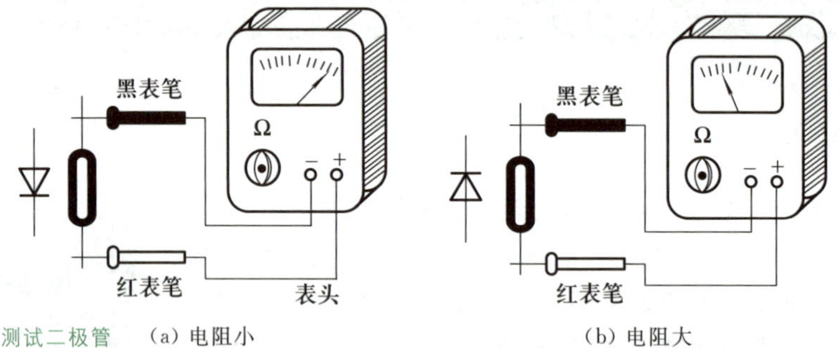

图 1-29 用万用表简易测试二极管 (a) 电阻小 (b) 电阻大

(2) 若上述两次测试的阻值都很小,则表明二极管内部已短路;若上述两次测量的阻值都很大,则表明二极管内部已断路;出现短路或断路情况即表明该二极管已损坏。

(3) 当使用数字式万用表测量时,置于二极管测量挡。第一次测量,将红表笔接二极管的正极,黑表笔接二极管的负极,读出数值;第二次测量,对调两表笔,显示“1”,表示阻值无穷大,说明二极管正常。

2. 三极管的检测

下面用指针式万用表判断三极管的引脚、管型并判别三极管性能好坏。

(1) 判断基极和管型。

将指针式万用表的选择开关置于 $R\times1$ k 挡,并进行电阻调零。假设三极管中的任一引脚为基极,并将黑(红)表笔始终接在假设的基极上,再用红(黑)表笔分别接触另外两个引脚,轮流测试,直到测出的两个电阻值都很小时为止,则假设的基极是正确的。这时,若黑表笔接基极,则该管为 NPN 管;若红表笔接基极,则该管为 PNP 型。

(2) 判断集电极和发射极。

确定基极后,假定另外两个引脚中的一个为集电极,用手指将假定的集电极与已知的基极捏在一起(注意:两个电极不能相碰),若已知被测三极管为 NPN 型,则以万用表的黑表笔接在假定的集电极上,红表笔接在假定的发射极上,如图 1-30(a)所示,这时测出一个电阻值。然后再把第一次测量中所假定的集电极和发射极互换,进行第二次测量,又得到一个电阻值。在两次测量中,电阻值较小的那一次,与黑表笔相接的引脚即集电极(因为集电极和发射极之间的电阻小,说明三极管的放大倍数大,假设正确)。若三极管为 PNP 管,测试电路如图 1-30(b)所示。测量时,只需将红、黑表笔对调即可。

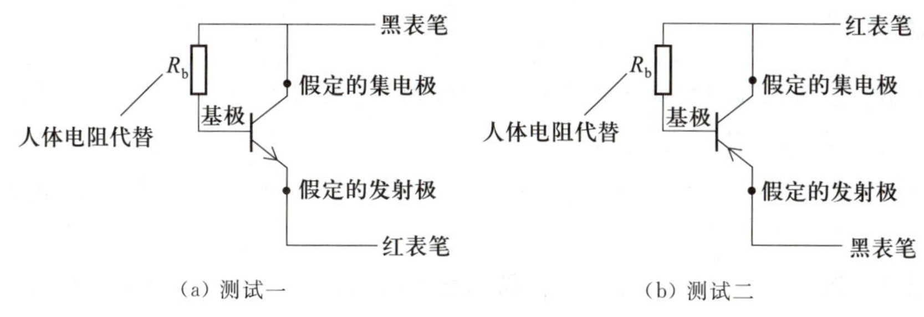

图 1-30 三极管集电极和发射极的测试电路

(3) 判断三极管性能好坏。

将指针式万用表置于 $R\times 1\text{k}$ 挡,分别测量三极管的基极与集电极、基极与发射极之间的 PN 结的正、反向电阻。若测得两个 PN 结的正向电阻都很小,反向电阻都很大,则三极管正常,否则已损坏。

(4) 将测量结果记录在表 1-8 中。

表 1-8 三极管测量记录表

序号	型号	引脚图	结论
1			
2			
3			

3. 稳压二极管的检测

(1) 稳压二极管极性的判别方法与普通二极管相同。

(2) 稳压值的测量(以 1N4728 为例):将 12 V 电源正极串接 1 个 1.5 kΩ 限流电阻后与被测稳压二极管的负极相连接,电源负极与稳压二极管的正极相接,再用万用表测量稳压二极管的电压值,即为稳压二极管的稳压值。若稳压值忽高忽低,则说明稳压二极管的性能不稳定。将测量结果记入表 1-9 中。

表 1-9　稳压二极管测量记录表

序号	型号	正向电阻	反向电阻	稳定电压/V	结论
1					
2					

4. 发光二极管的检测

发光二极管的引脚极性和性能好坏可用数字万用表的二极管挡进行测量。正常发光二极管在检测时，正、反向两次测量，大的一次显示为“1”（溢出），发光二极管不发光；另一次数值为正向压降，发光二极管发出微弱光。此时，红表笔所接为正极，黑表笔所接为负极。如果两次测量均显示为“1”（溢出）或均为较小的数值，表明发光二极管已损坏。

三、交流分享

1. 用指针式万用表测量某二极管的正向电阻时，用 $R\times100$ 挡测出的电阻值小，用 $R\times1$ k 挡测出的电阻值大，这是为什么？

2. 三极管具有两个 PN 结，能否用两个二极管反向串联作为一个三极管使用？为什么？

3. 能否用万用表测量绝缘栅场效应晶体管各引脚以及场效应晶体管的性能？

4. 不同颜色的发光二极管的导通压降数值是否一样？

5. 测试稳压二极管参数时，限流电阻的取值范围如何确定？

四、评价总结

1. 首先由学生根据任务完成情况自己评价，然后由小组人员进行评价，记录于表 1-10 中。

表 1-10　学生自评和小组评价表

项目内容	配分	评　分　标　准	自评得分	小组评价得分
素养与规范	30 分	（1）准备工作不到位，可酌情扣 5～10 分； （2）着装不规范，可酌情扣 5～7 分； （3）违反操作规程，产生不安全因素，酌情扣 10～20 分； （4）迟到、早退、场地不清洁，每次扣 2～5 分		
数据测试	40 分	掌握测试方法，并正确使用仪器仪表完成测试可得满分，否则每项酌情扣 3～10 分		
数据记录	30 分	能准确记录数据，完成交流分享，否则每项酌情扣 3～10 分		
总分				
自评人签名：　　　年　月　日　　　组评人员签名：				

2. 由指导教师根据任务完成整体情况，并结合学生自评和小组评价进行综合评分，将评价意见与评分值记录于表 1-11 中。

表 1-11 教师评价表

教师总体评价意见：	
教师评分(按 100 分计)	
总评分 = 自评得分 × 0.3 + 小组评价得分 × 0.3 + 教师评分 × 0.4	

任务二 常用电子仪器仪表的使用

教学课件：
常用电子仪器仪表的使用

在模拟电子电路中，经常使用的电子仪器仪表有示波器、函数信号发生器、直流稳压电源、数字交流毫伏表、数字万用表等，图 1-31 是模拟电子电路中常用电子仪器仪表布局图。通过正确地使用这些仪器仪表，才可以完成对模拟电子电路的静态和动态参数的测试，也就是常说的"工欲善其事，必先利其器"。

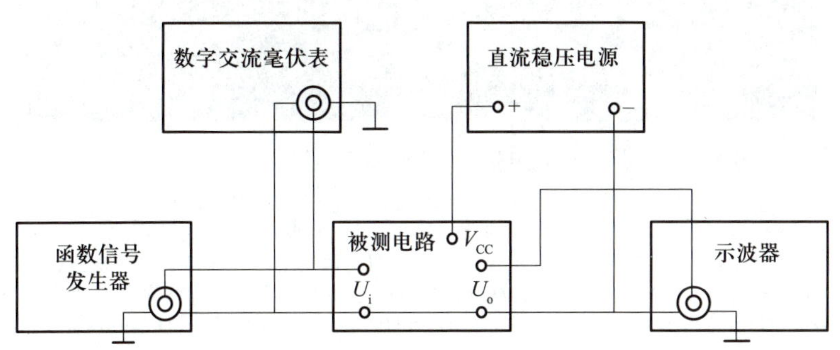

图 1-31 模拟电子电路中常用电子仪器仪表布局图

知识积累

一、直流稳压电源

1. 功能

直流稳压电源是用来提供可调直流电压的电源设备，在电网电压或负载变化时，能保持其输出电压基本稳定不变。直流稳压电源的内阻非常小，在其工作范围内，直流稳压电源的伏安特性十分接近于理想电压源。

2. 技术参数及面板介绍

直流稳压电源的型号很多，虽然它们的面板布置有所不同，但使用方法却基本相同。下面以 YB1732A 型直流稳压电源为例进行介绍。YB1732A 型直流稳压电源有三路输出，其中两路可调输出电压范围为0～30 V，一路固定输出电压为 5 V；输出电流范围为0～3 A；显示精度为 ±1%；用四组 LED 显示器分别指示两路输出电压值和电流值；采用电流限制保护方式而且限流点可任意调节；两路可调输出电压可以任意串联或并联，在串联或并联时，可由一路主电源进行电压或电流（并联）跟踪；具有过载和短路保护功能。YB1732A 型直流稳压电源面板如图 1-32 所示。

3. 使用方法

直流稳压电源的使用比较简单，主要操作是对电源进行对应的设定。

第一步，连接电源。将直流稳压电源连接上市电。

第二步，开启电源。在不接负载的情况下，按下电源开关，此时，显示窗口上即显示出

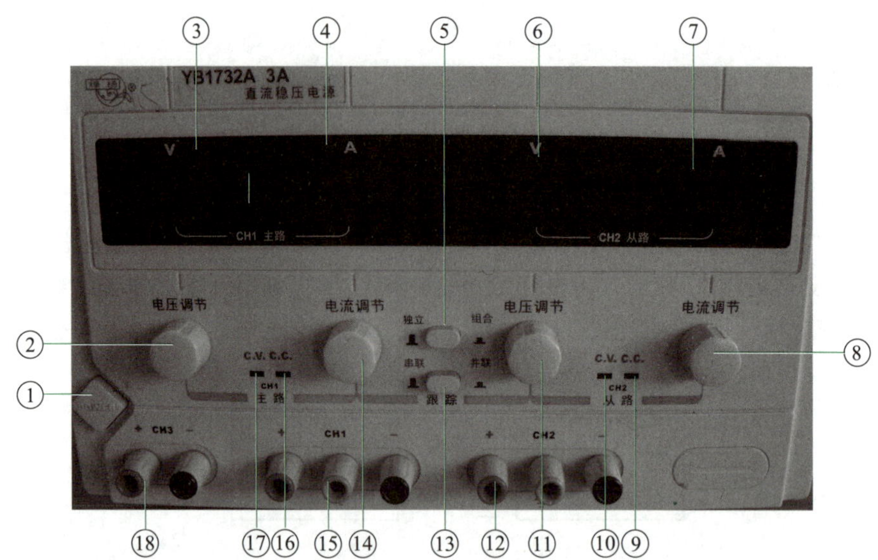

①—电源开关；②—主路(CH1)电压调节旋钮；③—主路(CH1)电压显示窗口；④—主路(CH1)电流显示窗口；⑤—电源独立、组合控制开关；⑥—从路(CH2)电压显示窗口；⑦—从路(CH2)电流显示窗口；⑧—从路(CH2)电流调节旋钮；⑨—从路(CH2)恒流指示灯(C.C)；⑩—从路(CH2)恒压指示灯(C.V)；⑪—从路(CH2)电压调节旋钮；⑫—从路(CH2)输出端口；⑬—电源串联、并联选择开关；⑭—主路(CH1)电流调节旋钮；⑮—主路(CH1)输出端口；⑯—主路(CH1)恒流指示灯(C.C)；⑰—主路(CH1)恒压指示灯(C.V)；⑱—CH3 输出端口(固定 5 V 输出)。

图 1-32　YB1732A 型直流稳压电源面板

当前工作电压和输出电流。

第三步，设置输出电压。通过调节电压调节旋钮，使显示窗口上显示出目标电压，完成电压设定。

4. 使用注意事项

① YB1732A 型直流稳压电源的输出电压大小可以在 0～30 V 范围内连续调整。在将电源接入负载电路之前先要确定输出电压的大小，并调准确，因为电压过大会很快烧坏负载电路。

② 直流稳压电源的输出端有两根引线，一根为正(用红色引线表示)，另一根为负(用黑色引线表示)，这两根引线之间不能互换。在接直流稳压电源的输出端引线时，要先搞清楚电路中的正、负电源端，两者之间切不可接反，否则会烧坏电路。另外，夹子的外面要套上绝缘套管，以免相互之间触碰后直流稳压电源输出端短路。

③ 在接通直流稳压电源之后，输出端的两根引线不要相碰，否则输出端短路，直流稳压电源进入保护状态，此时没有直流电压输出(按一次复位开关后，电源可恢复正常输出)。

④ 电源独立、组合控制开关⑤弹出，两路可分别独立使用。开关⑤按入，开关⑬弹出，为串联跟踪，此时调节主路(CH1)电压调节旋钮②，从路输出电压严格跟踪主路输出电压，使输出电压最高可达两路电压的额定值之和。

二、函数信号发生器

1. 功能

函数信号发生器又称信号源，可产生不同波形、频率和幅度的电信号，用来测试放大器的放大倍数、频率特性以及元器件参数等，还可以用来校准仪表以及为各种电路提供交流电信号。

2. 技术参数及面板介绍

下面以 ATF20B 型函数信号发生器为例进行介绍。ATF20B 型函数信号发生器能产生频率为 40 mHz～20 MHz 的正弦波，频率为 40 mHz～1 MHz 的方波、三角波、脉冲等 32 种波形，输出电压范围为 2 mV～20 V（峰峰值），采样速率为 100 MHz，频率分辨率 40 mHz，并具有过压保护、过流保护、输出端短路保护、反灌电压保护。ATF20B 型函数信号发生器的面板如图 1-33 所示。

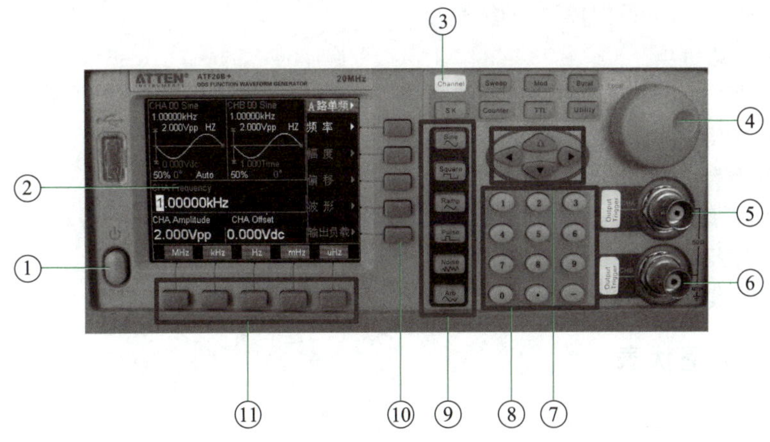

①—电源开关；②—液晶显示窗口；③—单频软键；④—调节旋钮；⑤—CHA 输出端口；⑥—CHB 输出端口；⑦—方向键；⑧—数字键；⑨—波形选择软键；⑩—选项软键；⑪—单位软键。

图 1-33 ATF20B 型函数信号发生器的面板

图 1-34 所示为 ATF20B 型函数信号发生器的液晶显示窗口。

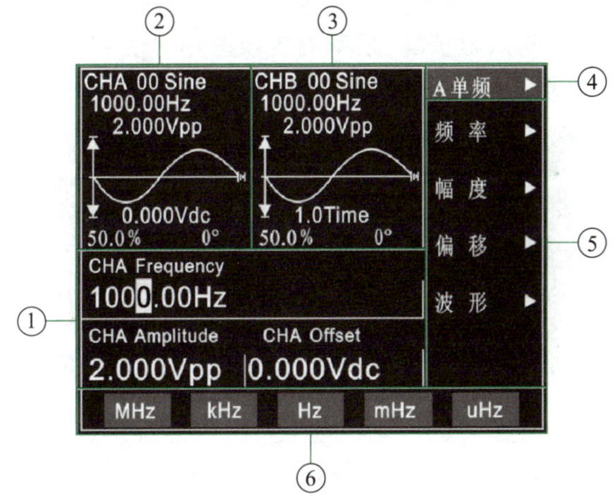

①—参数区；②—A 路波形区；③—B 路波形区；④—功能菜单；⑤—选项菜单；⑥—单位菜单。

图 1-34 ATF20B 型函数信号发生器的液晶显示窗口

3. 使用方法

ATF20B 型函数信号发生器可以产生三角波、方波、正弦波、锯齿波、脉冲等 32 种波形；可作为计数器使用；可作为频率计使用；可产生 TTL/CMOS 信号；具有扫频功能和压控调频功能。限于篇幅，下面仅介绍产生三角波、方波、正弦波的基本操作步骤。

第一步：按下电源开关，打开电源。

第二步：将电压输出信号由 CHA 输出端口通过连接线引出，可送入示波器输入端口观察。

第三步：按下需要的波形选择软键，如正弦波“Sine”。

第四步：按下选项软键，选中“频率”，然后按数字键输入频率数值，也可通过方向键或者调节旋钮增减数值，设置为恰当的频率数值，再按单位软键选择单位，如“kHz”。

第五步：按下选项软键，选中“幅度”，然后按数字键输入幅度数值，也可通过方向键或者调节旋钮增减数值，设置为恰当的幅度，再按单位软键选择单位，如“Vrms”。

通过以上操作，可得到需要的信号。

4. 使用注意事项

① 衰减器：按下选项软键，选中“衰减器”，按数字键和单位软键“dB”，设置衰减值。

② 按数字键 1(0 dB)：调节值等于测量值。

③ 按数字键 2(20 dB)：调节值缩小 10 倍输出。

④ 按数字键 3(40 dB)：调节值缩小 100 倍输出。

⑤ 按数字键 4(60 dB)：调节值缩小 1 000 倍输出。

⑥ 按数字键 0 或开机：复位后为“Auto”自动方式。

三、数字交流毫伏表

1. 功能

在进行电子电路调试时，经常要使用低频正弦交流信号。毫伏表可用于测量正弦波电压的有效值。

2. 技术参数及面板介绍

下面以 YB2172B 型数字交流毫伏表为例进行介绍。YB2172B 型数字交流毫伏表主要用于测量频率变化为5 Hz～2 MHz，电压为 30 μV～300 V 的正弦波电压有效值，具有测量精度高、测量速度快、输入阻抗高、频率响应误差小等优点。YB2172B 型数字交流毫伏表的面板如图 1-35 所示。

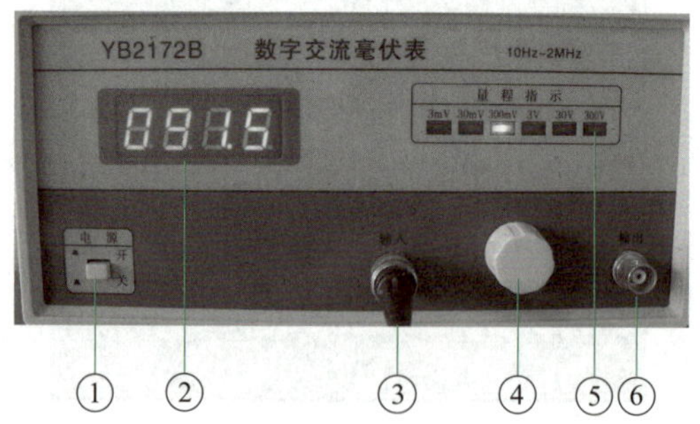

①—电源开关；②—显示窗口；③—输入端口；④—量程旋钮；⑤—挡位指示灯；⑥—输出端口。

图 1-35　YB2172B 型数字交流毫伏表的面板

3. 使用方法

第一步：按下电源开关，预热 5 min。

第二步：输入信号前，将量程旋钮调至最大量程挡。

第三步：将输入信号由输入端口送入数字交流毫伏表。

第四步：调节量程旋钮，使表显示数值在 300～3 999 范围内，测量精度最佳。低于

300 或者高于 3 999,均可能增大引入误差,造成测量不准。

4. 使用注意事项

① 输入电压不可高于规定的最大输入电压。

② 将量程旋钮调至最大量程挡(300 V),接通电源,输入信号接到输入端口后,再将量程旋钮调到合适位置。

③ 测量过程中,进行量程切换时会出现瞬态的过量程现象,此时只要输入电压不超过最大量程,片刻后读数即可稳定下来。

四、示波器

1. 功能

示波器是一种可以在屏幕上直观显示信号波形的仪器,并能够测量信号电压的幅值、周期、相位以及瞬态参数。因此,示波器是一种用途极为广泛的电子测量仪器。

2. 技术参数及面板介绍

示波器种类很多,主要有模拟示波器和数字存储示波器。下面以 UTD2052 型示波器为例进行介绍。UTD2052 型示波器为数字存储示波器,带宽 50 MHz,可以自动测量 28 种波形参数,最高输入电压为 400 V,实时采样频率为 1 GHz,可用于同时观察和测定两种不同电信号的瞬态过程,以便进行定性或定量测量、对比、分析和研究。UTD2052 型示波器的面板如图 1-36 所示,显示界面如图 1-37 所示。

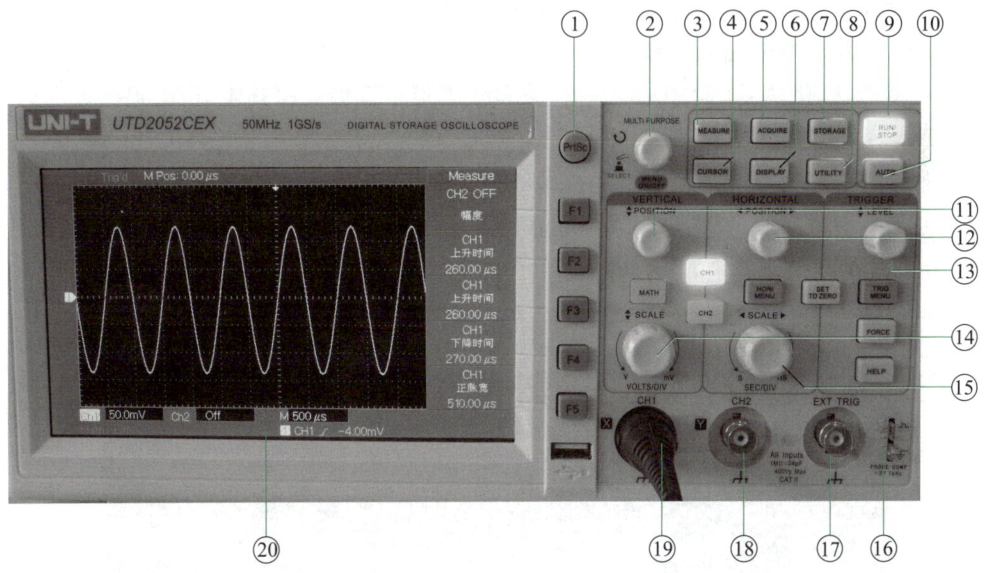

①—屏幕拷贝功能键;②—多用途旋钮控制器;③—测量键;④—光标键;⑤—常用菜单;⑥—显示键;⑦—存储键;⑧—辅助功能键;⑨—运行控制键:按下该键并有绿灯亮时,表示运行状态,如果按下该键后出现红灯亮则为停止;⑩—自动设置键:数字存储示波器将自动设置垂直偏转系数、扫描时基以及触发方式显示波形;⑪—垂直位置旋钮:转动旋钮,光迹上下移动;⑫—水平位置旋钮:转动旋钮,光迹左右移动;⑬—触发电平旋钮;⑭—伏/格(VOLTS/DIV)旋钮:在 1 mV/DIV~20 V/DIV 范围分挡,可根据被测信号的电压幅度选择适当的挡位;⑮—秒/格(SEC/DIV)旋钮:扫描速度的选择范围在 0.1 μs/DIV~50 ms/DIV 范围分挡,可根据被测信号频率的高低,选择适当挡位;⑯—校准信号输出插座:频率为 1 kHz、峰峰值为 3 V 的校准信号由此插座输出;⑰—外触发:外触发输入端;⑱—模拟输入 CH2:被测信号输入端;⑲—模拟输入 CH1:被测信号输入端;⑳—显示屏。

图 1-36 UTD2052 型示波器的面板

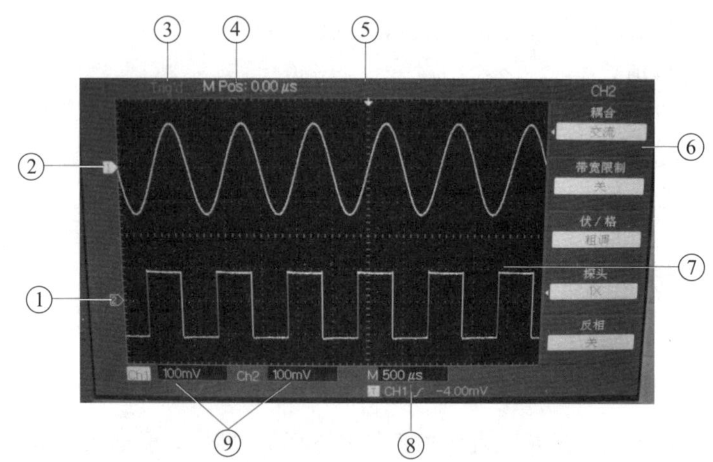

①—CH2 标志；②—CH1 标志；③—触发状态显示；④—中心刻度线的时间显示；⑤—水平触发位置显示；⑥—功能键菜单：对应不同的功能键，菜单会有所不同；⑦—波形显示窗口；⑧—主时基设置显示；⑨—通道垂直刻度系数显示。

图 1-37 UTD2052 型示波器的显示界面

3. 使用方法

(1) 显示方波校准信号

① 选择“CH1”通道，CH1 探头连接至校准信号输出插座。

② 显示通道操作菜单，依次设置“耦合”为“直流”，“伏/格”(垂直灵敏度挡位)为“粗调”或者“细调”，“探头”(衰减系数)为“1×”。

③ 旋转伏/格(VOLTS/DIV)旋钮，设置荧光屏垂直方向每格电压值，根据被测信号大小选择合适挡位。

④ 旋转秒/格(SEC/DIV)旋钮，改变水平时间刻度。

⑤ 旋转垂直位置旋钮，调整波形垂直位置。

最终得到校准波形图如图 1-38、图 1-39 所示。

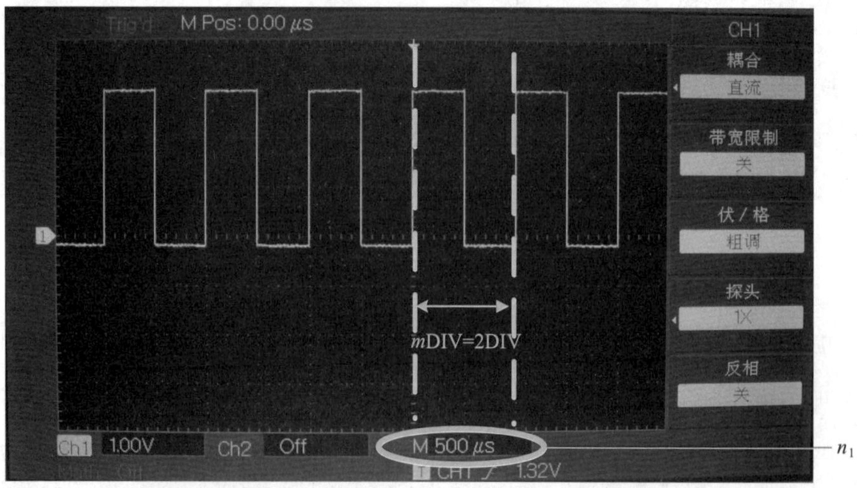

图 1-38 校准波形图——频率

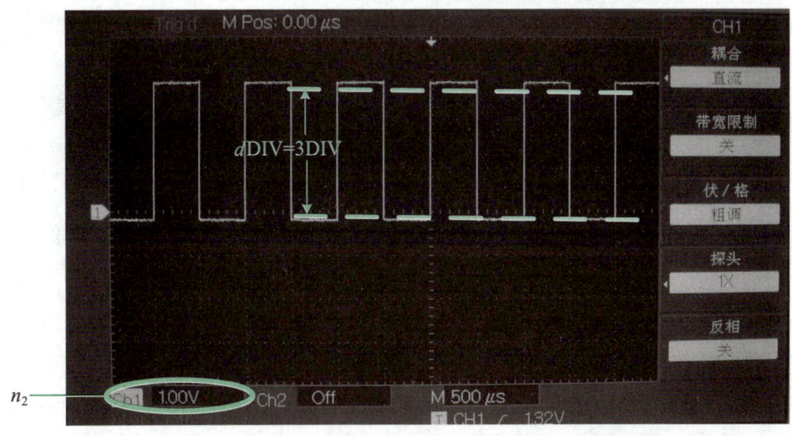

图 1-39 校准波形图——幅度

波形周期为 $T=mn_1$，其中，m 为一个周期的波形所占横向格数，n_1 为秒/格(SEC/DIV)旋钮所置挡位(图 1-38 中的“M”)，被测信号的频率可由 $f=\frac{1}{T}$ 计算得到。

由图 1-38 所示波形图可以计算出波形周期 $T=2\ \text{DIV}\times 500\ \mu\text{s/DIV}=1\,000\ \mu\text{s}=1\ \text{ms}$，频率 $f=\frac{1}{T}=\frac{1}{1\ \text{ms}}=1\ 000\ \text{Hz}$，由此可见与仪器标注的校准波形频率一致。

被测电压峰峰值 $U_{PP}=dn_2$，其中，d 为电压峰峰值对应屏幕上的纵向格数，n_2 为所置挡位(图 1-39 中的“Ch1”)。

由图 1-39 所示波形图可以计算出电压峰峰值 $U_{PP}=3\ \text{DIV}\times 1\ \text{V/DIV}=3\ \text{V}$，由此可见与仪器标注的校准波形幅度一致。

(2) 迅速显示未知信号的频率和峰峰值

迅速显示未知信号的频率和峰峰值的操作步骤如下：

① 将“探头”(衰减系数)设置为“1×”。

② 将 CH1 探头连接到电路被测点。

③ 按下自动设置键。

在此基础上，可以进一步调节垂直、水平挡位，直至波形显示符合要求，如图 1-40 所示。

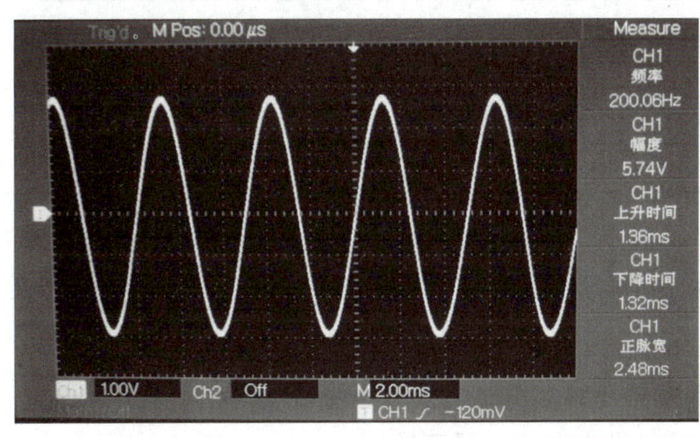

图 1-40 自动测量面板

4. 使用注意事项

① 为了配合探头的衰减系数，需要在通道操作菜单中调整相应的探头衰减比例系

数。例如，探头衰减系数为 10∶1，示波器输入通道的比例也应设置为“10×”，以避免显示的挡位信息和测量的数据发生错误。

② 按“CH1”→“耦合”→“直流”，设置为直流耦合方式时，被测信号含有的直流分量和交流分量都可以通过；按“CH1”→“耦合”→“交流”，设置为交流耦合方式时，被测信号含有的直流分量被阻隔；按“CH1”→“耦合”→“接地”，设置为接地方式时，被测信号含有的直流分量和交流分量都被阻隔。

③ 垂直挡位调节分为粗调和微调两种模式。垂直灵敏度的范围是 1 mV/DIV～20 V/DIV。粗调是以 1-2-5 方式确定垂直挡位灵敏度的，即以 1 mV/DIV，2 mV/DIV，5 mV/DIV，…，20 V/DIV 方式步进。微调是指在当前垂直挡位范围内进一步调整。如果输入的波形幅度在当前挡位略大于满刻度，而应用下一挡位波形显示幅度稍低，可以应用微调改善波形显示幅度，以利于观察信号细节。

任务实施 常用仪器仪表的使用

一、任务导入

常用电子仪器仪表，一般是指测量电压、电流、频率、波形、元器件参数等所用的仪器仪表，以及各种标准信号发生器。在电子技术实验中，这些仪器仪表都是必不可少的测试工具。因此，正确使用这些常用电子仪器仪表，是电子电气技术人员必须掌握的基本操作技能之一。

二、工作过程

（一）准备

观察函数信号发生器、示波器、数字交流毫伏表的型号和面板，阅读仪器仪表说明书，并记录所用仪器仪表的型号及主要性能指标（如输入允许频率范围、电压范围等）在表1-12中。

表 1-12 信号发生器、示波器、数字交流毫伏表型号及主要性能指标

序号	仪器仪表名称	型号	主要性能指标
1	函数信号发生器		
2	示波器		
3	数字交流毫伏表		

（二）实施

仪器仪表以如下型号为例：ATF20B 函数信号发生器、UTD2052 型示波器、YB2172B 型数字交流毫伏表各一台、探头两副。

1. 函数信号发生器及数字交流毫伏表的使用

(1) 打开函数信号发生器的电源开关。

(2) 熟悉其面板操作方法，选择 CHA 单频输出功能，练习其不同波形、大小、频率的设定方法。

(3) 调节函数信号发生器的相关旋钮，使输出信号分别为频率 100 Hz、有效值 100 mV的正弦波；频率 3 kHz、峰峰值 250 mV 的方波；频率 10 kHz、峰峰值 1.5 V 的三角波。

(4) 调节函数信号发生器，选择 CHA 单频输出功能，使之输出如下要求的正弦波信号：频率 100 Hz、有效值 100 mV；频率 1 kHz、有效值 2 V；频率 10 kHz、有效值 2 mV，用数字交流毫伏表测量信号发生器实际输出电压，并记录函数信号发生器液晶显示窗口上相关显示参数及数字交流毫伏表测量电压值，记录在表 1-13 中。

表 1-13　函数信号发生器产生正弦波及数字交流毫伏表测量电压值

函数信号发生器 产生正弦波	数字交流毫伏表 测量电压值
频率 100 Hz、有效值 100 mV 的正弦波	
频率 1 kHz、有效值 2 V 的正弦波	
频率 10 kHz、有效值 2 mV 的正弦波	

2. 示波器的使用

(1) 示波器使用前的准备工作如下：

① 使显示屏上显示扫描基线。

② 使显示屏上显示稳定的方波校准信号。

(2) 用示波器显示被测量正弦波信号，并测量它的幅值、周期，计算有效值和频率，将测量结果记录于表 1-14 中。

表 1-14　用示波器测量正弦波信号

函数信号发生器输出信号		数字交流毫伏表量程	UTD2052 型示波器旋钮位置				由测量值计算			
			VOLTS/DIV		SEC/DIV					
频率 f	有效值 U		挡位	U_{PP}格数	挡位	T_{PP}格数	U_{PP}	U	T	f
1 kHz	1.41 V									
20 kHz	0.141 V									

三、交流分享

1. 用示波器观察显示波形时，输入耦合应如何选择？“直流”与“交流”有何区别？

2. 改变示波器伏/格(VOLTS/DIV)旋钮和秒/格(SEC/DIV)旋钮对显示波形有何影响？

四、评价总结

1. 首先由学生根据任务完成情况自己评价，然后由小组人员进行评价，记录于表 1-15 中。

表 1-15 学生自评和小组评价表

项目内容	配分	评 分 标 准	自评得分	小组评价得分
素养与规范	30 分	(1) 准备工作不到位,可酌情扣 5～10 分; (2) 着装不规范,可酌情扣 5～7 分; (3) 违反操作规程,产生不安全因素,酌情扣 10～20 分; (4) 迟到、早退、场地不清洁,每次扣 2～5 分		
数据测试	40 分	掌握测试方法,并正确使用仪器仪表完成测试可得满分,否则每项酌情扣 3～10 分		
数据记录	30 分	能准确记录数据,完成交流分享,否则每项酌情扣 3～10 分		
总分				
自评人签名:		年 月 日	组评人员签名:	

2. 由指导教师根据任务完成整体情况,并结合学生自评和小组评价进行综合评分,将评价意见与评分值记录于表 1-16 中。

表 1-16 教师评价表

教师总体评价意见:	
教师评分(按 100 分计)	
总评分 = 自评得分 × 0.3 + 小组评价得分 × 0.3 + 教师评分 × 0.4	

任务三　低频小信号放大电路的分析与调试

放大电路是可以将电信号(电压、电流)不失真地进行放大的电路。例如,将话筒传送出微弱的电压信号放大之后使扬声器发出比较大的声音;又如,将传感器送出的微弱电信号放大以后经处理能够实现自动控制功能等。

放大电路放大的本质是能量转换。表面看是将信号的幅度由小增大,实质上是由一个能量较小的输入信号控制直流电源,将直流电源的能量转换成与输入信号频率相同但幅度增大的交流能量输出,使负载从电源获得的能量大于信号源所提供的能量。放大电路是使用最为广泛的电子电路之一,也是构成其他电子电路的基本单元。前面介绍的三极管和场效应晶体管,因其相对独立性而被称为分立元件,它们是放大电路的核心元件。本任务将从实际应用的角度,逐步学习放大电路的组成特点、分析方法、性能指标、调试方法和应用。

知识积累

一、放大电路的基础知识

1. 放大电路的功能及分类

放大电路又称放大器,其功能就是将微弱的电信号,通过放大器的电流(或电压)的控制作用,在输出端得到幅值较大的信号。它在自动控制、电子仪器、家用电器、通信等领域有着广泛的应用。

放大电路的种类很多,可以按照不同的方式进行分类:按工作频率不同,可分为直流放大电路、低频放大电路、高频放大电路;按工作频带不同,可分为宽带放大电路和窄带放大电路;按放大信号类型不同,可分为电压放大电路和功率放大电路;按级间耦合方式不同,可分为直接耦合放大电路、阻容耦合放大电路、变压器耦合放大电路。

本任务分析的重点是低频小信号电压放大电路。

2. 放大电路的主要技术指标

衡量放大电路性能的主要技术指标有放大倍数、输入电阻 r_i 和输出电阻 r_o。为了说明各指标的含义,将放大电路用图 1-41 所示有源线性四端网络表示。图中,1-2 端为放大电路的输入端,r_s 为信号源内阻,u_s 为信号源电压,此时放大电路的输入电压和电流分别为 u_i 和 i_i; 3-4 端为放大电路的输出端,接实际负载电阻 R_L, u_o, i_o 分别为放大电路的输出电压和输出电流。

(1) 放大倍数

放大倍数是衡量放大电路放大能力的指标。放大倍数是指输出信号与输入信号之

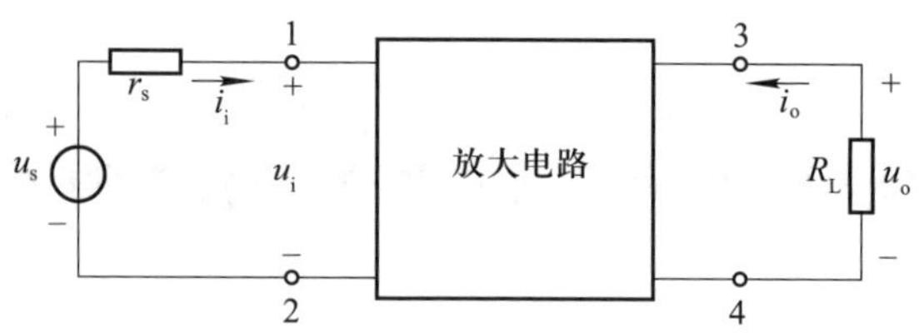

图 1-41　有源线性四端网络

比，有电压放大倍数、电流放大倍数和功率放大倍数等表示方法，其中，电压放大倍数最常用。

放大电路的输出电压 u_o 和输入电压 u_i 之比，称为电压放大倍数 A_u，即

$$A_u=\frac{u_o}{u_i}$$

放大电路的输出电流 i_o 和输入电流 i_i 之比，称为电流放大倍数 A_i，即

$$A_i=\frac{i_o}{i_i}$$

放大电路的输出功率 p_o 和输入功率 p_i 之比，称为功率放大倍数 A_p，即

$$A_p=\frac{p_o}{p_i}$$

工程上常用分贝(dB)来表示电压放大倍数，称为增益，它们的定义分别为

$$电压增益\ A_u(\mathrm{dB})=20\lg|A_u|$$

$$电流增益\ A_i(\mathrm{dB})=20\lg|A_i|$$

$$功率增益\ A_p(\mathrm{dB})=20\lg|A_p|$$

例如，某放大电路的电压放大倍数 $|A_u|=100$，则电压增益为 40 dB。

(2) 输入电阻 r_i

放大电路的输入电阻是从输入端向放大电路看进去的等效电阻，它等于放大电路输出端接实际负载电阻 R_L 后，输入电压 u_i 与输入电流 i_i 之比，即

$$r_i=\frac{u_i}{i_i} \tag{1-2}$$

对于信号源来说，r_i 就是它的等效负载，如图 1-42 所示，可得

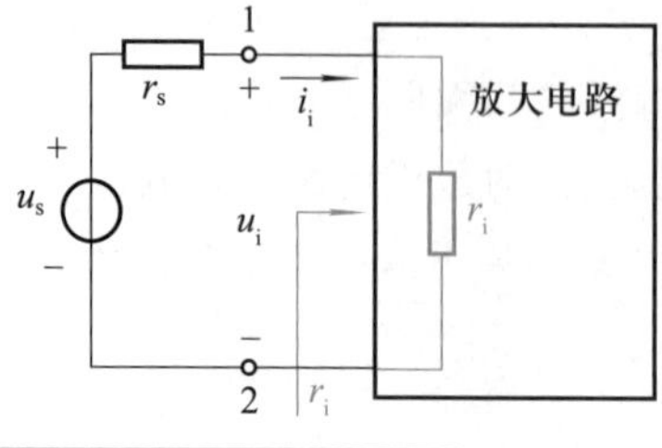

图 1-42　放大电路输入等效电路

$$u_i=\frac{r_i}{r_s+r_i}u_s \tag{1-3}$$

由式(1-2)和式(1-3)可知，r_i 是衡量放大电路对信号源影响程度的重要参数。其值越大，放大电路从信号源索取的电流越小，信号源对放大电路的影响越小。

(3) 输出电阻 r_o

从输出端向放大电路看入的等效电阻，称为输出电阻 r_o，如图 1-43 所示，可得

$$r_o = \frac{u_o}{i_o}$$

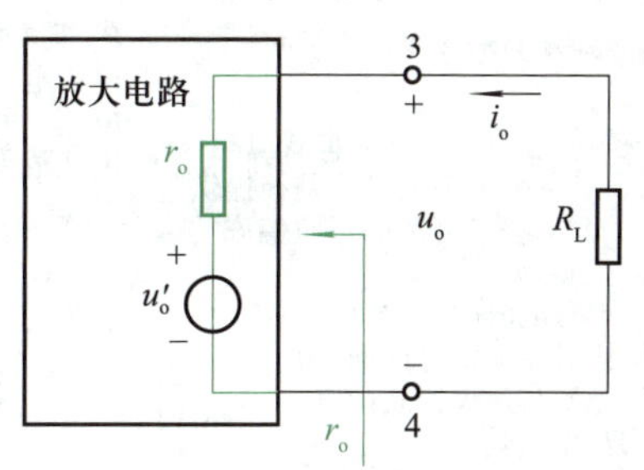

图 1-43 放大电路输出等效电路

等效输出电阻可用戴维南定理分析：将输入信号源 u_s 短路(电流源开路)，但要保留其信号源内阻 r_s，用电阻串并联方法加以化简，计算放大电路的等效输出电阻。

实验方法计算输出电阻的步骤如下：

① 将负载 R_L 开路，测量放大电路输出端的开路电压，即放大电路 3-4 端的开路电压，测得有效值为 U_o'。

② 将负载 R_L 接入，测量放大电路 3-4 端的电压，测得有效值为 U_o。

③ 放大电路的输出电阻为

$$r_o = \frac{U_o' - U_o}{U_o} R_L$$

r_o 越小，输出电压受负载的影响就越小，放大电路带负载能力越强。因此，r_o 的大小反映了放大电路带负载能力的强弱。

需要注意的是，以上三个参数是分析放大电路时的最基本动态参数，若输出波形出现明显失真现象，其值就失去了意义。

此外，放大电路的技术指标还有非线性失真、通频带和频率失真等。

3. 放大电路的组态

三极管对信号实现放大作用时有三种不同的连接方式，即共发射极、共集电极和共基极接法，这三种接法分别以发射极、集电极、基极作为输入回路和输出回路的交流公共端，也称为放大电路的三种组态，如图 1-44 所示。

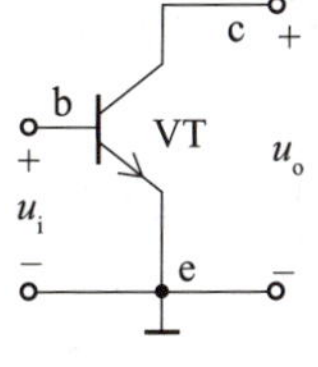

(a) 共发射极电路

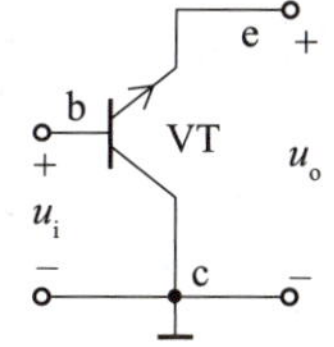

(b) 共集电极电路

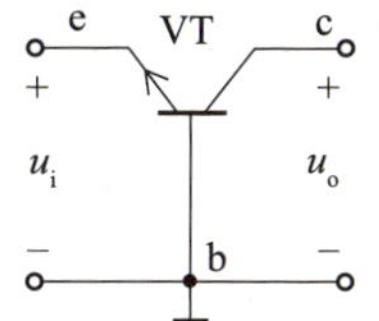

(c) 共基极电路

图 1-44 放大电路的三种组态

4. 放大电路的基本组成及各元件的作用

以基本共射放大电路为例，其组成如图 1-45 所示，其中，符号“⊥”为接地符号，是电路中的零电位参考点。

5. 放大电路中电压、电流的方向及符号规定

(1) 电压、电流正方向的规定

为了便于分析，电压的正方向都以输入、输出回路的公共端为负，其他各点均为正；电

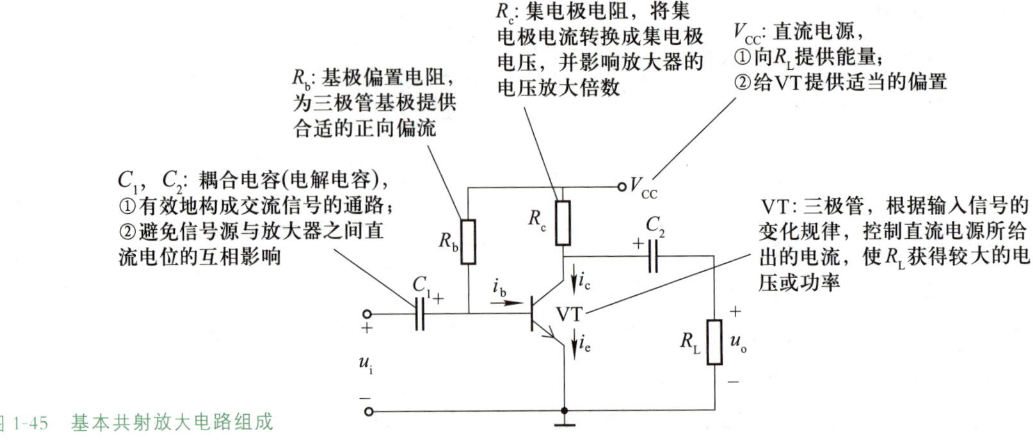

图 1-45　基本共射放大电路组成

流方向以三极管各电极电流的实际方向为正方向，如图 1-45 所示。

(2) 电压、电流符号的规定

为了便于分析，对于图 1-45 所示的放大电路，在交流信号 u_i 的作用下，可以得到图 1-46 所示的三极管集电极电流波形，对其表示的符号做如下规定：

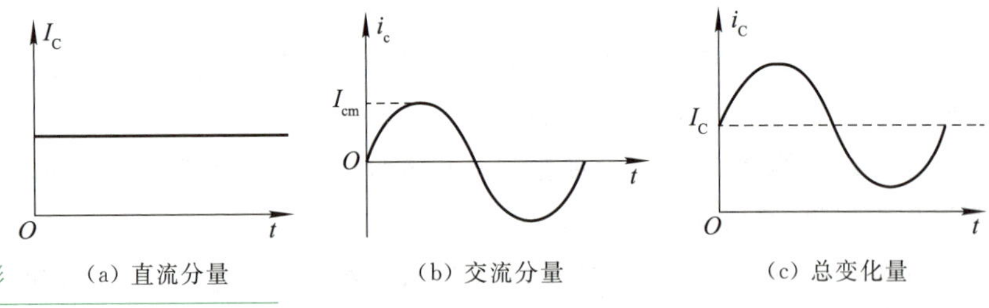

图 1-46　三极管集电极电流波形

① 直流分量：如图 1-46(a) 所示波形，用大写字母和大写下标表示，如 I_C 表示集电极的直流电流。

② 交流分量：如图 1-46(b) 所示波形，用小写字母和小写下标表示，如 i_c 表示集电极的交流电流。

③ 总变化量：如图 1-46(c) 所示波形，是直流分量和交流分量之和，即交流叠加在直流上，用小写字母和大写下标表示，如 i_C 表示集电极电流总的瞬时值，其数值为 $i_C = I_C + i_c$。

④ 交流有效值：用大写字母和小写下标表示，如 I_c 表示集电极的正弦交流电流的有效值。

在对一个放大电路进行定量分析时，首先进行静态分析，即分析未加输入信号时的工作状态，此时电路中只存在直流分量，利用直流成分的通路，即直流通路估算放大电路的静态参数。然后进行动态分析，即分析加上交流输入信号后电路的工作状态，估算放大电路的各项动态性能指标。加上交流输入信号后电路增加了交流分量，由于放大电路中存在电抗性元件，所以直流成分的通路和交流成分的通路是不同的。

6. 直流通路和交流通路

(1) 直流通路

所谓直流通路，是指当输入信号 $u_i = 0$ 时，电路在直流电源的作用下，直流电流所流过的路径。在画直流通路时，将电路中的电容开路，电感短路。图1-45 所对应的直流通路如图 1-47(a)所示。

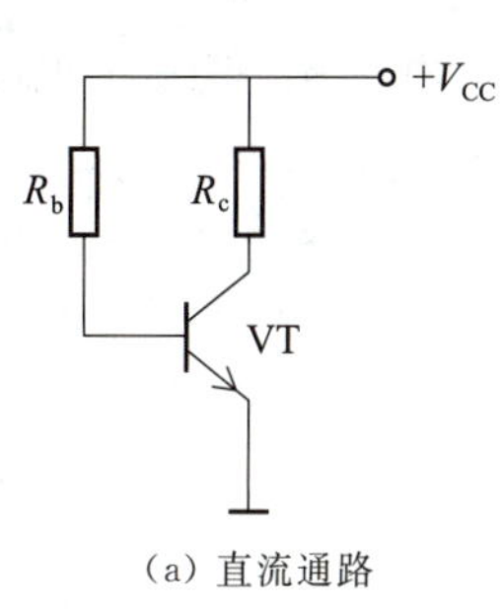

(a) 直流通路

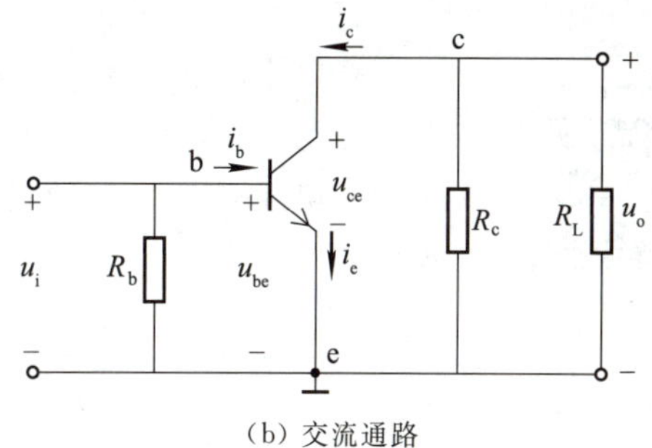

(b) 交流通路

图 1-47 基本共射放大电路的交、直流通路

(2) 交流通路

所谓交流通路，是指在输入信号 u_i 的作用下，交流电流流过的路径。画交流通路时，放大电路中的耦合电容短路；由于直流电源的内阻很小，对交流变化量几乎不起作用，所以可看作短路。图 1-45 所对应的交流通路如图 1-47(b)所示。

通过上述分析，可以归纳出组成基本放大电路时必须遵循以下三条原则：

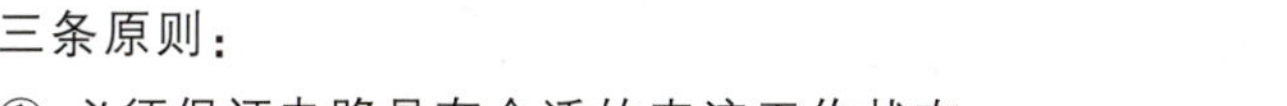

① 必须保证电路具有合适的直流工作状态。

② 必须保证输入交流信号能顺利加在发射结上。

③ 必须保证交流信号经放大后能顺利传输给负载。

7. 放大电路的工作状态分析

(1) 静态分析

所谓静态，是指交流输入信号 $u_i=0$ 时放大电路的工作状态，此时电路中只有直流分量。将耦合电容 C_1，C_2 看成开路，画出图 1-45 所示电路的直流通路，如图 1-48(a)所示。为使放大电路能够正常工作，三极管必须处于放大状态，因此要求三极管必须具有合适的静态工作参数 I_B，U_{BE}，I_C，U_{CE}。当电路中的 V_{CC}，R_c，R_b 确定以后，I_B，U_{BE}，I_C，U_{CE} 也就随之确定了。这四个数值分别对应于三极管输入、输出特性曲线上的一个点“Q”，即输入特性曲线上的点 $Q(U_{BEQ}, I_{BQ})$，输出特性曲线上的点 $Q(U_{CEQ}, I_{CQ})$，如图 1-48(b)所

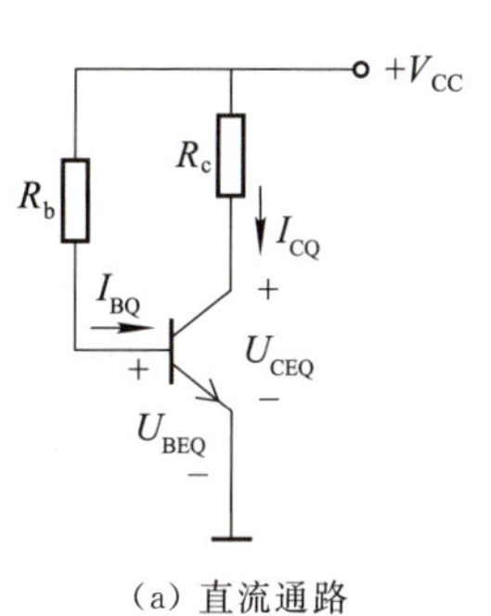

(a) 直流通路

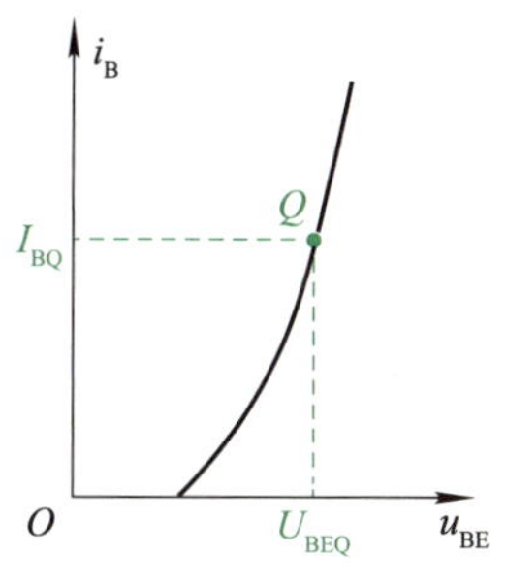

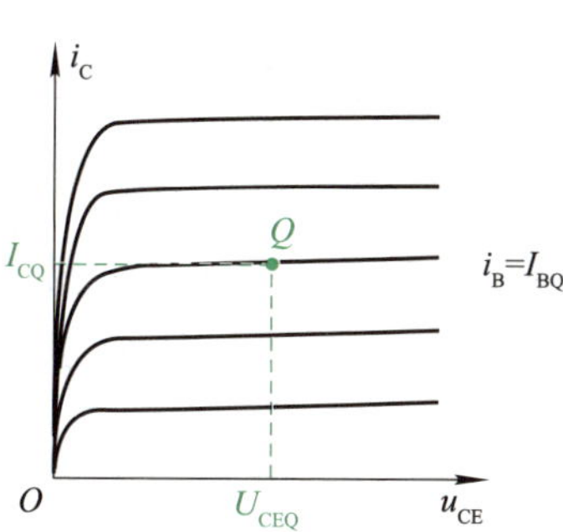

(b) 静态工作点

图 1-48 放大电路静态分析

示，习惯上称这个点“Q”为放大电路的静态工作点。对应于点“Q”的各参数是静态参数，分别记作 I_{BQ}，U_{BEQ}，I_{CQ} 和 U_{CEQ}。

（2）动态分析

在电路的输入端加上交流信号电压 u_i 时，放大电路的工作状态为动态，这时电路中既有直流成分，也有交流成分，各极的电流和电压是在静态值的基础上再叠加交流分量，如图 1-49 所示。

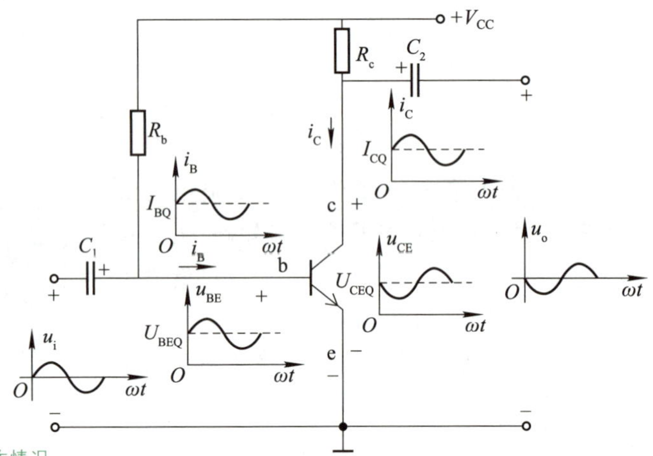

图 1-49　放大电路的动态工作情况

在图 1-49 中，输入信号 u_i 通过耦合电容 C_1 传送到三极管的基极与发射极之间，使得基极与发射极之间的电压为

$$u_{BE}=U_{BEQ}+u_i$$

输入信号 u_i 变化时，会引起 u_{BE} 随之变化，相应的基极电流也在原来 I_{BQ} 的基础上叠加了因 u_i 变化产生的变化量 i_b。这时，基极的总电流则为直流和交流的叠加，即

$$i_B=I_{BQ}+i_b$$

经三极管放大后得集电极电流为

$$i_C=\beta i_B=I_{CQ}+i_c$$

集电极与发射极之间的电压为

$$u_{CE}=V_{CC}-i_C R_c=U_{CEQ}-i_c R_c=U_{CEQ}+u_{ce}$$

由上式可以看出，电压 u_{CE} 由两部分组成，一部分为静态电压 U_{CEQ}，另一部分为交流动态电压 $u_{ce}=-i_c R_c$，其中，静态电压被耦合电容 C_2 隔断，交流电压经 C_2 耦合到输出端，得

$$u_o=u_{ce}=-i_c R_c$$

式中，“－”表示 u_o 与 u_i 反相，即共射放大电路的输出与输入信号的相位相反，故共射放

大电路也称反相器或倒相器。

通过上述分析及对图 1-49 的观察，可以得到如下几个结论：

① 在没有输入信号时，放大电路处于静态，三极管各电极有着恒定的静态电流值 I_{BQ}，I_{CQ}和静态电压值 U_{BEQ}，U_{CEQ}，即固定的静态工作点，如图 1-49 中的虚线所示。

② 当加入交流输入信号后，放大电路处于动态，三极管各电极的电流、电压瞬时值是在静态电流和电压的基础上，分别叠加了随输入信号 u_i 变化的交流分量 i_b，i_c 及 u_{ce}，其总瞬时值的方向与极性保持原来直流量的方向与极性，大小随着 u_i 的变化而变化。

③ 当三极管工作在放大区时，放大电路输出电压 u_o 和输出电流 $i_o(i_c)$的变化规律与输入信号电压 u_i 和输入电流 i_b 的变化规律一致，且u_o比 u_i 幅度大得多，这就完成了对交流信号的放大。

④ 从图 1-49 中的信号波形可以看到：i_b，i_c 与 u_i 的频率相同，相位相同，而u_o与 u_i 的频率相同，相位相差 180°，即共射放大电路的输入信号和输出信号“反相”。

二、基本放大电路

1. 共射放大电路

共发射极放大电路简称共射放大电路。

(1) 静态偏置方式

设置偏置电路的目的有两个：第一，给三极管以合适的静态工作点，使放大电路有较高的性能指标；第二，当温度等因素变化时，稳定静态工作点。共射放大电路常用静态偏置方式有固定式偏置和分压式偏置。

① 固定式偏置共射放大电路

图 1-45 所示电路为固定式偏置共射放大电路，静态工作点可根据如图 1-48(a)所示的直流通路估算，即

$$I_{BQ}=\frac{V_{CC}-U_{BEQ}}{R_b} \tag{1-4}$$

其中，U_{BEQ}为发射结正向电压，三极管导通时，硅管的 $U_{BEQ}=0.7\ V$，锗管的 $U_{BEQ}=0.3\ V$。为了方便，在实际应用中常用估算法，即当 $V_{CC}\gg U_{BEQ}$ 时，可忽略 U_{BEQ}，解出 I_{BQ}的值，误差不大。

根据三极管电流放大特性有

$$I_{CQ}=\beta I_{BQ} \tag{1-5}$$

集电极与发射极之间的电压为

$$U_{CEQ}=V_{CC}-I_{CQ}R_c \tag{1-6}$$

可见，若 V_{CC}，R_b 固定，则基极电流 I_B 固定，即三极管的静态工作点固定，故称固定式偏置电路。但在这种电路中，三极管参数 β，I_{CBO}等会随温度而变，从而导致 I_{CQ}变化，使工作点不稳定。

例 1-4 基本共射放大电路如图 1-45 所示，已知 $V_{CC}=12\ \text{V}$，$R_b=300\ \text{k}\Omega$，$R_c=3\ \text{k}\Omega$，三极管的 $\beta=60$。试估算放大电路的静态工作点 Q（忽略 U_{BEQ}）。

解：根据式(1-4)～式(1-6)可得

$$I_{BQ}=\frac{V_{CC}-U_{BEQ}}{R_b}\approx\frac{V_{CC}}{R_b}=\frac{12}{300}\text{mA}=0.04\ \text{mA}=40\ \mu\text{A}$$

$$I_{CQ}=\beta\cdot I_{BQ}=60\times0.04\ \text{mA}=2.4\ \text{mA}$$

$$U_{CEQ}=V_{CC}-I_{CQ}R_c=(12-2.4\times3)\text{V}=4.8\ \text{V}$$

② 分压式偏置共射放大电路

分压式偏置共射放大电路（又称射极偏置电路）如图1-50(a)所示，直流偏置电路如图 1-50(b)所示。

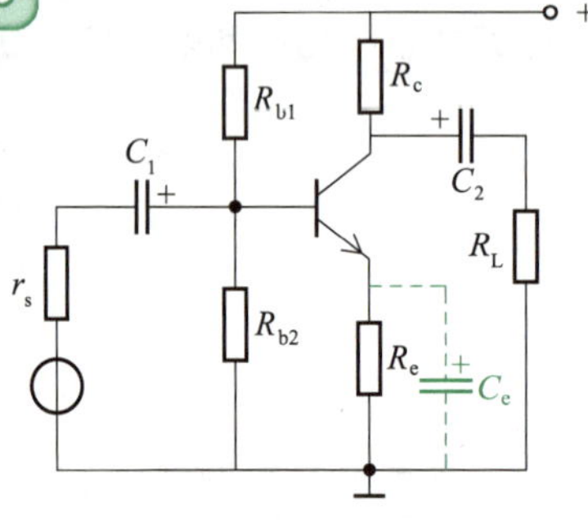

(a) 分压式偏置共射放大电路

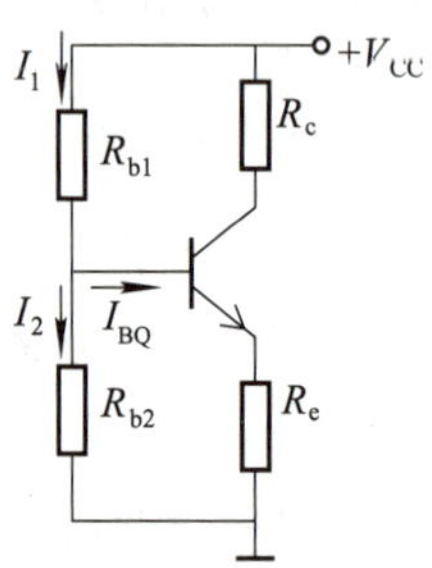

(b) 直流偏置电路

图 1-50 分压式偏置共射放大电路分析

由图 1-50(b)可知，$I_1=I_2+I_{BQ}$，一般 I_{BQ}很小，可以认为 $I_1\approx I_2$，则有

$$V_{BQ}\approx\frac{R_{b2}}{R_{b1}+R_{b2}}V_{CC}$$

$$I_{EQ}=\frac{V_{BQ}-U_{BEQ}}{R_e}$$

$$I_{CQ}\approx I_{EQ}$$

$$I_{BQ}=\frac{I_{CQ}}{\beta}$$

$$U_{CEQ}\approx V_{CC}-I_{CQ}(R_c+R_e)$$

当满足 $I_1\gg I_{BQ}$ 时，V_{BQ}固定，假如环境温度上升，则有

$$T\uparrow\rightarrow I_{CQ}\uparrow\rightarrow I_{EQ}\uparrow\rightarrow V_{EQ}\uparrow\rightarrow U_{BEQ}\downarrow\rightarrow I_{BQ}\downarrow\rightarrow I_{CQ}\downarrow$$

可见，分压式偏置电路稳定工作点的实质是固定 V_{BQ}不变，通过 I_{CQ}变化，引起 V_{EQ}改变，使 U_{BEQ}改变，从而抑制 I_{CQ}的改变。在实用电路中，电路参数的选取一般为 $V_{BQ}=(5\sim10)U_{BEQ}$，$I_1=(5\sim10)I_{BQ}$。

(2) 动态性能分析

① 三极管的微变等效电路模型

当三极管工作在小信号时，信号只是在静态工作点附近的小范围内变化，三极管特性曲线可以近似为线性的，此时三极管放大电路可等效为线性电路。用输入电阻 r_{be} 来等效三极管的输入特性，用受控电流源 βi_b 来表示三极管的输出特性，可画出三极管的微变等效电路模型，如图 1-51 所示。

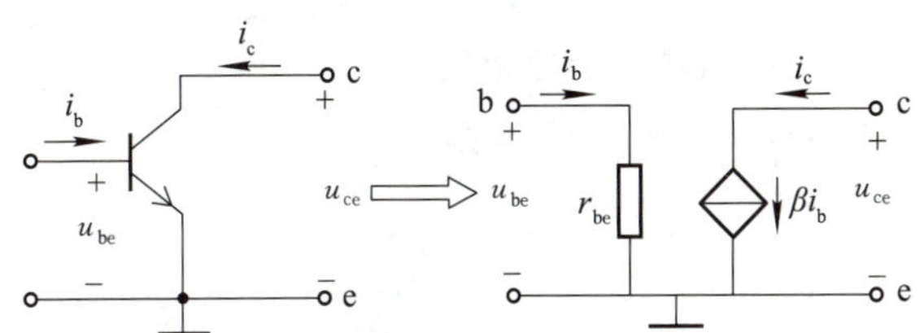

图 1-51 三极管的微变等效电路模型

r_{be}值估算为

$$r_{be}=300\ \Omega+(1+\beta)\frac{26\ \mathrm{mV}}{I_{EQ}} \tag{1-7}$$

② 绘制交流通路

在进行动态分析时，需要绘制交流通路。交流通路绘制原则：第一，将耦合电容 C_1，C_2 看成短路；第二，将直流电源短路接地。据此原则及微变等效法，可绘制出图 1-50 所示分压式偏置共射放大电路(有 C_e)的交流通路和微变等效电路，如图 1-52 所示。

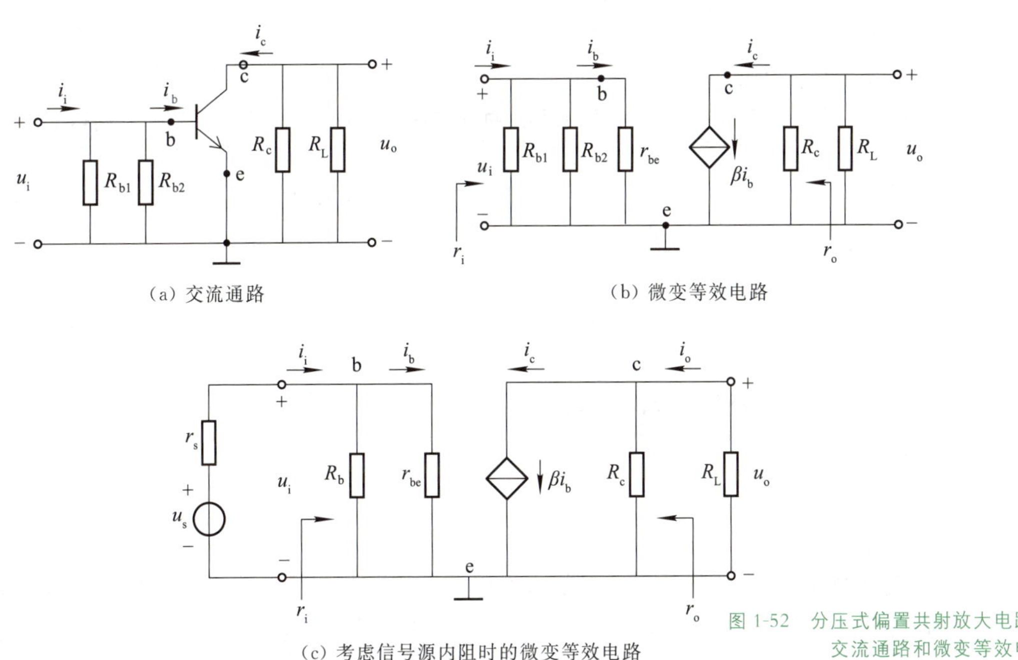

图 1-52 分压式偏置共射放大电路的交流通路和微变等效电路

③ 动态性能指标

a. 电压放大倍数 A_u

带载时，有

$$u_o = -i_c R'_L = -\beta i_b R'_L$$

其中，$R'_L = R_c // R_L$，$u_i = i_b r_{be}$，得

$$A_u = \frac{u_o}{u_i} = \frac{-\beta i_b R'_L}{i_b r_{be}} = -\frac{\beta R'_L}{r_{be}} \tag{1-8}$$

式中，"$-$"表示输出信号与输入信号相位相反。

空载时，$R_L \to \infty$，$R'_L = R_c // R_L = R_c$，则

$$A'_u = -\frac{\beta R_c}{r_{be}}$$

因为 $R_c > R'_L$，所以空载电压放大倍数大于带载电压放大倍数。

b. 输入电阻 r_i

$$r_i = \frac{u_i}{i_i} = R_b // r_{be} = R_{b1} // R_{b2} // r_{be} \tag{1-9}$$

当 $R_{b1} \gg r_{be}$，$R_{b2} \gg r_{be}$ 时，有

$$r_i \approx r_{be}$$

c. 输出电阻 r_o

在图 1-52(c)中，根据戴维南定理等效电阻的计算方法，令信号源 $u_s = 0$，则 $i_b = 0$，$\beta i_b = 0$，可得输出电阻为

$$r_o = R_c \tag{1-10}$$

d. 源电压放大倍数 A_{us}

图 1-52(c)所示为考虑信号源内阻时的微变等效电路。可得源电压放大倍数 A_{us} 为

$$A_{us} = \frac{u_o}{u_s} = \frac{u_o}{u_i} \cdot \frac{u_i}{u_s} = A_u \frac{u_i}{u_s} \tag{1-11}$$

又由图 1-52(c)可得

$$\frac{u_i}{u_s} = \frac{r_i}{r_i + r_s} \approx \frac{r_{be}}{r_{be} + r_s} \tag{1-12}$$

将式(1-8)和式(1-12)代入式(1-11)，得

$$A_{us} = \frac{u_o}{u_s} = -\beta \frac{R'_L}{r_{be} + r_s}$$

例 1-5 分压式偏置共射放大电路如图 1-50(a)所示，已知 $R_{b1} = 30\ \text{k}\Omega$，$R_{b2} = 10\ \text{k}\Omega$，$R_c = 2\ \text{k}\Omega$，$R_e = 1\ \text{k}\Omega$，$R_L = 8\ \text{k}\Omega$，$\beta = 40$，$V_{CC} = 12\ \text{V}$，三极管为硅管，$U_{BEQ} = 0.6\ \text{V}$，接有 C_e。

(1) 估算静态工作点；

(2) 计算电压放大倍数、输入电阻、输出电阻。

解：(1) 直流通路如图 1-50(b)所示。

$$V_{BQ} \approx \frac{R_{b2}}{R_{b1}+R_{b2}}V_{CC} = \frac{10}{30+10} \times 12\ \text{V} = 3\ \text{V}$$

$$I_{CQ} \approx I_{EQ} = \frac{U_{BQ}-U_{BEQ}}{R_e} = \frac{3-0.6}{1}\text{mA} = 2.4\ \text{mA}$$

$$I_{BQ} = \frac{I_{CQ}}{\beta} = \frac{2.4}{40}\text{mA} = 60\ \mu\text{A}$$

$$U_{CEQ} \approx V_{CC} - I_{CQ}(R_c+R_e) = [12-2.4\times(2+1)]\text{V} = 4.8\ \text{V}$$

(2) 有 C_e 时，R_e 只对直流起作用，有

$$r_{be} = 300\ \Omega + (1+\beta)\frac{26\ \text{mV}}{I_{EQ}} = 300\ \Omega + (1+40)\times\frac{26}{2.4}\ \Omega \approx 0.744\ \text{k}\Omega$$

利用式(1-8)、式(1-9)、式(1-10)分别可得

$$A_u = -\frac{\beta R'_L}{r_{be}} = -\frac{40}{0.744}\times\frac{2\times 8}{2+8} \approx -86$$

$$r_i = R_{b1} /\!/ R_{b2} /\!/ r_{be} \approx 0.677\ \text{k}\Omega$$

$$r_o = R_c = 2\ \text{k}\Omega$$

需要说明的是，无 C_e 时，R_e 对交、直流都起作用，其微变等效电路如图 1-53 所示。

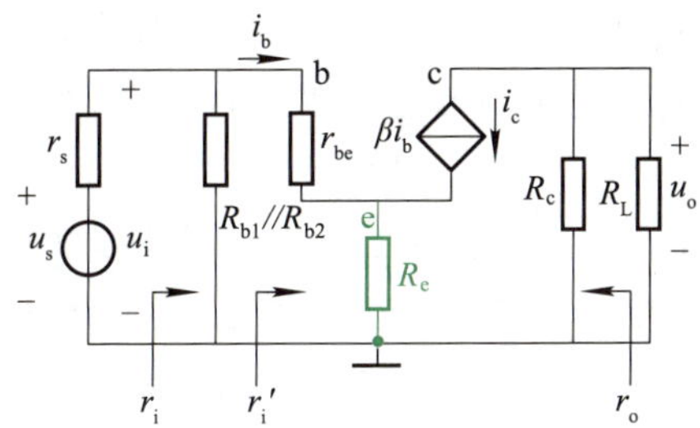

图 1-53 分压式偏置共射放大电路无 C_e 时的微变等效电路

电压放大倍数为 $$A_u = \frac{u_o}{u_i} = \frac{-\beta R'_L}{r_{be}+(1+\beta)R_e}$$

输入电阻为

$$r_i = R_{b1} /\!/ R_{b2} /\!/ r'_i = R_{b1} /\!/ R_{b2} /\!/ [r_{be}+(1+\beta)R_e]$$

输出电阻为 $r_o \approx R_c$

可见，引入发射极电阻 R_e 后，电压放大倍数降低了，输入电阻增大，输出电阻基本无影响。

(3) 失真现象分析

图 1-54 所示为共射放大电路波形失真现象演示图，图中，函

数信号发生器为电路提供正弦波信号，示波器用以观察电路输出波形情况；调节电位器 R_P 即可改变电路的静态工作点。

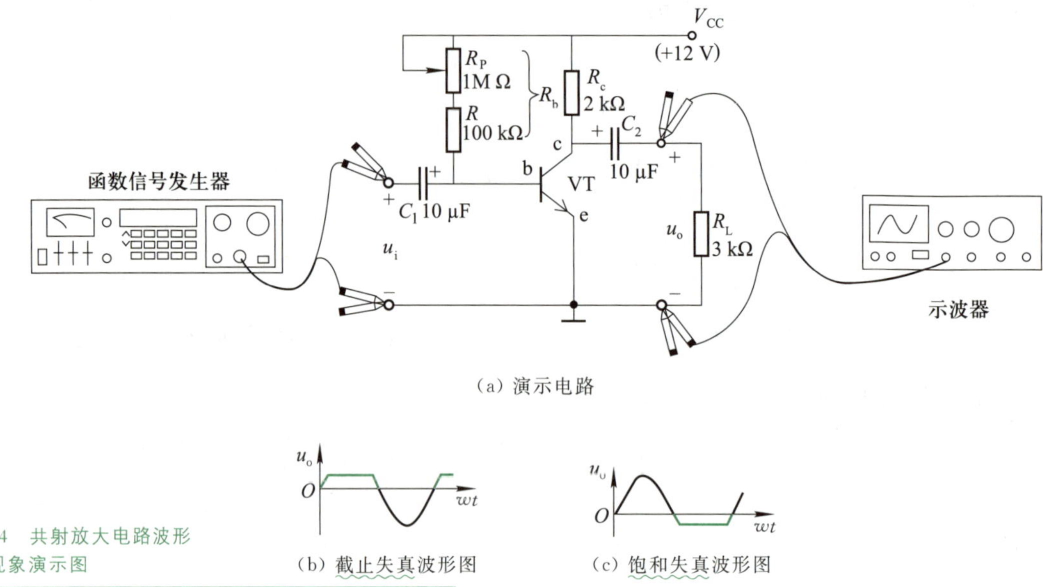

（a）演示电路

（b）截止失真波形图

（c）饱和失真波形图

图 1-54　共射放大电路波形失真现象演示图

当调节电位器 R_P 使其阻值增大时，I_{BQ}，I_{CQ}减小，当减小到一定值时，通过示波器可观察到 u_o 的正半周被截去一部分，信号出现失真，这种失真是因为静态工作点设置过低（I_{CQ}偏低，U_{CEQ}偏大），三极管进入截止区而引起的，因而称为“截止失真”，如图 1-54（b）所示。

当调节电位器 R_P 使其阻值减小时，I_{BQ}，I_{CQ}增大，当增大到一定值时，通过示波器可观察到 u_o 的负半周被截去一部分，信号出现失真，这种失真是因为静态工作点设置过高（I_{CQ}偏高，U_{CEQ}偏小），三极管进入饱和区而引起的，因而称为“饱和失真”，如图 1-54（c）所示。

截止失真和饱和失真都是由于三极管工作在特性曲线的非线性区引起的，因而称为非线性失真。适当调整电路参数，使静态工作点合适，可降低非线性失真程度。需要注意的是，即使有了合适的静态工作点，当输入信号 u_i 的幅值太大时，输出信号也会出现失真，此时的失真为双向失真。

2. 共集放大电路

（1）电路组成和静态工作点

共集电极放大电路（简称共集放大电路）如图 1-55（a）所示，图 1-55（b）、图 1-55（c）分别是它的直流通路和交流通路。由交流通路看，三极管的集电极是交流地电位，输入信号和输出信号以它为公共端，故称共集电极放大电路，同时由于输出信号取自发射极，因此又称射极输出器。

静态工作点的估算：

$$I_{BQ}=\frac{V_{CC}-U_{BEQ}}{R_b+(1+\beta)R_e}$$

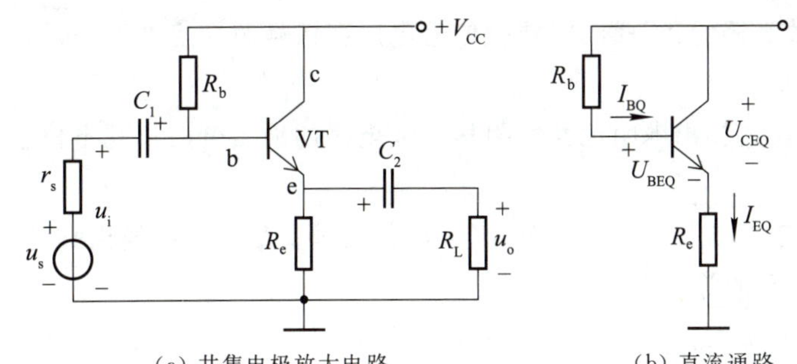

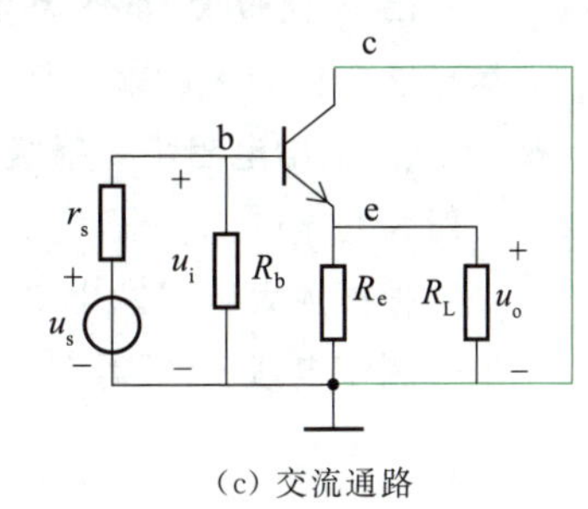

图 1-55　共集电极放大电路及其直流通路、交流通路

$$I_{CQ}=\beta I_{BQ}$$

$$U_{CEQ}=V_{CC}-I_{EQ}R_e\approx V_{CC}-I_{CQ}R_e$$

(2) 主要性能指标

根据图 1-55(c)可绘制出共集放大电路的微变等效电路，如图 1-56 所示，求得共集放大电路的各性能指标。

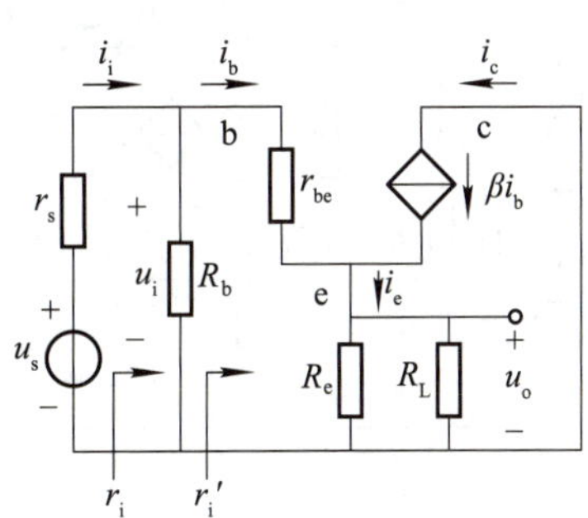

图 1-56　共集放大电路的微变等效电路

① 电压放大倍数 $A_u\approx 1$，输出电压与输入电压相位相同，电压跟随性好。

$$u_o=i_eR'_L=(1+\beta)i_bR'_L\text{（其中，}R'_L=R_e\ //\ R_L\text{）}$$

$$u_i=i_br_{be}+u_o=i_br_{be}+(1+\beta)i_bR'_L$$

则

$$A_u=\frac{u_o}{u_i}=\frac{(1+\beta)i_bR'_L}{i_br_{be}+(1+\beta)i_bR'_L}=\frac{(1+\beta)R'_L}{r_{be}+(1+\beta)R'_L} \tag{1-13}$$

一般有 $r_{be}\ll(1+\beta)R'_L$，因此 $A_u\approx 1$，可见射极跟随器没有电压放大作用。

② 输入电阻大。射极输出器的输入电阻比共发射极放大电路的输入电阻大几十至几百倍。

$$r'_i=\frac{u_i}{i_b}=\frac{i_br_{be}+(1+\beta)i_bR'_L}{i_b}=r_{be}+(1+\beta)R'_L$$

$$r_i=\frac{u_i}{i_i}=R_b\ //\ r'_i=R_b\ //\ [r_{be}+(1+\beta)R'_L] \tag{1-14}$$

因 r_i 值较大，常作为多级放大器的第一级，以减少信号电压在信号源内阻上的损耗，尽可能获得较大的输入信号电压。

③ 输出电阻小。射极输出器的输出电阻比共发射极放大电路的输出电阻小几十倍，一般为几十欧。

根据放大电路输出电阻的定义，在图 1-56 中，令 $u_s=0$，并去掉负载 R_L，在输出端外加一测试电压 u，可得图 1-57 所示的等效电路。

$$u=-i_b(r_{be}+r_s /\!/ R_b)$$

$$r'_o=\frac{u}{-i_e}=\frac{-i_b(r_{be}+r_s /\!/ R_b)}{-(1+\beta)i_b}=\frac{r_{be}+r_s /\!/ R_b}{1+\beta}$$

$$r_o=R_e /\!/ r'_o=R_e /\!/ \frac{r_{be}+r_s /\!/ R_b}{1+\beta} \tag{1-15}$$

由式(1-15)可知，基极回路的总电阻 $r_{be}+r_s /\!/ R_b$ 折算到发射极回路，需除以 $1+\beta$。射极输出器的输出电阻由较大的 R_e 和很小的 r'_o 并联，因而 r_o 很小，射极输出器带负载能力比较强。

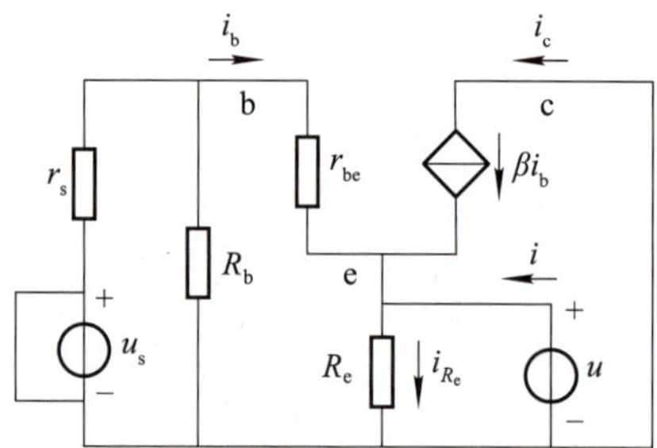

图 1-57　求共集放大电路输出电阻的等效电路

例 1-6　在图 1-55(a)所示的共集电极放大电路中，已知三极管 $\beta=120$，$U_{BEQ}=0.7\ \text{V}$，$I_{EQ}=3.2\ \text{mA}$，$V_{CC}=12\ \text{V}$，$R_b=300\ \text{k}\Omega$，$R_e=R_L=r_s=1\ \text{k}\Omega$，分别求 A_u，r_i，r_o。

解：利用式(1-7)、式(1-13)～式(1-15)可得

$$r_{be}=300\ \Omega+(1+\beta)\frac{26\ \text{mV}}{I_{EQ}}=300\ \Omega+121\times\frac{26}{3.2}\ \Omega\approx 1.28\ \text{k}\Omega$$

$$A_u=\frac{u_o}{u_i}=\frac{(1+\beta)R'_L}{r_{be}+(1+\beta)R'_L}=\frac{121\times 0.5}{1.28+121\times 0.5}\approx 0.98$$

$$r_i=\frac{u_i}{i_i}=R_b /\!/ r'_i=R_b /\!/ [r_{be}+(1+\beta)R'_L]$$

$$=\frac{300\times(1.28+121\times 0.5)}{300+1.28+121\times 0.5}\text{k}\Omega\approx 51.23\ \text{k}\Omega$$

$$r_o=R_e /\!/ \left(\frac{r_{be}+r_s /\!/ R_b}{1+\beta}\right)=\frac{1\times\dfrac{1.28+\dfrac{300\times 1}{300+1}}{121}}{1+\dfrac{1.28+\dfrac{300\times 1}{300+1}}{121}}\text{k}\Omega\approx 18\ \Omega$$

(3) 实际应用

由于射极输出器具有输入电阻大、输出电阻小、电压跟随特性好的优良特性，而且具有一定的电流放大能力和功率放大能力，因而在实际电路中获得了广泛的应用，具体应用如下：

① 用作输入级

利用输入电阻大的优点，射极输出器用作电路的输入级，可减小电路对信号的影响，使放大电路的输入信号强度基本等于外接信号源电动势的大小。

② 用作输出级

利用输出电阻小的优点，射极输出器用作电路的输出级，可减小负载变动对电路的影响，稳定输出电压，提高放大电路的带负载能力。

③ 用作多级放大电路的中间级

射极输出器作中间级时，主要用来隔离前后级的影响，故又称缓冲级，起阻抗变换作用。

3. 共基放大电路

共基极放大电路如图 1-58 所示。由图可见，交流信号通过三极管基极旁路电容 C_2 接地，因此，输入信号 u_i 由发射极引入，输出信号 u_o 由集电极引出，它们都以基极为公共端，故称共基极放大电路，简称共基放大电路。

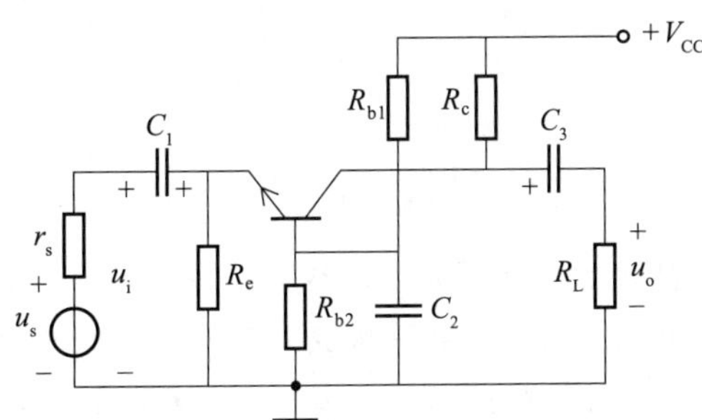

图 1-58　共基极放大电路

将 C_1，C_2，C_3 断开，便可得到其直流通路，如图 1-59(a)所示，与共发射极放大电路一样，所以可用相同的方法估算静态工作点。

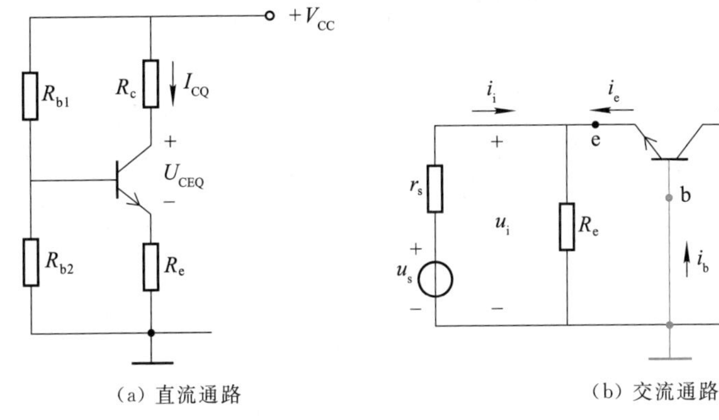

(a) 直流通路　　(b) 交流通路

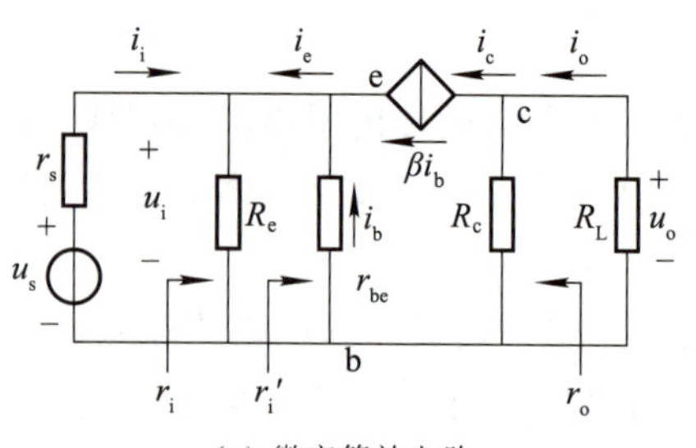

(c) 微变等效电路

图 1-59　共基极放大电路的直流通路、交流通路和微变等效电路

将 C_1，C_2，C_3 短路，V_{CC} 与地短接，可绘制出其交流通路和微变等效电路，如图 1-59(b)和图 1-59(c)所示。

电路的动态参数如下：

(1) 电压放大倍数 A_u

$$A_u = \frac{u_o}{u_i} = \frac{\beta R'_L}{r_{be}}$$

(2) 输入电阻 r_i

$$r_i = R_e \mathbin{/\!/} \frac{r_{be}}{1+\beta}$$

(3) 输出电阻 r_o

$$r_o = R_c$$

由以上分析可知，共基极放大电路有电压放大作用，输入电阻比较小，其输出电阻与共发射极放大电路一样，值也比较大。共基极放大电路的电流放大倍数为 0.9～0.99。它的另一个特点是频率特性好，在要求频率特性高的场合多采用此电路。

4. 三种基本组态放大电路比较

综合对三种基本组态放大电路的分析，各电路的主要指标见表 1-17。

表 1-17　三种基本组态放大电路主要指标

项目	共发射极放大电路	共集电极放大电路	共基极放大电路
电路形式	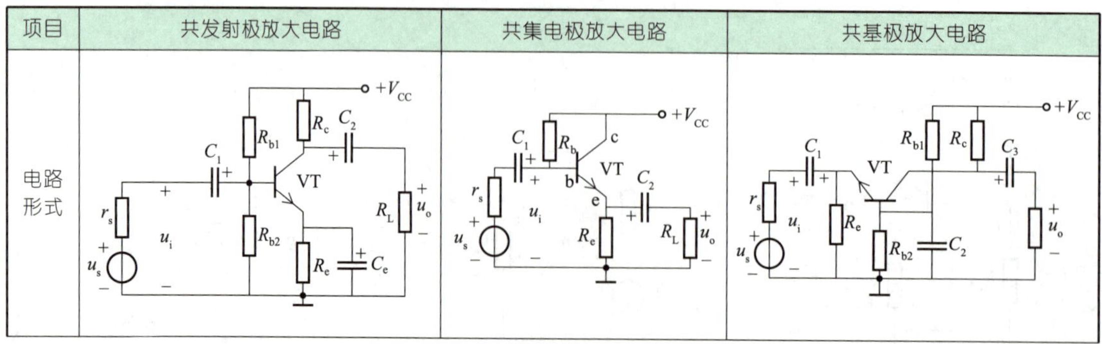		

续 表

项目	共发射极放大电路		共集电极放大电路		共基极放大电路	
微变等效电路	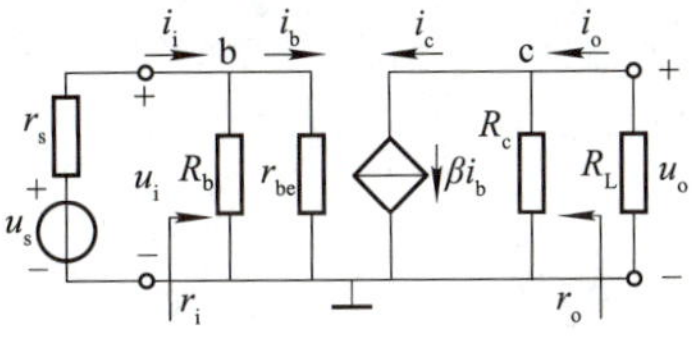		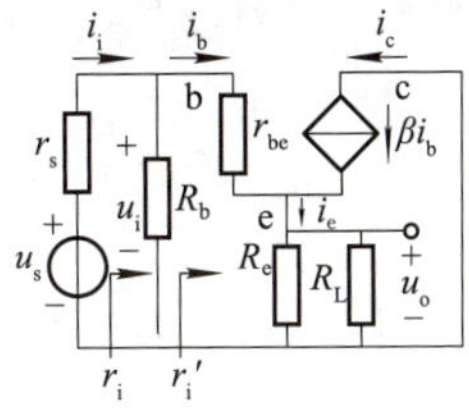		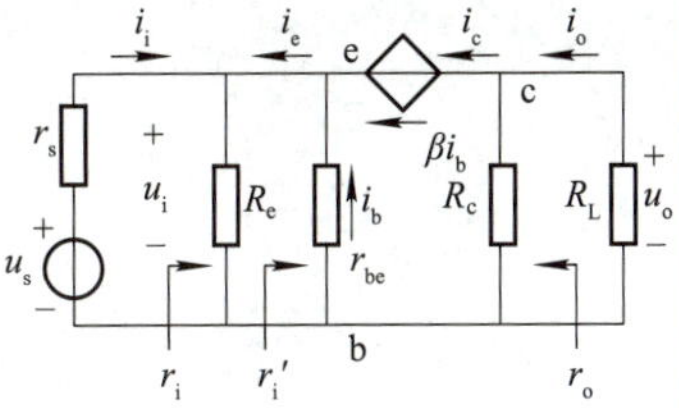	
电压放大倍数	$A_u=-\frac{\beta R'_L}{r_{be}}$	大	$A_u=\frac{(1+\beta)R'_L}{r_{be}+(1+\beta)R'_L}\approx 1$	小	$A_u=\frac{\beta R'_L}{r_{be}}$	大
电流放大倍数	β	大	$-(1+\beta)$	大	$-\frac{\beta}{1+\beta}$	小于 1
输入电阻	$r_{be}/\!/R_b$	中	$R_b/\!/[r_{be}+(1+\beta)R'_L]$	大	$R_e/\!/\frac{r_{be}}{1+\beta}$	小
输出电阻	R_c	大	$R_e/\!/\frac{r_{be}+r_s/\!/R_b}{1+\beta}$	小	R_c	大
通频带	窄		较宽		宽	
用途	多级放大器的中间级，小信号电压放大器		输入级、输出级、缓冲级，小信号电流放大或功率放大		恒流源电路、频率特性好，常用于宽频带放大器	

从表 1-17 可知，共发射极放大电路既放大电流又放大电压；共集电极放大电路只放大电流不放大电压；共基极放大电路只放大电压不放大电流；三种电路中输入电阻最大的是共集电极放大电路，最小的是共基极放大电路；输出电阻最小的是共集电极放大电路；频带最宽的是共基极放大电路。使用时，应根据实际需求选择合适的放大电路。

三、场效应晶体管放大电路

用场效应晶体管作为放大器件的放大电路，称为场效应晶体管放大电路。从结构上看，场效应晶体管的三个电极 g，d，s 对应三极管的三个电极 b，c，e。因此，场效应晶体管放大电路也有三种组态电路，即共源、共漏和共栅放大电路。由于场效应晶体管是电压控制器件，且种类较多，本书主要讨论与共射放大电路对应的共源放大电路。

1. 场效应晶体管放大电路的分析

(1) 自偏置电路

图 1-60(a)所示为自偏置电路结构。漏极电阻 R_d、源极电阻 R_s、旁路电容 C_s 与三极管放大电路中的 R_c，R_e，C_e 的作用相同。该电路利用电流 I_D 在 R_s 上产生的压降 I_DR_s，通过 R_g 加在 g，s 之间，因栅极电流 $I_G=0$，故 $U_{GS}=-I_DR_s$。U_{GS} 是 I_D 流过 R_s 时产生的电压，这种偏置电路称为自给偏压电路，也称自偏置电路。R_s 的另一个作用是稳定静态工作点；R_g 值很大可使输入回路的交流输入电阻很大。

必须指出，自偏置电路只能产生反向偏压，所以它只适用于耗尽型场效应晶体管和结型场效应晶体管电路。

自偏置电路静态工作点计算公式如下：

$$U_{GSQ}=-I_{DQ}R_s$$

$$I_{DQ}=I_{DSS}\left(1-\frac{U_{GSQ}}{U_{GS(off)}}\right)^2$$

$$U_{DSQ}=V_{DD}-I_{DQ}(R_d+R_s)$$

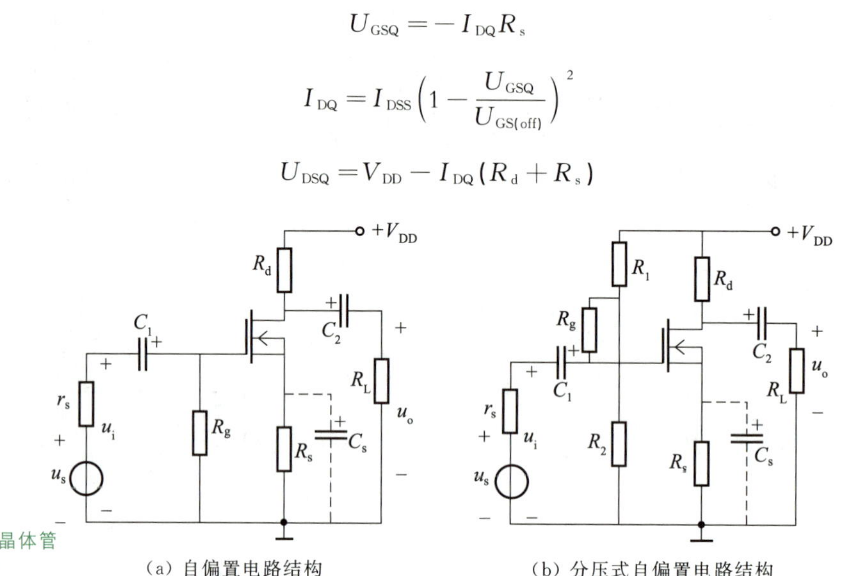

图 1-60 场效应晶体管自偏置电路结构

图 1-60(b)所示为分压式自偏置电路结构。图中，R_1，R_2 为分压电阻，将 V_{DD} 分压后，取 R_2 上的压降供给场效应晶体管的栅极，使其工作在线性放大区。从偏置电路分析可知，恰当地选择电路参数，可适用于耗尽型 MOS 管和增强型 MOS 管。

图 1-60(b)中，R_g 接在分压电路与输入回路之间，无直流电流，所以无直流压降，使放大电路的交流输入电阻很大，并得到较高的信号电压。由图 1-60(b)不难得到

$$U_{GSQ}=V_{GQ}-V_{SQ}=\frac{R_2}{R_1+R_2}V_{DD}-I_{DQ}R_s$$

(2) 微变等效电路

与三极管的微变等效电路相似，可绘制出场效应晶体管的微变等效电路，如图 1-61 所示。其中，$g_m u_{gs}$ 为受栅源电压 u_{gs} 控制的受控电流源，跨导 g_m 反映了这种控制作用。

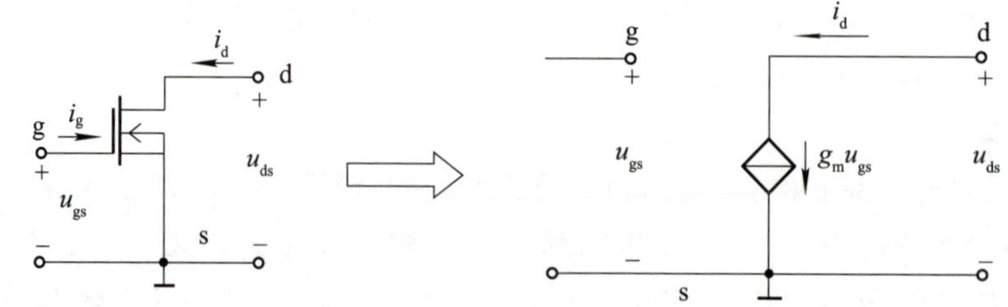

图 1-61 场效应晶体管的微变等效电路

采用分压式偏置电路的场效应晶体管放大电路的微变等效电路如图 1-62 所示。动态参数如下：

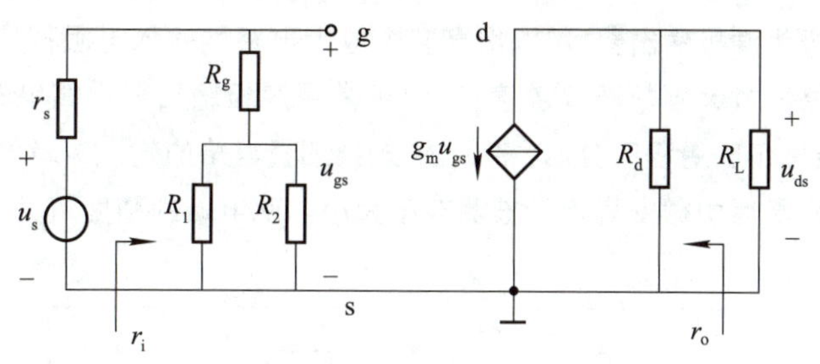

图 1-62 采用分压式偏置电路的场效应晶体管放大电路的微变等效电路

① 电压放大倍数 A_u

$$A_u=\frac{u_o}{u_i}=\frac{-g_m u_{gs}}{u_{gs}}R_L \mathbin{/\!/} R_d=-g_m(R_L \mathbin{/\!/} R_d)=-g_m R'_L$$

② 输入电阻 r_i

$$r_i=R_g+R_1 \mathbin{/\!/} R_2$$

由此可见,R_g 是用来提高放大电路输入电阻的。

③ 输出电阻 r_o

由戴维南定理可知,当 $u_s=0$,即 $u_{gs}=0$ 时,受控电流源 $g_m u_{gs}=0$,相当于开路,所以得放大电路的输出电阻为

$$r_o=R_d$$

例 1-7 在图 1-60(b)所示的电路中,已知 $R_1=200\ \text{k}\Omega$, $R_2=30\ \text{k}\Omega$, $R_g=10\ \text{M}\Omega$, $R_L=5\ \text{k}\Omega$, $R_d=5\ \text{k}\Omega$, $r_s=1\ \text{k}\Omega$, $g_m=4\ \text{mS}$。设电容 C_1, C_2 和 C_s 足够大,试求电压放大倍数和输入、输出电阻。

解:电压放大倍数为

$$A_u=\frac{u_o}{u_i}=-g_m R'_L=-4\times\frac{5\times5}{5+5}=-10$$

输入电阻为

$$r_i=R_g+(R_1 \mathbin{/\!/} R_2)=\left(10+\frac{0.2\times0.03}{0.2+0.03}\right)\text{M}\Omega\approx10\ \text{M}\Omega$$

输出电阻为

$$r_o=R_d=5\ \text{k}\Omega$$

对共漏、共栅场效应晶体管放大电路这里不再详细分析,可参考有关资料。

2. 场效应晶体管放大电路的特点及应用

由于场效应晶体管放大电路具有输入阻抗较高、噪声较低、热稳定性较好等优点,而且其输入回路和输出回路基本是互相独立的,电路的设计与调试也比较简单,因此得到了广泛的应用。

图 1-63 所示为场效应晶体管构成的交流电压表电路,由四级耗尽型 NMOS 管放大电路

组成。其中,第一级为源极输出器,用以提高整个放大电路的输入电阻;第二、三级均为共源极接法,以提高电路的放大倍数及灵敏度;第四级常用源极输出器提高电路的带负载能力。被测电压经分压器按不同量程区分后,将 u_x 输入到测量电路的输入端,经多级放大后,再由桥式整流电路整流,最后由微安表指示被测电压大小。此电路的精度和灵敏度都较高。

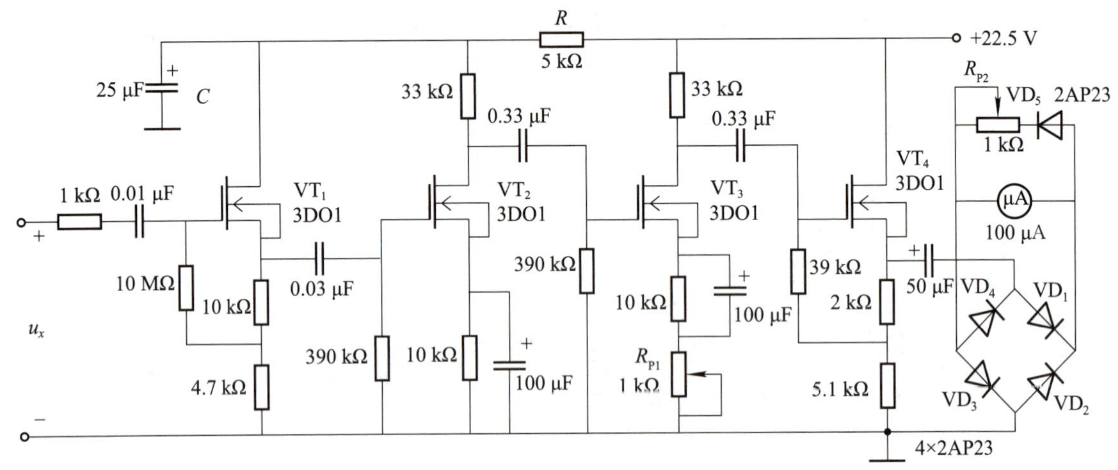

图 1-63 场效应晶体管构成的交流电压表电路

四、多级放大电路

1. 多级放大电路的组成

在实际的电子设备中,为了得到足够大的放大倍数或者使输入电阻和输出电阻达到指标要求,可将两级或两级以上的基本放大电路按一定方式连接起来组成多级放大电路,如图 1-64 所示。

各单级之间的连接方式称为耦合,常见的耦合方式有阻容耦合、变压器耦合及直接耦合三种形式。

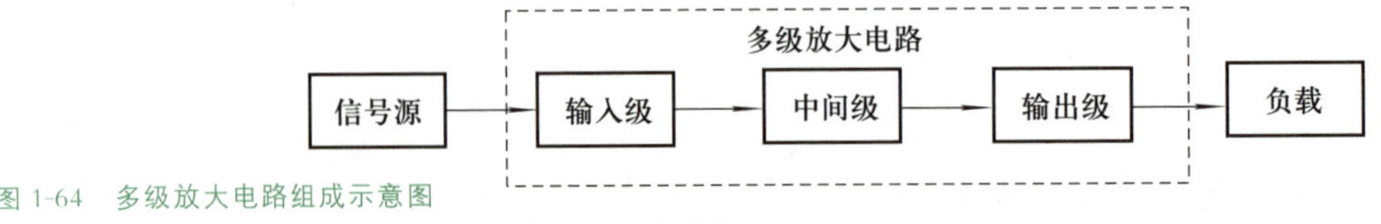

图 1-64 多级放大电路组成示意图

(1) 阻容耦合

阻容耦合是利用电容器作为耦合元件将前级和后级连接起来,如图 1-65 所示。其优点是:前级和后级直流通路彼此隔开,每一级的静态工作点相互独立,互不影响,便于分析和设计电路。其缺点是:信号衰减幅度大,直流信号(或变化缓慢的信号)很难传输;不利于集成化。

(2) 变压器耦合

变压器耦合是利用变压器将前后级连接起来的方式,如图 1-66 所示。其优点是:各级静态工作点相互独立,互不影响。同时还能进行阻抗、电压、电流变换。其缺点是:体积大、笨重等,不能实现集成化应用。

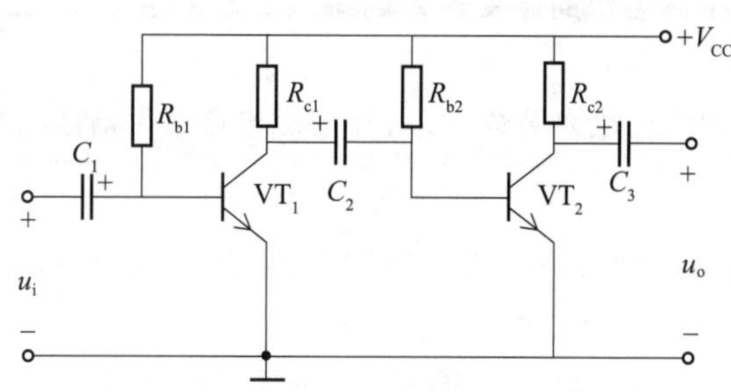

图 1-65 阻容耦合多级放大电路

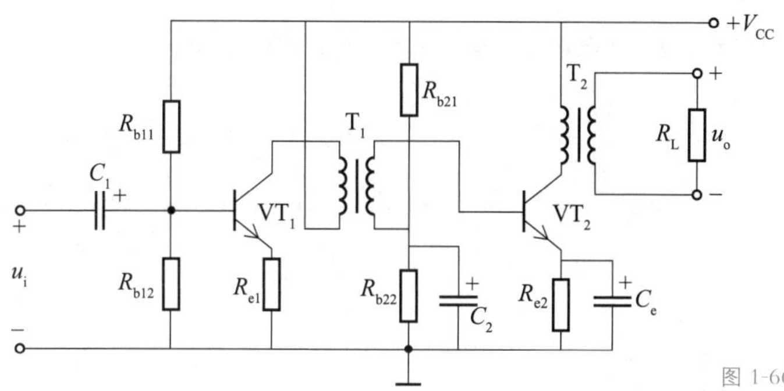

图 1-66 变压器耦合多级放大电路

(3) 直接耦合

直接耦合是将前后级直接相连接，如图 1-67 所示。其优点是：所用元件少，体积小，低频特性好，便于集成化。其缺点是：前后级的直流通路相通，静态电位相互牵制，各级静态工作点相互影响；此外还存在着零点漂移现象。

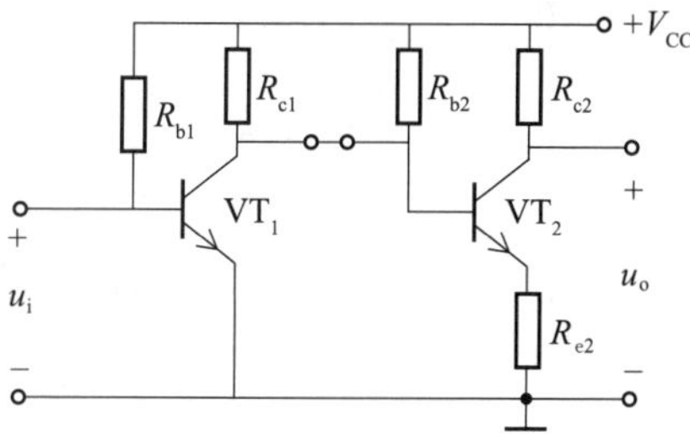

图 1-67 直接耦合多级放大电路

① 静态工作点相互牵制

如图 1-67 所示，不论 VT_1 集电极电位在耦合前有多高，第二级如没有 R_{e2}，接入第二级后，VT_1 集电极电位被 VT_2 的基极钳制在 0.7 V 左右，致使 VT_1 处于临界饱和状态，导致整个电路无法正常工作。

② 零点漂移现象

温度变化等原因往往导致放大电路在输入信号为零时输出信号不为零，这种现象称为零点漂移。直接耦合的多级放大电路存在零点漂移问题，解决方法将在差分放大电路中讨论。

2. 多级放大电路的性能指标

多级放大电路的动态性能指标主要有电压放大倍数、输入电阻和输出电阻等。在进行动态指标分析时，只要将各级的微变等效电路级联起来组成多级放大电路的微变等效电路，不难得到以下几点结论：

① 多级放大电路的电压放大倍数 A_u 等于各级电压放大倍数的乘积，即

$$A_u = A_{u1} \cdot A_{u2} \cdot \cdots \cdot A_{un}$$

A_{u1}，A_{u2}，…，A_{un}的计算视该级的具体电路而定，注意：后级的输入电阻是前一级的负载电阻；前一级的输出电阻就是后级的信号源内阻。

② 多级放大电路的输入电阻 r_i 等于第一级的输入电阻，即

$$r_i = r_{i1}$$

③ 多级放大电路的输出电阻 r_o 等于末级的输出电阻，即

$$r_o = r_{on}$$

例 1-8 电路如图 1-65 所示，已知 $V_{CC}=6$ V，$R_{b1}=10$ kΩ，$R_{c1}=2$ kΩ，$R_{b2}=270$ kΩ，$R_{c2}-1.5$ kΩ，$r_{be1}=1.6$ kΩ，$\beta_1=\beta_2=50$，$r_{be2}=1.2$ kΩ。求：

(1) 电压放大倍数；

(2) 输入电阻、输出电阻。

解：(1) 电压放大倍数

$$r_{i2} = R_{b2} \,//\, r_{be2} = \frac{270 \times 1.2}{270 + 1.2}\ \text{k}\Omega \approx 1.2\ \text{k}\Omega$$

$$R'_{L1} = R_{c1} \,//\, r_{i2} = \frac{2 \times 1.2}{2 + 1.2}\ \text{k}\Omega = 0.75\ \text{k}\Omega$$

$$A_{u1} = -\frac{\beta R'_{L1}}{r_{be1}} = -\frac{50 \times 0.75}{1.6} \approx -23.4$$

$$A_{u2} = -\frac{\beta R_{c2}}{r_{be2}} = -\frac{50 \times 1.5}{1.2} = -62.5$$

$$A_u = A_{u1} \cdot A_{u2} = -23.4 \times (-62.5) = 1\,462.5$$

(2) 输入电阻、输出电阻

$$r_i = r_{i1} = R_{b1} \,//\, r_{be1} = \frac{10 \times 1.6}{10 + 1.6}\ \text{k}\Omega \approx 1.4\ \text{k}\Omega$$

$$r_o = R_{c2} = 1.5\ \text{k}\Omega$$

五、放大电路的频率特性

在实际应用中，放大电路所放大的信号并非单一频率，例如，语音信号的频率范围为 20～20 000 Hz，图像信号的频率范围为 0～6 MHz 等。放大电路中存在电容、电感元件，并且三极管本身存在结电容效应，以上因素对交流信号会产生一定影响，导致不同频率成分的信号具有不同的放大效果，从而引起失真，该失真称为频率失真。常用幅频特性和相频特性表示放大电路的频率特性。

1. 幅频特性

单管共射放大电路的放大倍数与频率的关系(幅频特性)曲线如图 1-68(a)所示。图中,中频范围内曲线是平坦的,放大倍数不随频率变化,其电压放大倍数记作 A_{um}。中频段以外,随频率的升高和降低,放大倍数都要下降。当放大倍数下降到中频段放大倍数的 0.707 倍时,相应的低频频率和高频频率分别称为下限截止频率 f_L 和上限截止频率 f_H。f_L 和 f_H 之间的频率范围称为频带宽度,又称通频带,简称带宽,用 f_{BW} 表示,即

$$f_{BW}=f_H-f_L$$

2. 相频特性

不同频率的信号经放大电路放大后,还会产生相位的变化,即输出信号的相位与输入信号有相位差。共射放大电路的相频特性如图 1-68(b)所示。在中频段 u_o 与 u_i 有 180° 的相位差(表明了共发射极放大电路的倒相作用),而在低频段和高频段均产生了相对中频段的附加相移。

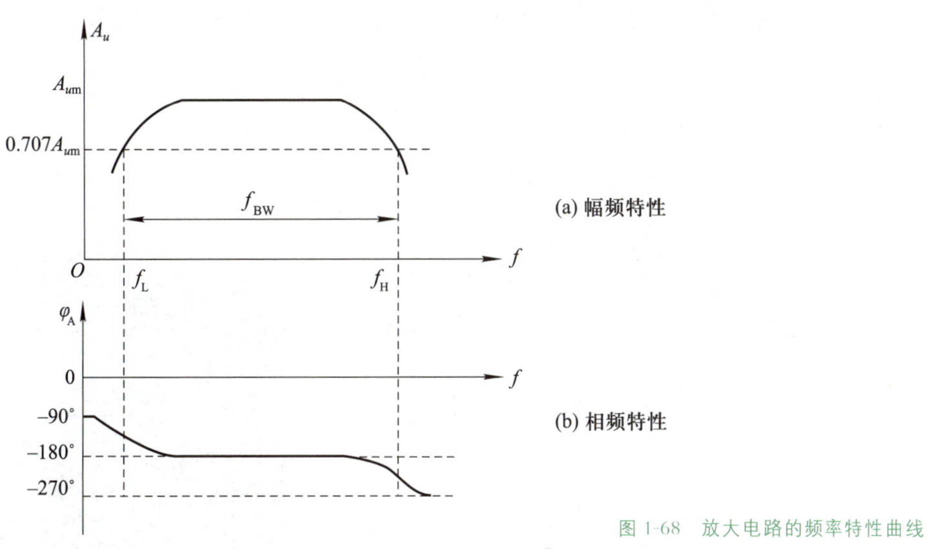

图 1-68　放大电路的频率特性曲线

需要指出的是,多级放大电路的通频带比其中任意一级放大电路都要窄。

复习与讨论

1. 放大电路由哪几部分组成?各元件的作用是什么?

2. 设置静态工作点的目的是什么?偏低或偏高对输出波形有什么影响?

3. 射极跟随器有哪些特点?应用在哪些场合?

4. 比较三种基本放大电路的异同点及适用场合。

5. 场效应晶体管放大电路与三极管放大电路有何异同点?

互动:
项目一任务三小测试

1

任务实施一　单管共射放大电路的分析与调试

一、任务导入

晶体三极管是放大电路的核心器件，单管放大电路又是小至收音机、助听器，大至电视机、精密测量仪器、自动控制设备等都离不开的最基本的单元电路之一。本任务内容涉及了电路的组成、静态动态测试，以及实验仪器的操作，电路性能测试及分析是学习的重点内容。通过对电路参数及输出波形进行分析，可以更好地理解和掌握理论内容，是模拟电子技术后续多个项目的基础。

二、工作过程

（一）准备

1. 根据原理图[图 1-69(a)]核对单管共射放大电路的电路板图[图 1-69(b)]。

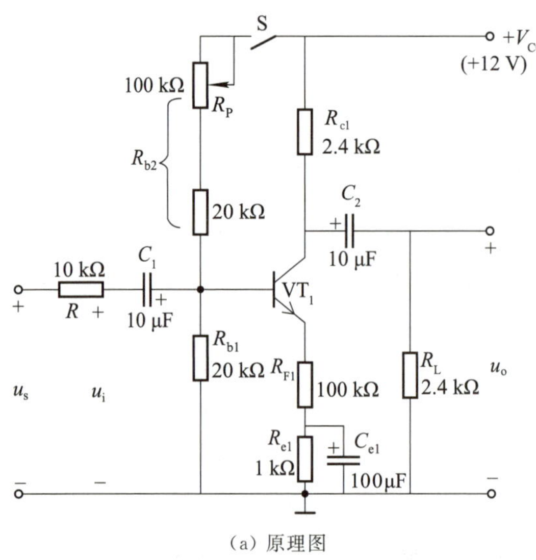

(a) 原理图

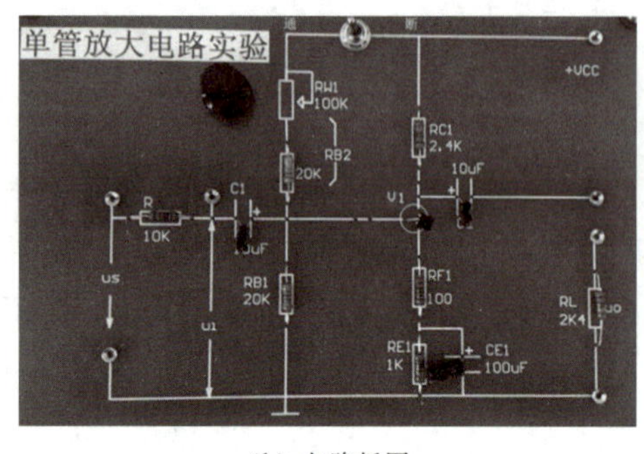

(b) 电路板图

图 1-69　单管共射放大电路

仔细观察图 1-69(b)电路板实物，按样例完成元件清单，见表 1-18。

表 1-18　单管共射放大电路的分析与调试元件清单

序号	位号	名称规格	作　用　简　述
1	V_{CC}	12 V	直流电源，为电路提供能量，为三极管提供适当偏置
2	VT_1		
3	C_1，C_2		
4	R_{b1}，R_{b2}		
5	R_{c1}		

续 表

序号	位号	名称规格	作 用 简 述
6	C_{e1}		
7	R		
8	R_L		
9	R_{F1}		
10	R_{e1}		

2. 根据表 1-19 检查调试用设备是否到位。

表 1-19 单管共射放大电路调试用设备检查表

设 备	是否齐全
直流稳压电源	是○ 否○
函数信号发生器	是○ 否○
示波器	是○ 否○
数字交流毫伏表	是○ 否○
万用表	是○ 否○

（二）实施

1. 调节直流稳压电源，使其输出 12 V，正确连接实验电路，给电路加上电源。

2. 静态测试：

(1) 用导线短接交流输入端。

(2) 为得到集电极静态电流 $I_{CQ}=2$ mA，用间接测量法测量静态工作点。具体为：三极管集电极电位 $V_{C1}=$ ________，调节电位器 R_P，用万用表直流电压挡测量 V_{C1} 达到这个数值。测出电路其他参数，记录于表 1-20 中。

表 1-20 静态工作点的测量

测试要求 给定工作点	测 量 值			计 算 值		
	V_{BQ}/V	V_{CQ}/V	V_{EQ}/V	U_{BEQ}/V	U_{CEQ}/V	I_{CQ}/mA
$I_{CQ}=2$ mA						

3. 动态测试：

(1) 调节函数信号发生器，给电路输入 $U_s=300$ mV，$f=1$ kHz 的中频正弦信号。

(2) 用示波器观察电路输出 u_o 波形。在 u_o 不失真时，测出电路的净输入电压 u_i 及电路在带载时的 U_o 与空载时的 U'_o，记录于表 1-21 中。

表 1-21 放大电路的动态测试

测 量 值				计 算 值			
输入/mV		输出/mV		电压放大倍数		输入电阻/Ω	输出电阻/Ω
U_s	U_i	U_o	U'_o	$A_u=U_o/U_i$	$A_u=U'_o/U_i$	$r_i=R_s\times U_i/(U_s-U_i)$	$r_o=R_L\times(U'_o-U_o)/U_o$

4. 观察静态工作点对放大电路输出波形的影响(要求 $R_L = 2.4\ k\Omega$),记录于表 1-22 中。

(1) 在给定 $I_{CQ} = 2\ mA$ 的工作点条件下,调节 $U_i = 100\ mV$,观察 u_o 波形是否失真。

(2) 改变工作点,调节电位器 R_P,使 V_B 增大,观察 u_o 是否出现负半周失真的波形。断开 u_i,测出此时电路的静态工作点 I_{CQ}。

(3) 重新接上 u_i 信号,调节电位器 R_P,使 V_B 减小,观察 u_o 是否出现正半周失真的波形。断开 u_i,测出此时电路的静态工作点 I_{CQ}。

表 1-22 静态工作点对输出波形的影响

工作状态	V_{BQ}/V	I_{CQ}/mA	输出 u_o 波形	波形失真分析
工作点正常				
工作点过高				
工作点过低				

三、交流分享

1. 分析表 1-22 中测试数据,静态工作点 I_{CQ} 和输出 u_o 波形有什么关系?

2. 若用示波器输入耦合直流挡观察电路中电容 C_2 左右两边的波形,有什么不同? 为什么?

3. 若断开电容 C_{e1},对放大倍数会有什么影响?

四、评价总结

1. 首先由学生根据任务完成情况自己评价,然后由小组人员进行评价,记录于表 1-23 中。

表 1-23 学生自评和小组评价表

项目内容	配分	评　分　标　准	自评得分	小组评价得分
素养与规范	30 分	(1) 准备工作不到位,可酌情扣 5～10 分; (2) 着装不规范,可酌情扣 5～7 分; (3) 违反操作规程,产生不安全因素,酌情扣 10～20 分; (4) 迟到、早退、场地不清洁,每次扣 2～5 分		
电路调试	30 分	(1) 合理选择仪器,一次通电调试成功,得满分; (2) 通电调试时发现接线错误等,每处扣 5～7 分		
性能测试	40 分	能正确使用仪器仪表测量 Q 点和输入、输出信号电压,能用示波器完整清晰显示波形,且记录完整,可得满分,否则每项酌情扣 3～10 分		
总分				
自评人签名:　　　　年　月　日　　　　组评人员签名:				

2. 由指导教师根据任务完成整体情况,并结合学生自评和小组评价进行综合评分,将评价意见与评分值记录于表 1-24 中。

表 1-24 教师评价表

<table>
<tr><td colspan="2">教师总体评价意见：

</td></tr>
<tr><td>教师评分(按 100 分计)</td><td></td></tr>
<tr><td>总评分 = 自评得分 × 0.3 + 小组评价得分 × 0.3 + 教师评分 × 0.4</td><td></td></tr>
</table>

任务实施二 共集放大器的仿真练习

一、任务导入

Multisim 仿真软件采用交互式界面，有丰富的元器件库和仪表资源，能够方便地修改元器件参数进行电路分析。以共集电极放大电路为例，学习仿真软件的使用，可以在做硬件实验之前，对预期的实验结果有直观的了解，也能更深刻地理解实践内容，提高学习者分析问题、解决问题的能力。

共集电极放大电路也称射极跟随器，是一个电压串联负反馈放大电路，它具有输入电阻高，输出电阻低，电压放大倍数接近于 1，输出电压能够在较大范围内跟随输入电压作线性变化以及输入、输出信号同相等特点。通过本任务的实施，可以在 Multisim 14 仿真软件工作平台上测试共集电极放大电路的静态工作点、电压放大倍数，掌握共集电极放大电路的特性以及测试方法。

二、工作过程

（一）准备

安装并打开 Multisim 14 仿真软件。执行“Options”→“Global Preferences”菜单命令，在弹出的对话框中，选择“Compents”→“Symbol Standard”命令，然后选择“Din”，单击“OK”按钮即可。

（二）实施

1. 绘制共集放大器测试电路

(1) 在 Multisim 14 仿真软件工作平台上，绘制共集放大器仿真电路，如图 1-70 所示。

(2) 从指针元器件库中，选择电流表、电压表，从虚拟仪器库中选取函数信号发生器、示波器摆放在图 1-70 相应位置。电流表、电压表根据测试需要设置为直流(DC)表或交流(AC)表。按下仿真按钮，仿真实验结果。

2. 电路的调整与测试

(1) 静态测试

在虚拟函数信号发生器上设置 $f=1$ kHz 正弦信号 u_i，输出端用虚拟示波器监视输

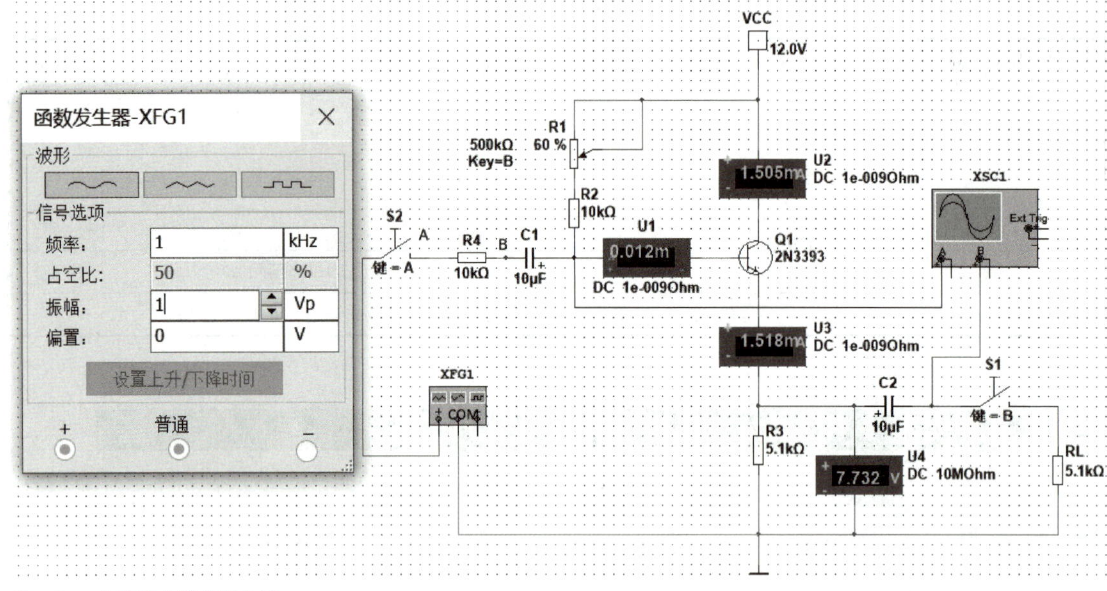

图 1-70　共集放大器仿真电路

出波形，反复调整 R_1 及信号源的输出幅度，使在示波器的屏幕上得到一个最大不失真输出波形，然后置 $u_i=0$，仿真过程稳定以后，结合“测量探针”测试数据，读出静态工作点 Q 的数据记录于表 1-25 中。

表 1-25　静态工作点的测试

V_{BQ}/V	V_{CQ}/V	V_{EQ}/V	I_{EQ}/mA

在下面整个测试过程中应保持 R_1 值不变(即保持静工作点 I_{EQ} 不变)。

(2) 动态测试

接入负载 $R_L=5.1\ \text{k}\Omega$，在 A 点加 $f=1\ \text{kHz}$ 正弦信号 u_i，调节输入信号幅度，用示波器观察输出波形 u_o，在输出最大不失真情况下，用交流毫伏表测电路的净输入电压 u_i(B 点)及电路在带载时的 u_o 与空载时的 u_o'，记录于表 1-26 中。

表 1-26　放大电路的动态测试

测　量　值				计　算　值			
输　入/V		输　出/V		电压放大倍数		输入电阻/Ω	输出电阻/Ω
u_s	u_i	u_o	u_o'	$A_u=U_o/U_i$	$A_u=U_o'/U_i$	r_i	r_o

(3) 跟随特性测试

接入负载 $R_L=5.1\ \text{k}\Omega$，在 B 点加入 $f=1\ \text{kHz}$ 正弦信号 u_i，逐渐增大信号 u_i 幅度，用示波器监视输出波形直至输出波形达最大不失真，测量对应的 u_o 值，并与 u_i 进行比较，记录三组数值于表 1-27 中。

表 1-27　跟随特性的测试

u_i/V	u_o/V

(4) 移动虚拟示波器上的两个游标，可直接读出输入、输出波形的周期，如图 1-71 所示。

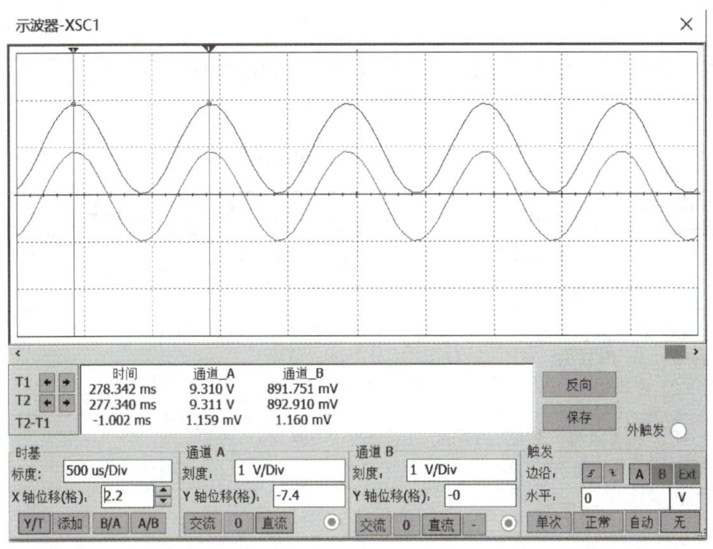

图 1-71　虚拟示波器显示输入、输出波形

从图 1-71 示波器上观察输入、输出波形以及它们的相位关系，得出什么结论？

(5) 将图 1-70 中的虚拟函数发生器及示波器换为仪器仪表栏中的 Agilent 函数发生器和 Agilent 示波器，如图 1-72 所示，完成前述步骤与仿真。(Agilent 函数发生器和 Agi-

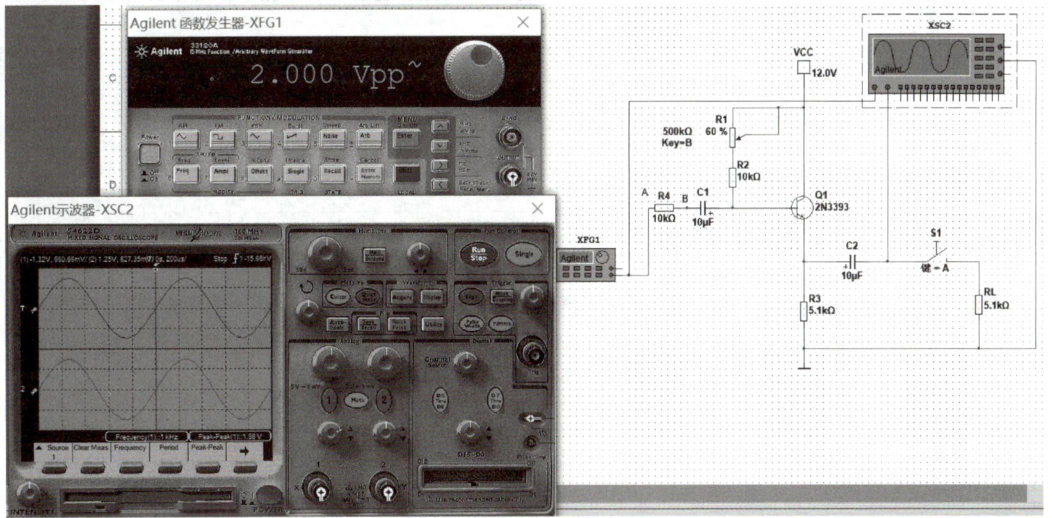

图 1-72　Agilent 函数发生器和 Agilent 示波器显示输入、输出波形

lent 示波器在仿真软件内已经默认接地，所以也可以不做接地的连接。)

三、交流分享

1. 试阐述射极跟随器的性能和特点。
2. 如何调试放大电路的静态工作点?
3. 交流仿真软件使用过程中的心得体会。

四、评价总结

1. 首先由学生根据任务完成情况自己评价，然后由小组人员进行评价，记录于表 1-28 中。

表 1-28　学生自评和小组评价表

项目内容	配分	评　分　标　准	自评得分	小组评得分
电路绘制	40 分	(1) 能熟练使用仿真软件正确绘制电路图，设置参数； (2) 电路图绘制错误一处扣 5 分		
指标测试	30 分	(1) 能熟练选择虚拟仪器，设置仪器参数和挡位，获得仿真波形正确，得满分； (2) 仪表设置错误或波形不正确，每处扣 5～7 分		
数据记录与分析	30 分	能正确记录测试数据，且完成交流分享，可得满分，否则每项酌情扣 3～10 分		
总分				
自评人签名：		年　月　日	组评人员签名：	

2. 由指导教师根据任务完成整体情况，并结合学生自评和小组评价进行综合评分，将评价意见与评分值记录于表 1-29 中。

表 1-29　教师评价表

教师总体评价意见：	
教师评分(按 100 分计)	
总评分 ＝ 自评得分 × 0.3 ＋ 小组评价得分 × 0.3 ＋ 教师评分 × 0.4	

拓展训练　焊接技术训练

一、训练导入

电子产品是由零部件和元器件按一定的工艺连接而成的,其中焊点的质量对电子产品的性能以及可靠性等有很大的影响,任何一个焊点出现故障,都可能使产品发生故障而不能正常工作。本拓展训练要求掌握元器件的成形方法与焊接工艺;掌握电烙铁的使用方法与技巧;掌握焊接"五步法"和"三步法"的操作要领。

二、工作过程

(一) 准备

1. 焊接工具一套:20～35 W 电烙铁一把;烙铁架、尖嘴钳、斜口钳、镊子、螺丝刀和小刀等工具各一个。

2. 印制电路板、万能板、松香芯焊锡、松香焊剂、橡皮擦、细砂纸等若干。

3. 各种元器件(电阻器、电容器、二极管、三极管等);集成电路插座和单芯导线若干。

(二) 实施

1. 用橡皮擦擦去印制电路板上的氧化物,并清理干净板面。

2. 用细砂纸、小刀或橡皮擦除去元器件引脚上的氧化物、污垢并清理干净。

3. 按安装要求,使用镊子或尖嘴钳对元器件进行整形处理,如图 1-73 所示。其中,图

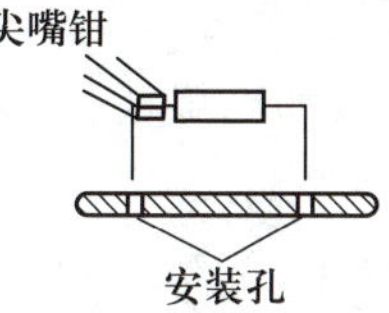

(a) 贴板横向安装的整形

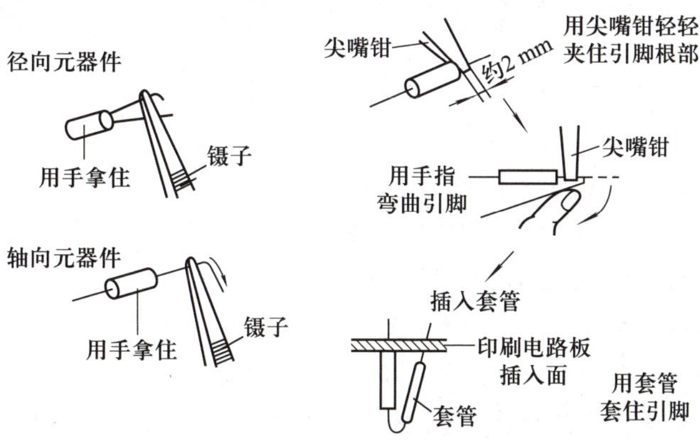

(b) 贴板纵向安装的整形

图 1-73　元器件的安装整形示意图

1-73(a)所示为贴板横向安装的整形;图1-73(b)所示为贴板纵向安装的整形。

4. 将整形好的元器件按要求插装在印制电路板上。

5. 对连接导线的端头进行剪切、剥头、捻头、搪锡等处理。

6. 在印制电路板上进行焊接训练。手工焊接分五步(操作)法和三步(操作)法两种。

五步法的正确焊接操作过程分以下五个步骤:

第一步:准备。焊接前应准备好焊接工具和材料,清洁被焊件及工作台;然后左手拿焊锡,右手握电烙铁,进入待焊状态。

第二步:加热被焊件。用电烙铁加热被焊件,使焊接部位的温度上升至焊接所需温度。

第三步:加焊料。当被焊件加热到一定温度后,即在烙铁头与焊接部位的结合处以及对称的一侧,加上适量的焊料。

第四步:移开焊料。当适量的焊料熔化后,迅速向左上方移开焊锡;然后用烙铁头沿着焊接部位将焊料沿焊点拖动一段距离或转动一定角度(一般旋转45°),确保焊料覆盖整个焊点。

第五步:移开电烙铁。当焊点上的焊料充分浸润焊接部位时,立即向右上方45°的方向移开电烙铁,焊接结束。

以上五步操作过程,一般要求在2～3s时间内完成;具体焊接时间还要视环境温度、电烙铁功率大小以及焊点的热容量来确定。五步法如图1-74所示。

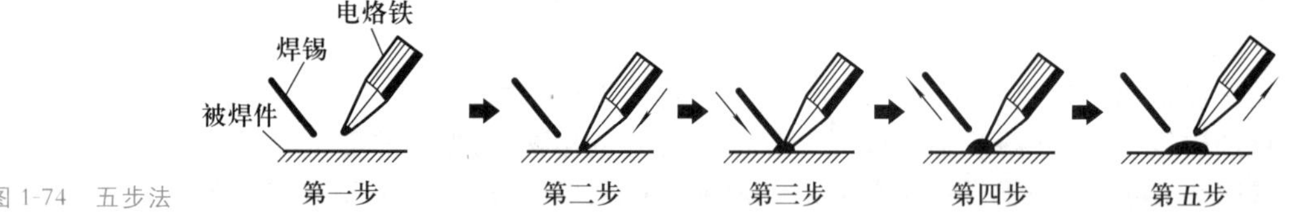

图1-74　五步法

在焊点较小的情况下,可采用三步法完成焊接,如图1-75所示。三步法是将上述五步法中的第二步和第三步合为一步,即加热被焊件和加焊料同时进行;第四步和第五步合为一步,即同时移开焊料和电烙铁。

图1-75　三步法

7. 注意事项:

(1) 电烙铁在使用前,要进行安全检查。

检查方法:用万用表检查电烙铁的电源线是否短路、开路或漏电;检查电源线的装接是否牢固、紧定螺钉是否有松动等现象。

(2) 新买来的电烙铁一般不能直接使用,先将烙铁头进行“上锡”处理后方能使用。

操作方法:将电烙铁通电加热,趁热用锉刀将烙铁头上的氧化层锉掉,在烙铁头的新表面上熔化带有松香的焊锡,直至烙铁头表面薄薄地镀上一层锡为止。

(3) 电烙铁在使用过程中不要敲击,过多的锡不得随意乱甩,以防烧烫伤。不要使用烙铁头作为载锡的工具。

(4) 较长时间不使用电烙铁时,应断开电源。由烙铁在使用一段时间后,若烙铁头有明显氧化,应将烙铁头取出,去除外表面上的氧化层。

(5) 焊点要圆润、光滑,焊锡适中,不应有虚焊、拉尖、桥接、球焊等现象。

三、交流分享

1. 如何清除元器件和电路板上的氧化物及污垢?
2. 为什么在焊接前要对元器件引脚进行镀锡处理?
3. 简述焊接技术的基本步骤。
4. 在焊接各个环节中需要注意哪些问题?

四、评价总结

1. 首先由学生根据任务完成情况自己评价,然后由小组人员进行评价,记录于表 1-30 中。

表 1-30 学生自评和小组评价表

项目内容	配分	评　分　标　准	自评得分	小组评得分
素养与规范	30 分	(1) 准备工作不到位,可酌情扣 5～10 分; (2) 着装不规范,可酌情扣 5～7 分; (3) 违反操作规程,产生不安全因素,酌情扣 10～20 分; (4) 迟到、早退、场地不清洁,每次扣 2～5 分		
安装工艺	60 分	规定时间内元器件成形和插装正确,引脚及剪切整齐,焊接操作规范,焊点质量高,工艺美观,可得满分,否则每项酌情扣 1～5 分		
总结归纳	10 分	完成交流分享,可得满分,否则每项酌情扣 3 分		
总分				
自评人签名:		年　月　日	组评人员签名:	

2. 由指导教师根据任务完成整体情况,并结合学生自评和小组评价进行综合评分,将评价意见与评分值记录于表 1-31 中。

表 1-31 教师评价表

教师总体评价意见:	
教师评分(按 100 分计)	
总评分 = 自评得分 × 0.3 + 小组评价得分 × 0.3 + 教师评分 × 0.4	

项目小结

1. 在纯净的半导体中掺入三价元素，形成 P 型半导体；掺入五价元素，形成 N 型半导体。P 型和 N 型半导体的交界处会形成一个特殊的薄层，称为 PN 结，PN 结具有单向导电特性，是构成各种半导体器件的基本单元。

2. 把一个 PN 结封装起来引出两根金属电极便成了二极管，其伏安特性形象地描述了二极管的单向导电情况。整流二极管最主要的参数是最大整流电流和最大反向工作电压。稳压二极管、发光二极管、光电二极管是最常见的特殊二极管，各自有不同的用处。

3. 三极管是由三层不同性质的半导体组合而成的，满足一定的结构特点和外部偏置要求，可实现电流放大作用或作为开关使用。其输出特性可分为三个区域：放大区、饱和区、截止区。在放大区，发射结正偏，集电结反偏，三极管的集电极电流受基极电流的控制，是基极电流的 β 倍。在饱和区和截止区，三极管具有开关特性。

4. 场效应晶体管是一种电压控制器件，利用栅源电压来控制漏极电流，有结型场效应晶体管和绝缘栅场效应晶体管两大类，绝缘栅场效应晶体管又分增强型和耗尽型。每种场效应晶体管都有 N 型沟道和 P 型沟道两种，转移特性和输出特性反映其工作特性。

5. 放大电路是对信号电压或电流进行控制与放大的电路，其主要性能指标有放大倍数、输入电阻、输出电阻等。

6. 放大电路的分析包括静态分析和动态分析。静态分析的目的是确定静态工作点是否满足三极管的放大条件；动态分析用来确定 A_u，r_i 和 r_o 等动态参数，一般采用微变等效电路法。

7. 放大电路静态工作点对信号状态产生影响，信号失真包括截止失真和饱和失真两种。

8. 三极管放大电路有三种组态，其中，共发射极放大电路的电压和电流放大倍数都较大；共集电极放大电路的输入电阻大，输出电阻小，电压放大倍数接近 1，适用于信号的跟随；共基极放大电路适用于高频信号的放大。

9. 场效应晶体管放大电路分为三种组态，即共源、共漏和共栅放大电路，单级场效应晶体管放大器的电压增益小，但输入电阻高，可将场效应晶体管和三极管结合使用，各取其长。

10. 多级放大器有三种耦合方式：阻容耦合、变压器耦合和直接耦合。三种耦合方式各有特点。

11. 放大器频率特性可用幅频特性曲线和相频特性曲线来描述。

12. 根据二极管、三极管和结型场效应晶体管的结构特点，可用万用表对它们进行测量，判断其质量好坏以及管型、引脚。

13. 直流稳压电源、数字交流毫伏表、函数信号发生器和示波器是常用的电子仪器仪表，应学会它们的操作和使用方法。

14. 焊接技术是电子电路的基本技能，常用“五步法”或“三步法”。

15. 通过单管共射放大电路的分析与调试，了解电子产品制作过程，掌握对电路的调试与检测的基本方法。

自测题

一、填空题

文本：项目一自测题答案

1. 半导体是一种导电能力介于________与________之间的物质。半导体中有________和________两种载流子参与导电，而金属导体中只有自由电子参与导电。

2. PN 结在________时导通，________时截止，这种特性称为________。

3. 发光二极管是一种通以________电流就会________的二极管。

4. 三极管的内部结构是由________区、________区、________区及________结和________结组成的。三极管对外引出的电极分别是________极、________极和________极。

5. 三极管是由两个 PN 结构成的一种半导体器件，从结构上看可以分为________和________两大类型。

6. 三极管具有电流放大作用的外部条件是：发射结________，集电结________。

7. 三极管正常放大时，发射结的导通压降变化不大，小功率硅管约为________V，锗管约为________V。

8. 三极管的输出特性曲线可分为三个区域。当三极管工作在________区时，关系式 $I_C \approx \beta I_B$ 才成立；当三极管工作在________区时，$I_C \approx 0$；当三极管工作在________区时，$U_{CE} \approx 0$。

9. 场效应晶体管从结构上可分为两类：________场效应晶体管、________场效应晶体管；根据导电沟道不同又可以分为两类：________场效应晶体管、________场效应晶体管。对于 MOSFET，根据栅源电压为零时是否存在导电沟道，又可以分为两类：________型 MOSFET、________型 MOSFET。

10. 共集放大电路（射极输出器）的输出电压与输入电压________相，电压放大倍数近似为________，输入电阻________，输出电阻________。

11. 多级放大电路级与级之间的连接方式有________耦合、________耦合和________耦合三种形式。采用________耦合或________耦合只能放大交流信号，但各级静态工作点彼此独立；采用________耦合可以放大交流信号，也能放大直流信号，适用于集成化，但存在各级静态工作点互相影响和零点漂移的问题。

12. 硅稳压二极管是工作在________状态下的特殊二极管，在实际工作中，为了保护稳压二极管，需在外电路串接________。

13. 用指针式万用表电阻挡测阻值时，黑表笔接的是表内电池的正极，红表笔接的是表内电池的负极。用它测量一个二极管的电阻，当测得的阻值较小时，黑表笔所接触的一端是二极管的________极。

14. 三极管是利用输入________控制输出________，是________控制型器件；场效应晶体管是利用________控制输出________，是________控制型器件。

二、选择题

1. 当温度升高时,二极管的正向压降(　　),反向击穿电压(　　),反向饱和电流(　　)。

A. 增大　　B. 减小　　C. 不变　　D. 以上都不对

2. 变容二极管在电路中主要用作(　　)。

A. 整流　　B. 稳压　　C. 发光　　D. 可变电容

3. 二极管两端加上正向电压时(　　)。

A. 一定导通　　B. 超过死区电压才能导通

C. 超过 0.7 V 才导通　　D. 不会导通

4. 用指针式万用表测量同一个二极管的正向电阻,不同电阻挡测得的阻值不同,其原因是(　　)。

A. 二极管的质量差　　B. 万用表不同电阻挡有不同的内阻

C. 二极管有非线性的伏安特性　　D. 以上都不对

5. 在由某 NPN 型三极管构成的电路中,测得其 $U_{BE}=0.7$ V, $U_{BC}=-5$ V,则该三极管处于(　　)。

A. 放大状态　　B. 截止状态　　C. 饱和状态　　D. 无法确定

6. 当三极管的两个 PN 结都反偏时,则其处于(　　);当三极管的两个 PN 结都正偏时,则其处于(　　)。

A. 截止状态　　B. 饱和状态　　C. 放大状态　　D. 击穿状态

7. 温度升高时,三极管的电流放大系数 β 将(　　),发射结电压 U_{BE} 将(　　)。

A. 变大　　B. 变小　　C. 不变　　D. 无法确定

8. 场效应晶体管的低频跨导 g_m 反映了栅源电压对漏极电流的控制能力,是表征场效应晶体管放大能力的一个重要参数。其定义为:当 u_{DS} 为规定值时,(　　)的变化量和引起这个变化的(　　)变化量之比。

A. 漏极电流 i_D　　B. 栅源电压 u_{GS}　　C. 栅极电流 i_G　　D. 以上都不对

9. 下列场效应晶体管中,无原始导电沟道的是(　　)。

A. N 型沟道 JFET　B. 增强型 PMOS 管　C. 耗尽型 NMOS 管　D. 耗尽型 PMOS 管

10. 处于放大状态的 NPN 型三极管,各极的电位关系是(　　)。

A. $V_E<V_B<V_C$　B. $V_C<V_B<V_E$　C. $V_C<V_E<V_B$　D. $V_B<V_E<V_C$

11. 在放大电路中测得某三极管各极电位如下:引脚①为 3 V,引脚②为 3.7 V,引脚③为6 V,则该三极管为(　　)。

A. NPN 型硅管　　B. NPN 型锗管　　C. PNP 型硅管　　D. PNP 型锗管

12. 用指针式万用表对三极管进行简易测试时,应选用电阻挡 R(　　)挡或 $R\times1$ k 挡进行测量。

A. ×0.1　　B. ×10　　C. ×100　　D. ×10 k

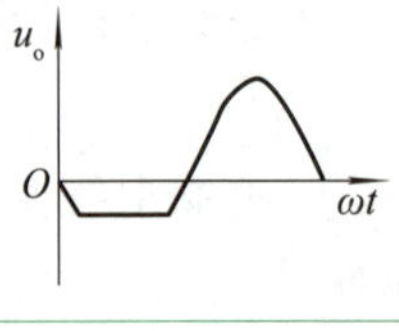

13. 在 NPN 三极管构成的固定偏置共射放大电路中,出现图 1-76 所示的输出波形,此为(　　)失真。

A. 截止　　B. 饱和

C. 交越　　D. 无法确定

u_o 　O　 ωt

图 1-76　选择题 13 题图

14. 固定偏置的基本放大电路产生截止失真的原因是基极偏置电阻 R_b(　　),静态工作点(　　),使三极管工作时进入截止区引起的。

A. 太大　　B. 太小　　C. 偏低　　D. 偏高

15. 共射放大电路中电压放大倍数的值为负值,负号表明(　　)。

A. 输出电压值比输入电压值小　　B. 输出电压与输入电压同相

C. 输出电压与输入电压反相　　D. 以上都不对

三、判断题

1. 二极管只要加正向电压,就能导通。(　　)

2. 三极管的集电极和发射极类型相同,因此可以互换使用。(　　)

3. MOSFET 具有输入阻抗非常高、噪声低、热稳定性好等优点。(　　)

4. 利用放大电路的直流通路,可以方便地分析计算放大电路的静态工作点。(　　)

5. 由三极管组成的放大电路是将交流小信号放大成大信号,所以直流电源可有可无。(　　)

6. 固定偏置的基本共射放大电路产生非线性失真后,可以通过调节 R_b 改善失真,增大 R_b 可以改善饱和失真。(　　)

7. 电压放大器的输出电阻越小,意味着放大器带负载的能力就越强。(　　)

8. 共集放大电路(射极输出器)的电压放大倍数小于 1,该电路对输入信号没有放大作用,故在实际使用中很少采用。(　　)

9. 直接耦合放大电路只能放大直流信号,不能放大交流信号。(　　)

习题

1. 电路如图 1-77 所示,试确定二极管是正偏还是反偏。设二极管正偏时的正向压降为 0.7 V,估算 $V_A \sim V_D$ 值。

图 1-77(a):VD_1 ________ 偏置,V_A = ________,V_B = ________。

图 1-77(b):VD_2 ________ 偏置,V_C = ________,V_D = ________。

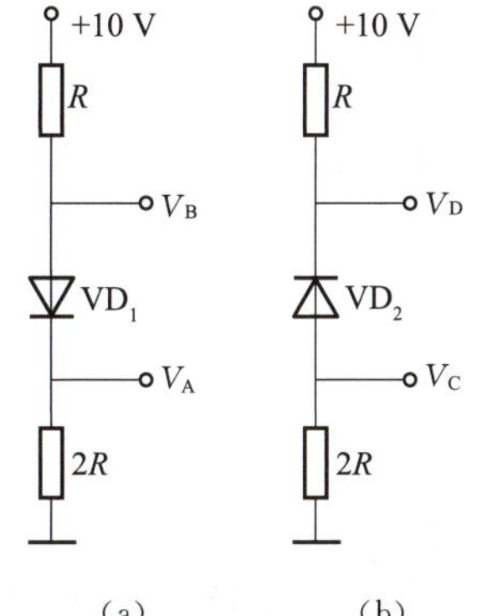

(a)　　(b)

图 1-77　习题 1 题图

2. 若稳压二极管 VZ_1 和 VZ_2 的稳定电压分别为 6 V 和 10 V，求图 1-78 所示电路的输出电压 U_O（忽略二极管正向导通电压）。

图 1-78(a)：U_O = ________。图 1-78(b)：U_O = ________。图 1-78(c)：U_O = ________。

图 1-78　习题 2 题图　(a)　(b)　(c)

3. 电路如图 1-79 所示，判断二极管是否导通，并求输出电压 U_O（忽略二极管正向导通电压）。

图 1-79(a)：二极管 VD________，U_O = ________。

图 1-79(b)：二极管 VD________，U_O = ________。

图 1-79(c)：二极管 VD________，U_O = ________。

图 1-79(d)：二极管 VD_1________，二极管 VD_2________，U_O = ________。

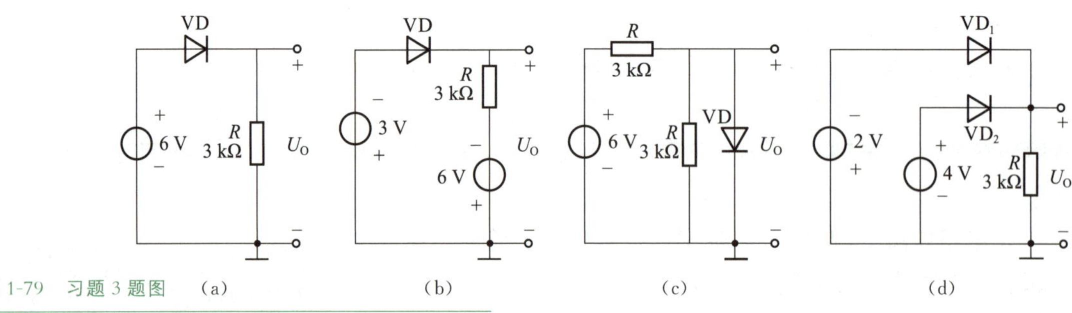

图 1-79　习题 3 题图　(a)　(b)　(c)　(d)

4. 在两个放大电路中，测得三极管各极电流分别如图 1-80 所示。求另一个电极的电流，并在图中标出其实际方向及各电极 e，b，c。试分别判断它们是 NPN 管还是 PNP 管。

图 1-80(a)：管型为________。图 1-80(b)：管型为________。

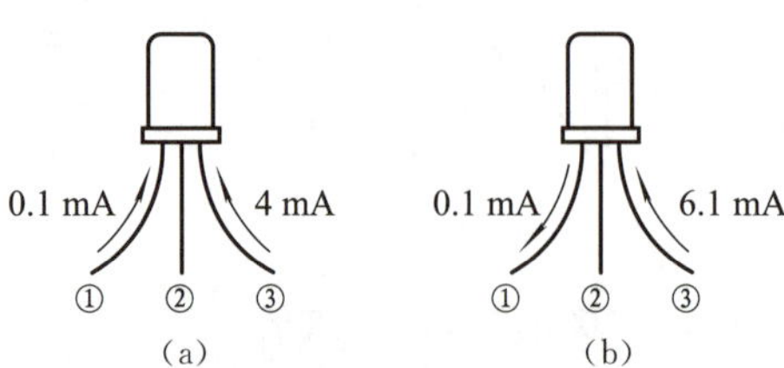

图 1-80　习题 4 题图　(a)　(b)

5. 分别测得两个放大电路中三极管的各电极电位如图 1-81 所示，判断：

(1) 三极管的引脚，并在图中标出各电极 e，b，c。

(2) 三极管的管型(NPN 管或 PNP 管，硅管或锗管)：

图 1-81(a)：管型为________；图 1-81(b)：管型为________。

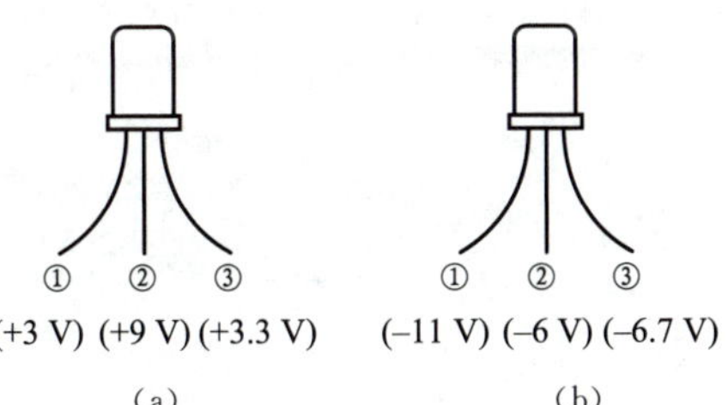

(a)　(b)

图 1-81　习题 5 题图

6. 试根据三极管各电极的实测对地电位数据，判断图 1-82 中各三极管的工作区域(放大区、饱和区、截止区)。

图 1-82(a)：＿＿＿＿＿＿＿＿。图 1-82(b)：＿＿＿＿＿＿＿＿。图 1-82(c)：＿＿＿＿＿＿＿＿。图 1-82(d)：＿＿＿＿＿＿＿＿。图 1-82(e)：＿＿＿＿＿＿＿＿。

8 V　2.7 V　3DG100A　2 V　(a)

−5 V　−0.3 V　3AX51C　0 V　(b)

12 V　11.3 V　3CX201　0 V　(c)

+10.3 V　+10.75 V　3DK2B　+10 V　(d)

+12 V　+2 V　3DG56A　+12 V　(e)

图 1-82　习题 6 题图

7. 试判断图 1-83 中各电路能否对交流信号实现正常放大。若不能，简单说明原因。

图 1-83(a)：＿＿＿＿＿＿＿＿＿＿＿＿。图 1-83(b)：＿＿＿＿＿＿＿＿＿＿＿＿。图 1-83(c)：＿＿＿＿＿＿＿＿＿＿＿＿。

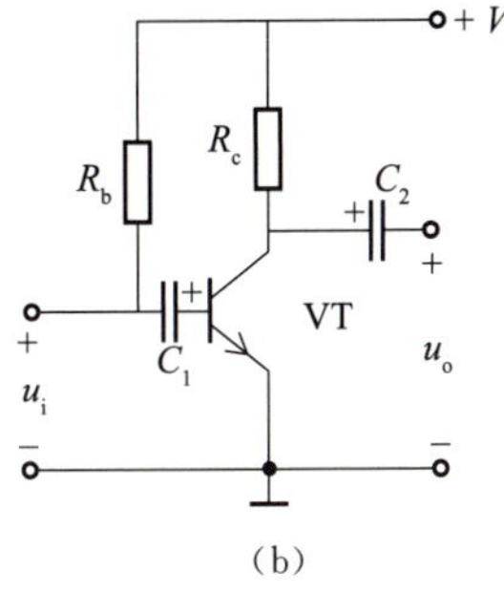

(b)

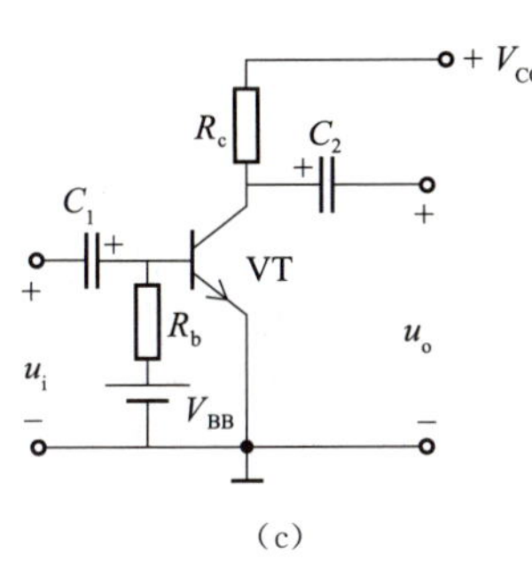

(c)

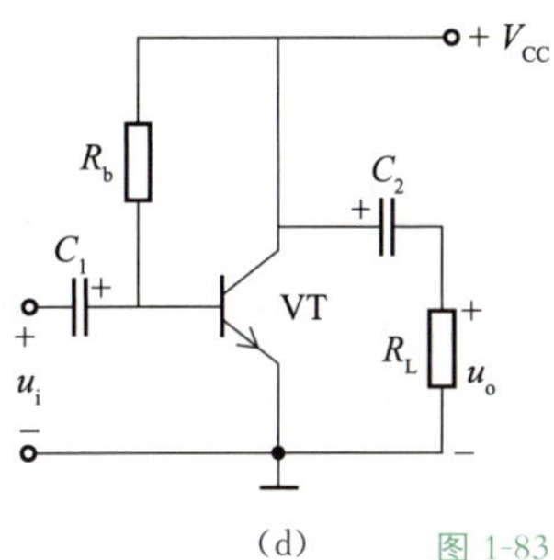

(d)

图 1-83　习题 7 题图

8. 试画出图 1-84 中电路的直流通路和交流通路。

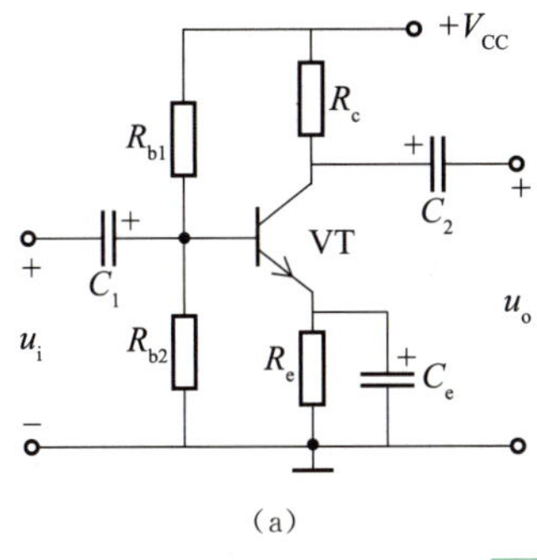

(a)

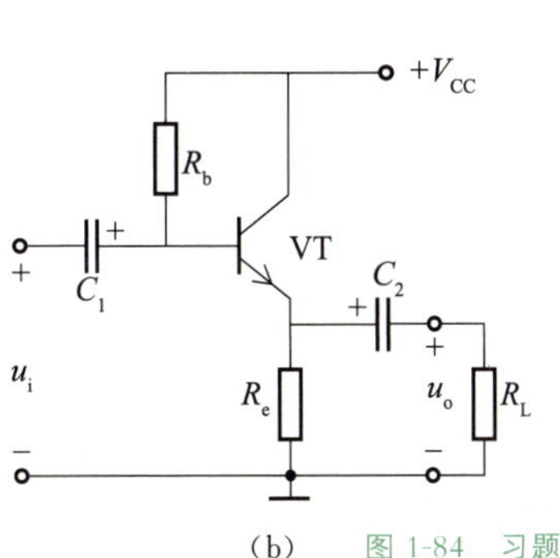

(b)

图 1-84　习题 8 题图

直流通路：

交流通路：

9. 基本共射放大电路如图 1-85 所示，已知 $V_{CC}=12V$，$R_b=400\ k\Omega$，$R_c=5.1\ k\Omega$，$\beta=40$，三极管为 NPN 型硅管。

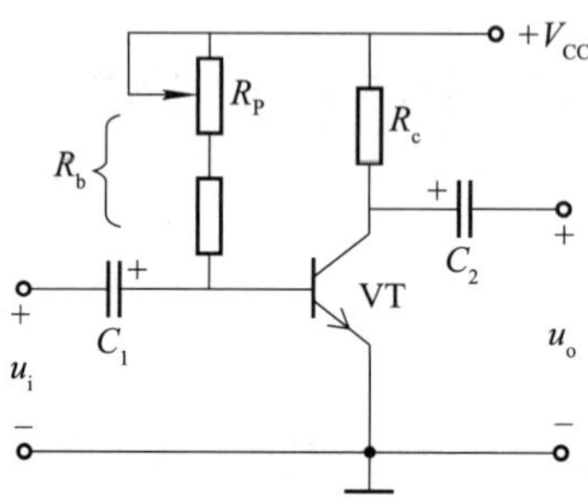

图 1-85　习题 9 题图

(1) 估算静态工作点 I_{BQ}，I_{CQ}和 U_{CEQ}。

(2) 画出其微变等效电路。

(3) 估算空载电压放大倍数 A_u'以及输入电阻 r_i 和输出电阻 r_o。

(4) 当负载 $R_L=5.1\ k\Omega$ 时，计算电压放大倍数 A_u 。

10. 放大电路如图 1-86 所示，三极管为 NPN 型硅管，$\beta=50$。

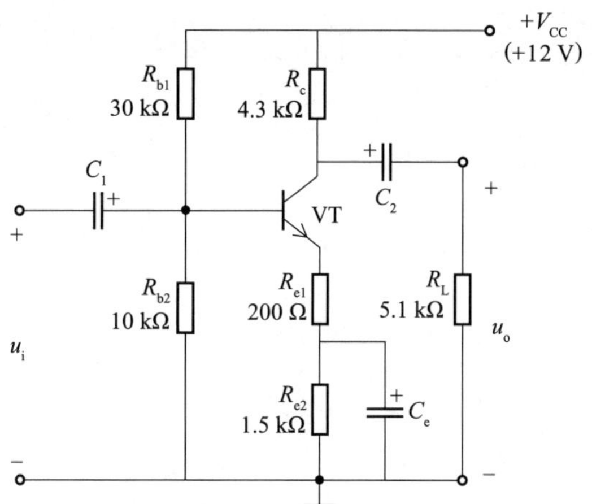

图 1-86 习题 10 题图

(1) 估算静态工作点 I_{BQ}，I_{CQ}和 U_{CEQ}。

(2) 画出其微变等效电路。

(3) 估算电压放大倍数 A_u 以及输入电阻 r_i 和输出电阻 r_o。

11. 某射极输出器的电路如图 1-87 所示，已知 $V_{CC}=12$ V，$R_b=200$ kΩ，$R_e=2$ kΩ，$R_L=2$ kΩ，三极管 $\beta=100$，$r_{be}=1.2$ kΩ，信号源 $U_s=200$ mV，$r_s=1$ kΩ。

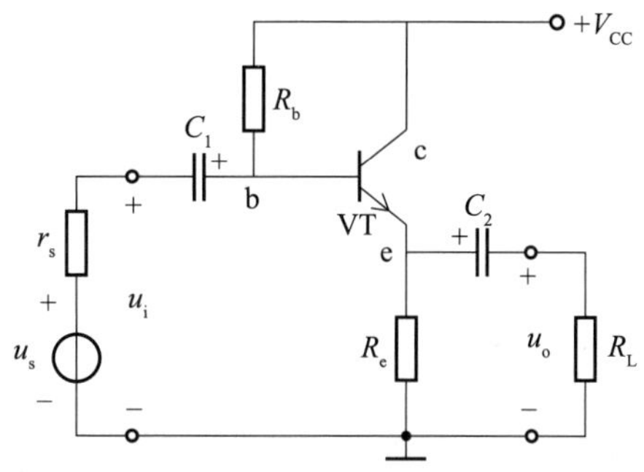

图 1-87 习题 11 题图

(1) 画出放大器的直流通路，并求静态工作点(I_{BQ}，I_{CQ}，U_{CEQ})。

(2) 画出放大电路的微变等效电路。

(3) 计算 A_u，r_i，r_o。

12. 两级放大电路如图 1-88 所示，$\beta_1=\beta_2=50$，$U_{BE1}=U_{BE2}=0.6$ V，其他参数如图中标注。

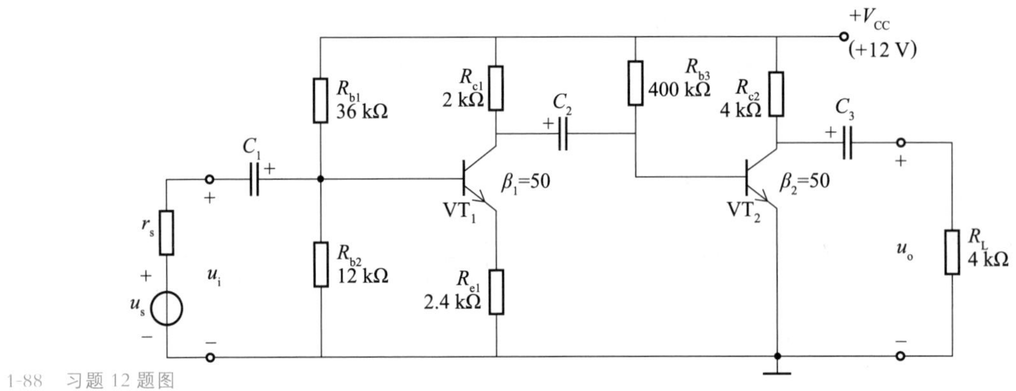

图 1-88　习题 12 题图

(1) 求各级电路的静态工作点。

(2) 画出放大电路的微变等效电路。

(3) 估算电路总的电压放大倍数 A_u。

(4) 计算电路总的输入电阻 r_i 和总的输出电阻 r_o。

13. 场效应晶体管的类型未知，通过实验测得其输出特性曲线如图 1-89 所示。

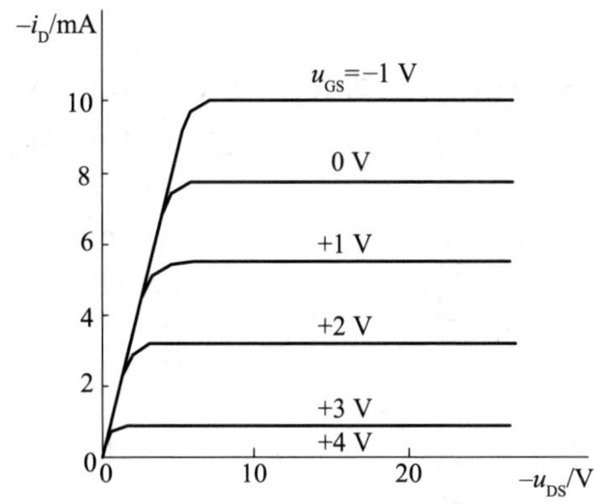

图 1-89　习题 13 题图

试问：

(1) 它是哪种类型的场效应晶体管？________________。

(2) 它的夹断电压 $U_{GS(off)}$ 或开启电压 $U_{GS(th)}$ 为多少？________________。

(3) 它的 I_{DSS} 或 I_{DO} 为多少？________________。

14. 电路如图 1-90 所示，已知场效应晶体管 3DJ6 的 $I_{DSS}=8$ mA，$U_{GS(off)}=-3$ V，$R_g=3$ MΩ，$R_d=3$ kΩ，$R_s=1$ kΩ，$R_L=6$ kΩ，$V_{DD}=12$ V，$g_m=5$ mS。

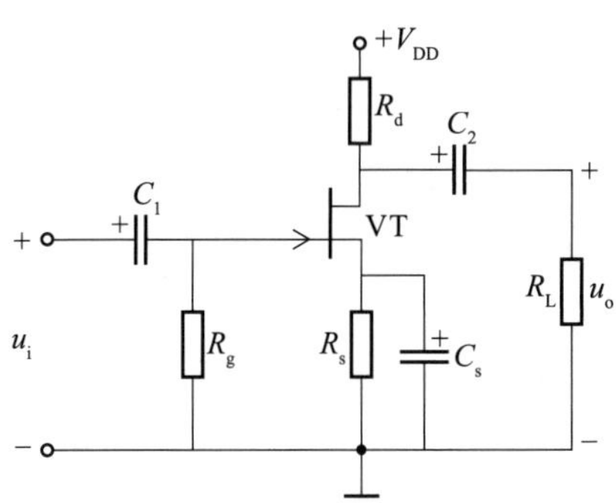

图 1-90　习题 14 题图

(1) 画出电路的微变等效电路。

(2) 计算 A_u, r_i, r_o。

15. 如图 1-91 所示源极输出器,已知 $R_{g1}=2\ \text{M}\Omega$, $R_{g2}=500\ \text{k}\Omega$, $R_{g3}=1\text{M}\Omega$, $R_s=10\ \text{k}\Omega$, $V_{DD}=12\ \text{V}$,场效应晶体管的跨导 $g_m=1\ \text{mS}$, 试求电路的输入电阻和输出电阻。

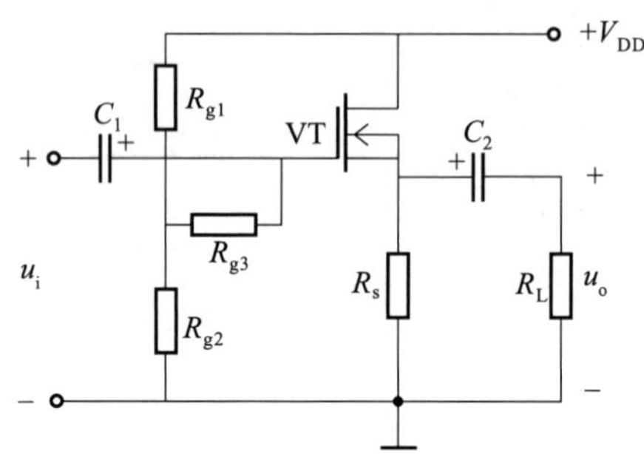

图 1-91 习题 15 题图

输入电阻:

输出电阻:

项目二 集成运算放大器的应用

2

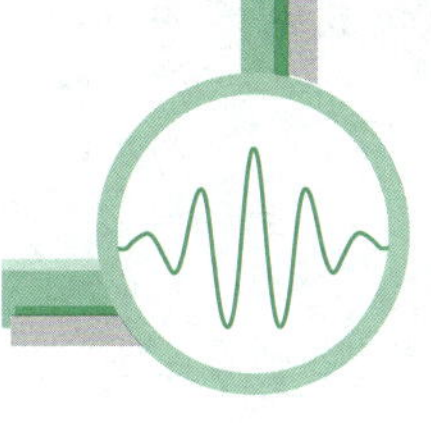

项目描述

半导体集成电路是利用硅平面制造工艺技术，把组成电路的电阻器、二极管、三极管等有源或无源器件及其内部连线同时制造在一块很小的硅基片上，使之具有特定功能的电子电路。它具有体积小、重量轻、耗电省、可靠性高等特点。模拟集成电路的品种很多，有集成运算放大器、集成功率放大器、集成稳压电源、模拟乘法器及其他通用的和专用的模拟集成电路等。本项目仅介绍集成运算放大器，简称集成运放，其实质就是一个完整的直接耦合的多级放大电路。

本项目是本书六个项目中最重要的项目之一，是学习后续课程的基础，包含集成运算放大器的初步认识、负反馈放大电路的分析与调试，集成运放应用电路的分析与调试三个任务。

2

项目目标

【知识目标】

☆ 熟悉集成运放的组成和主要参数。

☆ 理解零点漂移、差模信号、共模信号、共模抑制比等概念。

☆ 掌握差分放大电路的组成及工作原理，熟悉差分放大电路的输入、输出方式。

☆ 掌握反馈的基本概念，能熟练判断反馈电路的极性和类型。

☆ 熟悉负反馈对放大电路性能的影响，会按要求引入适当的负反馈。

☆ 熟悉理想运放的特点，理解“虚短”和“虚断”的概念，掌握理想运放电路的分析方法。

☆ 会分析理想运放构成的基本运算电路和电压比较器电路。

【技能目标】

☆ 能进行电子元器件辨识，利用给定元器件和万能板（或面包板）组装放大电路。

☆ 能正确连接实验电路，会使用仪器仪表。

☆ 会调试差分放大器和负反馈放大器，并测量其静态工作点和性能指标。

☆ 会根据实际情况选择与使用集成运放，并会调零和处理常见故障。

☆ 能利用集成运放及其外围元器件组成常见的运算电路，测试运算关系。

☆ 逐步提高安装与调试放大器的能力，提高处理放大电路故障的能力。

【素质目标】

☆ 能增强安全操作意识，培养实事求是、一丝不苟的工作作风。

☆ 了解芯片的发展与现状，培养学生爱国情怀，帮助学生树立正确的人生观、价值观，培养良好的团队合作精神和竞争意识。

☆ 能阅读相关表格，正确记录实验数据并学会分析计算，激发学习兴趣，鼓励学生树立职业梦想。

☆ 实操中能加强沟通，相互协作，初步形成解决生产现场实际问题的能力，逐步培养学生工程应用的概念。

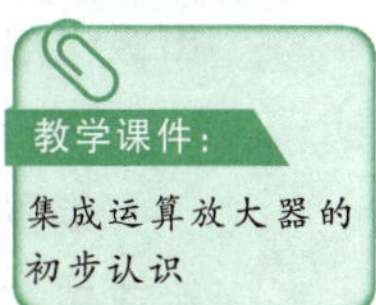

任务一　集成运算放大器的初步认识

集成运放广泛用于模拟信号的处理和产生电路，其种类很多，实现的具体电路也是千差万别，但它们的基本结构都类似，其内部实际上是一个高增益的直接耦合的放大器，输入级都采用差分放大器。

知识积累

一、集成运放的基础知识

集成运放属于模拟集成电路，由于最初多用于各种模拟信号运算，如比例、求和、求差、积分、微分等，故被称为运算放大器，简称集成运放。集成运放本质上是一个高电压增益、高输入电阻和低输出电阻的直接耦合多级放大电路，广泛应用于信号处理、信号变换及信号发生等方面，在其他相关领域也占有重要地位。

1. 集成运放的组成

集成运放型号繁多，性能各异，内部电路各不相同，但用的最为普遍的是通用型运放，其内部电路可分为输入级、中间级、输出级及偏置电路四个部分，集成运放的组成如图 2-1 所示。

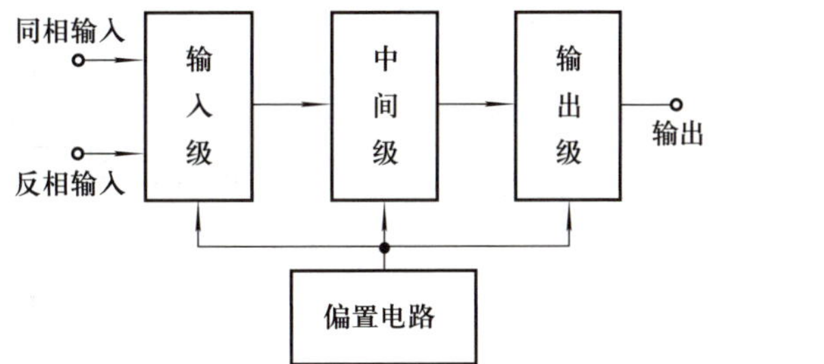

图 2-1　集成运放的组成

(1) 输入级

输入级由差分放大器组成，它是决定整个集成运放性能的最关键一级，不仅要求其零漂小，还要求其输入电阻高，输入电压范围大，并有较高的增益等。

(2) 中间级

中间级主要提供足够的电压放大倍数，同时承担将输入级的双端输出在本级变为单端输出，以及实现电位移动等任务。

(3) 输出级

输出级主要是给出较大的输出电压和电流，并起到将放大级与负载隔离的作用。输出级一般采用射极输出器或互补对称电路，用于提高集成运放的负载能力。

(4) 偏置电路

偏置电路用来向各放大级提供合适的静态工作电流，决定各级静态工作点。在集成运放中，广泛采用电流源电路作为各级的恒流偏置。

此外还有一些辅助环节，如单端化电路、相位补偿环节、电平移位电路、输出保护电路等。

2. 集成运放的结构特点

① 元器件参数的精度较差，但误差的一致性好，宜于制成对称性好的电路，如差分放大电路。

② 制作电容困难，所以级间采用直接耦合方式。

③ 制作晶体管比制作电阻更方便，所以常用由三极管或场效应晶体管组成的恒流源为各级提供偏置电流，或者用作有源负载。

④ 采用一些特殊结构，如横向 PNP 管(β 低、耐压高、f_T 小)、双集电极三极管等。

3. 集成运放的外形及电气图形符号

实际的集成运放组件有许多不同的型号和规格，其外形也不尽相同，如图 2-2 所示。

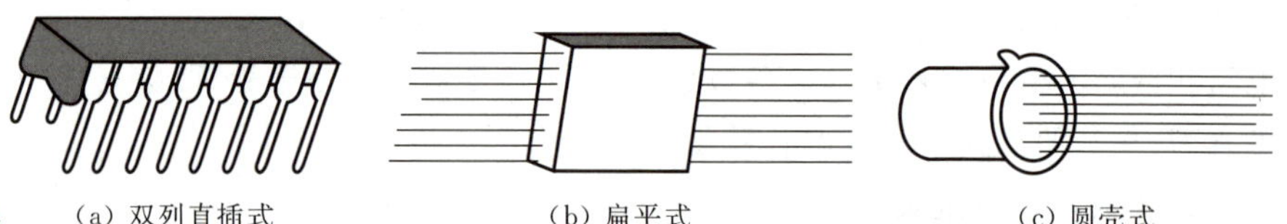

(a) 双列直插式　(b) 扁平式　(c) 圆壳式

图 2-2　集成运放的外形

集成运放的电气图形符号如图 2-3 所示。它有同相端和反相端两个输入端，同相端标为“＋”，其信号极性与输出信号相同；反相端标为“－”，其信号极性与输出信号相反。其余引脚因型号不同各异，图 2-4 所示为 F007 的引脚连接图。

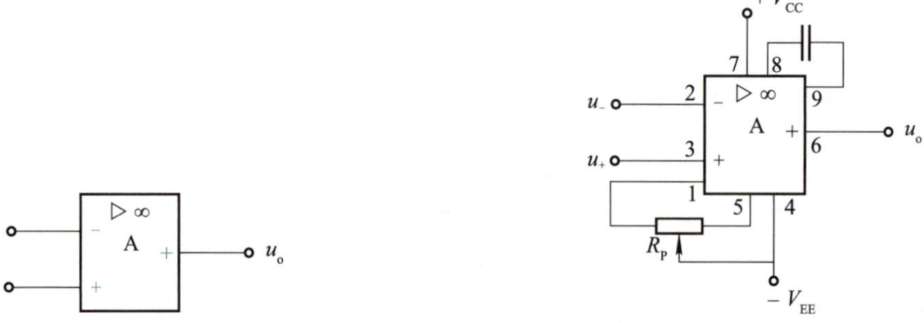

图 2-3　集成运放的电气图形符号

图 2-4　F007 的引脚连接图

二、集成运放的输入级——差分放大电路

1. 零点漂移的概念

在工业测量、自动控制等应用领域，需要放大的信号往往是缓慢变化信号甚至是直流信号，所以在多级放大电路中多采取直接耦合方式。直接耦合使得各级的静态工作点相

互影响，带来零点漂移的问题。所谓零点漂移，是指输入电压为零时，输出电压偏离零值，时大时小、时快时慢的现象，如图 2-5 所示，零点漂移简称零漂。产生零漂的原因有温度变化、电源电压波动、三极管参数变化等，但主要是由环境温度的变化引起的，所以零漂又称为温漂。

图 2-5　放大电路的零点漂移

目前应用最广泛的、能有效抑制零漂的方法是在电路结构上采用差分放大电路。

2. 典型差分放大电路分析

图 2-6 所示为长尾式差分放大电路，又称射极耦合差分放大电路。由两个元器件参数完全对称的共发射极放大电路组成，两三极管的温度特性也完全对称。输入信号 u_{i1} 和 u_{i2} 分别加在两三极管的基极上，输出电压 u_o 从两三极管的集电极输出。这种连接方式称为双端输入、双端输出方式。该电路利用电路的结构对称抑制了零漂现象。

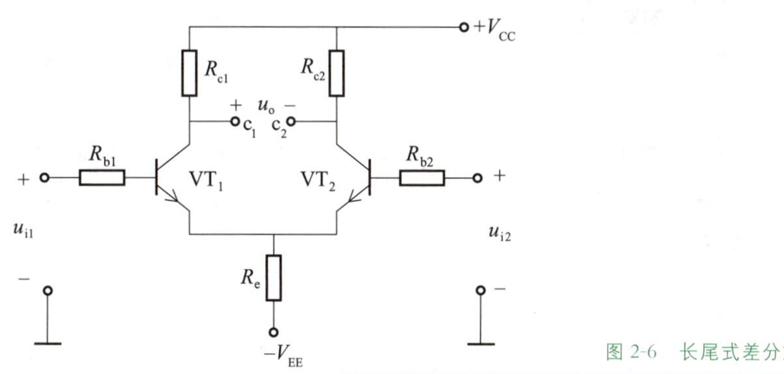

图 2-6　长尾式差分放大电路

(1) 电路的静态分析

由于两边电路元器件参数完全对称，故当输入信号为零时，差分放大电路的直流通路如图 2-7 所示。

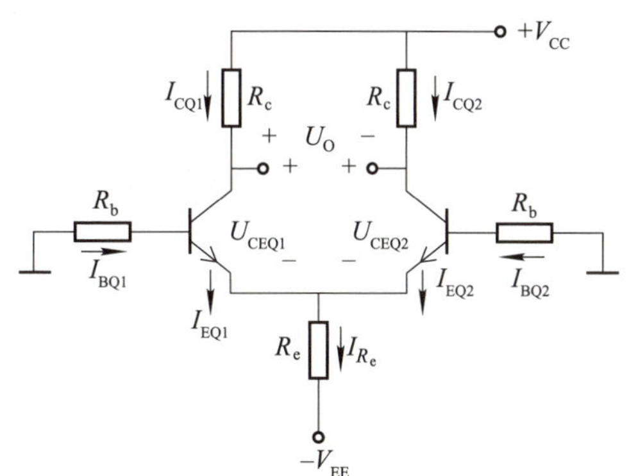

图 2-7　差分放大电路的直流通路

由电路对称性可得

$$I_{BQ1}=I_{BQ2}=I_{BQ}$$
$$I_{CQ1}=I_{CQ2}=I_{CQ}$$
$$I_{EQ1}=I_{EQ2}=I_{EQ}$$
$$V_{CQ1}=V_{CQ2}=V_{CQ}$$
$$U_{O}=V_{CQ1}-V_{CQ2}=0$$

当外界因素发生变化时，两三极管的静态值会同时发生漂移。例如，当温度上升时，I_{CQ1}，I_{CQ2}同时上升，结果V_{CQ1}与V_{CQ2}同时下降，即两三极管集电极电位的变化也是相同的，因此，其输出电压仍为 0，有效地抑制了温度漂移，确保零输入零输出。

由基极回路可以得到

$$V_{EE}=I_{BQ}R_{b}+U_{BEQ}+2I_{EQ}R_{e}$$

所以

$$I_{BQ}=\frac{V_{EE}-U_{BEQ}}{R_{b}+(1+\beta)2R_{e}}$$
$$I_{CQ}=\beta I_{BQ}$$
$$I_{EQ}=(1+\beta)I_{BQ}$$
$$U_{CEQ}=V_{CC}-R_{c}I_{CQ}-2R_{e}I_{EQ}+V_{EE}$$

其中，β是三极管的电流放大系数。

由上可知，静态时，每个三极管的发射极电路中相当于接入了$2R_e$的电阻，这样每个三极管的工作点稳定性都得到提高。V_{EE}的作用是补偿R_e上的直流压降，使得三极管有合适的工作点。

(2) 对共模信号的抑制作用

所谓共模信号是指在三极管 VT_1 和 VT_2（差分放大管）的基极接入幅度相等、极性相同的信号，这样的信号下标用符号“c”表示，如图 2-8(a)所示。零点漂移信号就相当于共模信号。在长尾式电路中，发射极电阻R_e上流过的电流有i_{e1}和i_{e2}，R_e的共模信号电流是$i_{e1}+i_{e2}=2i_e$，故对每个三极管而言，可视为在发射极接入发射极电阻$2R_e$，如图 2-8(b)所示。

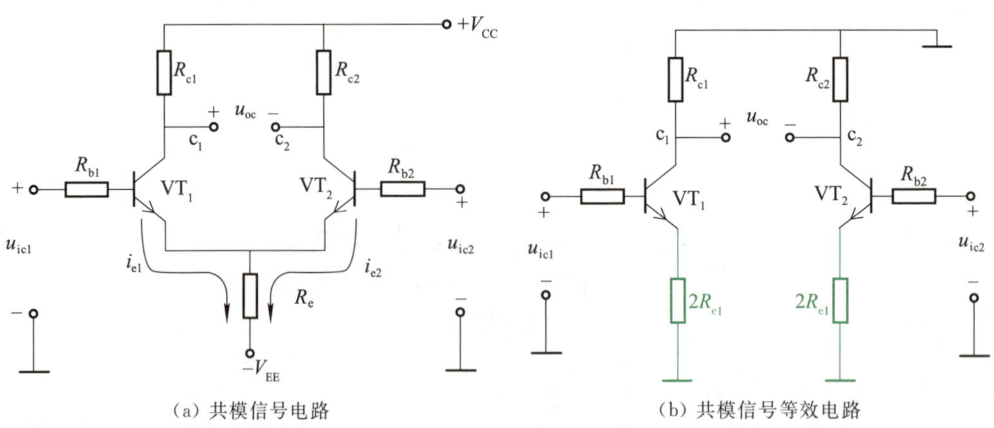

(a) 共模信号电路

(b) 共模信号等效电路

图 2-8 长尾式共模信号电路及其等效电路

共模信号的作用对两三极管是同向的,如 $u_{ic1}=u_{ic2}$ 均为正,将引起两三极管电流同量增加,而两三极管的集电极电位也将同量减小,故从两三极管集电极输出共模电压 u_{oc} 为零。可以看出共模信号在输出端都得到了有效的抑制。电路对共模信号的放大倍数称为共模放大倍数,由于该电路从两三极管集电极输出,共模输出电压为零,所以其共模电压放大倍数为零,即

$$A_{uc}=\frac{\Delta u_{oc}}{\Delta u_{ic}}=0$$

说明当差分电路对称时,对共模信号的抑制能力很强。

温度变化的情况是共模的一种特例,如果温度上升会使两三极管的电流均增加,则 u_{c1}, u_{c2} 均下降,由于两三极管处于同一环境温度,因此两三极管电流的变化量和电压的变化量都相等,即 $\Delta i_{c1}=\Delta i_{c2}$, $\Delta u_{c1}=\Delta u_{c2}$,其输出电压仍然为零,故有效地抑制了零漂。

(3) 对差模信号的放大作用

差模信号是指在三极管 VT_1 与 VT_2(差分放大管)的基极分别加入幅度相等而极性相反的信号,这样的信号下标用符号"d"表示,如图 2-9(a)所示,差模信号引起两三极管电流反向变化,即一管电流上升则另一管电流下降。流过发射极电阻 R_e 的差模电流为 $i_{e1}-i_{e2}$,由于电路对称,$|i_{e1}|=|i_{e2}|$,所以流过 R_e 的差模电流为零,R_e 上的差模信号电压也为零,故可将发射极电位视为地电位,此处"地"称为"虚地",所以差模信号作用时,R_e 对电路不产生任何影响。其等效电路如图 2-9(b)所示。

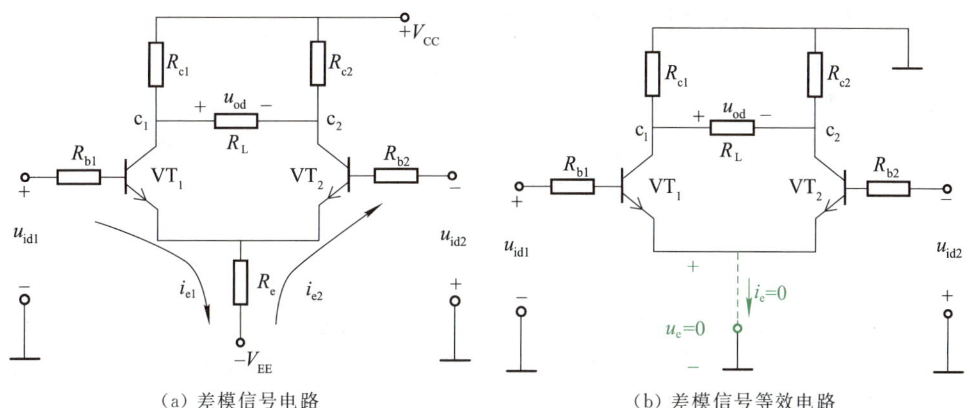

(a) 差模信号电路

(b) 差模信号等效电路

图 2-9 长尾式差模信号电路及其等效电路

如果图 2-9 中输出电压为 $\Delta u_{od}=\Delta u_{c1}-\Delta u_{c2}=2\Delta u_{c1}$ (或 $2\Delta u_{c2}$),而此时的两三极管基极 b_1, b_2 的信号为 $\Delta u_{id}=\Delta u_{id1}-\Delta u_{id2}=2\Delta u_{id1}$,所以差模电压放大倍数 A_{ud} 表达式和单管放大倍数的表达式相同,即

$$A_{ud}=\frac{\Delta u_{od}}{\Delta u_{id}}=\frac{2\Delta u_{c1}}{2\Delta u_{id1}}=\frac{\Delta u_{c1}}{\Delta u_{id1}}=A_{u1}\approx-\frac{\beta R'_L}{R_b+r_{be}}$$

其中,$R'_L=R_c\ /\!/\ \frac{1}{2}R_L$。

(4) 共模抑制比

差分放大电路两输入端的输入信号,不一定是单纯的差模信号或单纯的共模信号,还

可以是大小不等的任意信号，此时，可以将其分解为差模信号与共模信号。电路差模信号为两输入信号之差，即

$$u_{id}=u_{i1}-u_{i2}$$

2

每一管的差模信号为

$$u_{id1}=-u_{id2}=\frac{1}{2}(u_{i1}-u_{i2})$$

电路共模信号为两输入信号算术平均值，即

$$u_{ic}=\frac{1}{2}(u_{i1}+u_{i2})$$

则

$$u_{ic1}=u_{ic2}=u_{ic}$$

每一管的信号都是差模信号和共模信号的叠加，此时，总的输出电压为

$$u_o=A_{ud}u_{id}+A_{uc}u_{ic}$$

差模信号是有用信号，共模信号是无用信号或干扰噪声等有害信号，所以在差分放大器的输出电压中，总希望差模输出电压越大越好，而共模输出电压越小越好。为了表明差分放大器对差模信号的放大能力和对共模信号的抑制能力，通常用共模抑制比作为一项重要的技术指标来衡量差分放大电路性能的优劣。所谓共模抑制比是指差模电压放大倍数与共模电压放大倍数的比值，用 K_{CMR} 来表示，即

$$K_{CMR}=\left|\frac{A_{ud}}{A_{uc}}\right|$$

共模抑制比的值越大，表明差分放大器分辨差模信号的能力越强，受共模信号的影响越小，电路性能越好。有时也用分贝(dB)数来表示，即

$$K_{CMR}=20\ \lg\left|\frac{A_{ud}}{A_{uc}}\right|\text{dB}$$

对于双端输出的差分放大器，若电路完全对称，则共模电压放大倍数 $A_{uc}\to 0$，$K_{CMR}\to\infty$。对于实际电路，虽然 K_{CMR} 不可能趋于∞，但也希望其数值越大越好，通常通过增加公共发射极电阻 R_e 或用恒流源代替 R_e 来提高共模抑制比。

例 2-1 差分放大电路如图 2-10 所示，已知两边电路完全对称，输入交流信号的有效值 $u_{i1}=20\ \text{mV}$，$u_{i2}=10\ \text{mV}$，$\beta=100$，$U_{BEQ}=0.7\ \text{V}$。

(1) 试求电路差模和共模输入信号的大小。

(2) 若 $R_L=10\ \text{k}\Omega$，试求 A_{ud}，r_{id}，r_o，K_{CMR}。

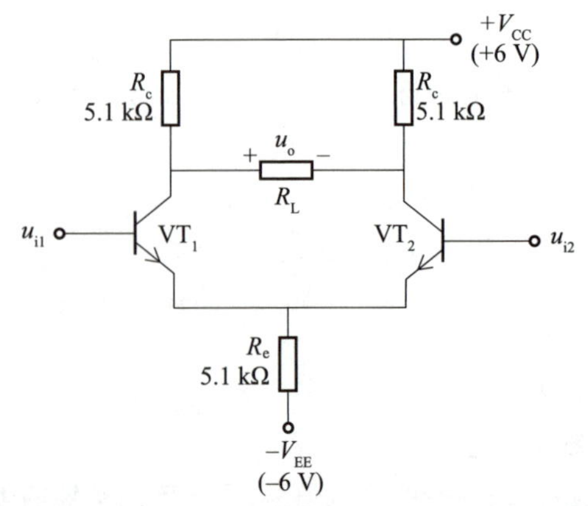

图 2-10 例 2-1 图

解 (1) 本题为双端输入方式，信号为大小不等的任意信号，则

$$u_{id}=u_{i1}-u_{i2}=(20-10)\,\text{mV}=10\ \text{mV}$$

$$u_{ic}=\frac{1}{2}(u_{i1}+u_{i2})=\frac{1}{2}\times(20+10)\,\text{mV}=15\ \text{mV}$$

(2) 差分放大电路的交流性能分析基于静态分析之上，首先计算该电路的静态电流，即

$$I_{R_e}=\frac{V_{CC}-U_{BEQ}}{R_e}=\frac{6-0.7}{5.1}\,\text{mA}\approx 1.04\ \text{mA}$$

$$I_{CQ1}=I_{CQ2}\approx\frac{I_{R_e}}{2}=\frac{1.04}{2}\,\text{mA}=0.52\ \text{mA}$$

所以有

$$r_{be1}=r_{be2}\approx 300\ \Omega+(1+\beta)\frac{26\ \text{mV}}{I_{CQ1}}=300\ \Omega+(1+100)\times\frac{26}{0.52}\Omega=5.35\ \text{k}\Omega$$

$$A_{ud}=-\frac{\beta\left(R_c\ /\!/\ \dfrac{R_L}{2}\right)}{r_{be1}}=-\frac{100\times\dfrac{5.1\times\dfrac{10}{2}}{5.1+\dfrac{10}{2}}}{5.35}\approx-47.2$$

$$r_{id}=2r_{be1}=2\times 5.35\ \text{k}\Omega=10.7\ \text{k}\Omega$$

$$r_o=2R_c=2\times 5.1\ \text{k}\Omega=10.2\ \text{k}\Omega$$

因为电路是双端输出方式，两边又完全对称，所以 $A_{uc}\to 0$，$K_{CMR}\to\infty$。

(5) 差分放大电路的输入输出方式

差分放大电路有两个对地输入端和两个对地输出端，所以从信号输入、输出方式上讲有四种接法，即双端输入双端输出、双端输入单端输出、单端输入双端输出、单端输入单端输出，如图 2-11 所示。

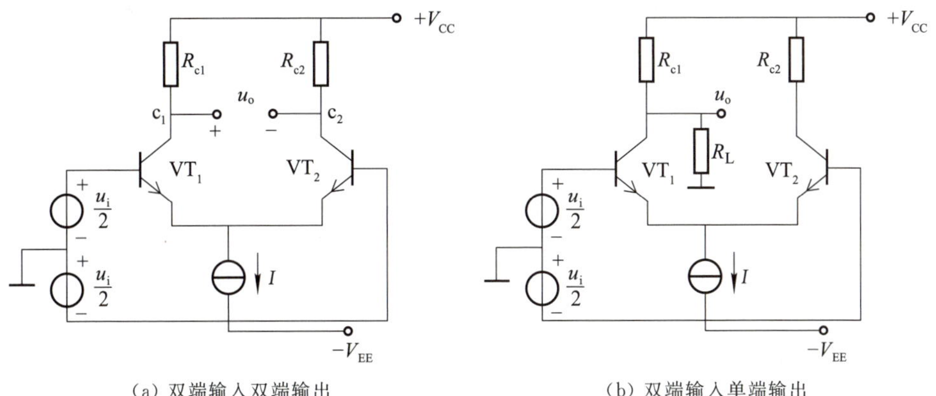

(a) 双端输入双端输出 (b) 双端输入单端输出

2

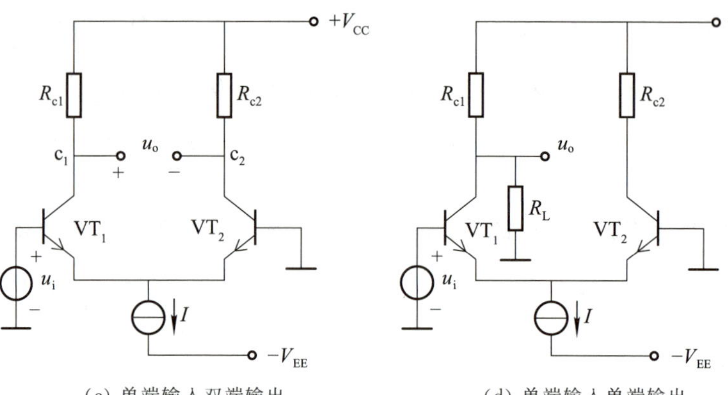

图 2-11 差分放大电路的四种接法　（c）单端输入双端输出　（d）单端输入单端输出

若输出端采用单端输出方式，例如，从 VT_1 的集电极输出，则输出电压只有双端输出的一半，即差模电压放大倍数为

$$A_{ud}=\frac{u_o}{u_i}=-\frac{1}{2}\frac{\beta(R_c /\!/ R_L)}{R_b+r_{be}} \tag{2-1}$$

如果从 VT_2 的集电极输出，则输出电压的相位与前者相反。式(2-1)中负号应去掉。

若输入端采用单端输入方式，则相当于差分放大电路两输入端的输入信号是大小不等的任意信号，此时，可以将其分解为差模信号与共模信号。因此，单端输入的电路与双端输入的电路在静态工作点以及动态性能的分析上完全相同，相当于双端输入的一种特例。这里不再推导。

例 2-2　在图 2-11(b)所示的双端输入单端输出的恒流源差分放大电路中，$V_{CC}=V_{EE}=12\ V$，$R_c=R_{c1}=R_{c2}=10\ k\Omega$，$R_L=10\ k\Omega$，$\beta_1=\beta_2=\beta=50$，$I=1\ mA$。试求：(1)电路的静态工作点；(2)差模电压放大倍数 A_{ud}；(3)共模抑制比 K_{CMR}。

解：(1) $I_{EQ1}=\frac{1}{2}I=0.5\ mA=I_{EQ2}\approx I_{CQ1}\approx I_{CQ2}$

$$I_{BQ1}=I_{BQ2}=\frac{I_{CQ1}}{\beta}=\frac{0.5}{50}mA=10\ \mu A$$

$$V_{EQ}=-0.7\ V$$

$$U_{CEQ1}=U_{CEQ2}=V_{CC}-I_{CQ1}R_c-V_{EQ}$$
$$=[12-0.5\times10-(-0.7)]V=7.7\ V$$

(2) $r_{be}=300\ \Omega+(1+\beta)\frac{26\ mV}{I_{EQ}}=\left[300+(1+50)\times\frac{26}{0.5}\right]\Omega\approx2.95\ k\Omega$

$$A_{ud}=-\beta\frac{R'_L}{2r_{be}}=-50\times\frac{\frac{10}{2}}{2\times2.95}\approx-42.37$$

(3) $K_{CMR}\to\infty$

三、集成运放的分类、参数和选择

1. 集成运放的分类

自 20 世纪 60 年代诞生集成运放以来，经过几十年的发展，集成运放已经成为一种类别与品种系列繁多的模拟集成电路。通常，集成运放有四种分类方法。

(1) 按其用途分

集成运放按其用途分为通用型及专用型两大类。

通用型集成运放的参数指标均衡全面，适用于一般的工程设计。在没有特殊参数要求情况下工作的集成运放可视为通用型。通用型集成运放应用范围广，产量大，价格便宜，是一般应用的首选。

专用型集成运放是为满足某些特殊要求而设计的，其参数中往往有一项或几项非常突出，因而又可分为低功耗集成运放、高速集成运放、宽带集成运放、高精度集成运放、高电压集成运放、高输入阻抗集成运放、功率型集成运放、电流型集成运放、跨导型集成运放、低噪声集成运放等。

(2) 按其供电电源分

集成运放按其供电电源分为双电源集成运放和单电源集成运放。绝大多数运放在设计中都是正、负对称的双电源供电，以保证运放的性能。单电源供电的则采用特殊设计，在单电源下能实现零输入零输出。

(3) 按其制作工艺分

集成运放按其制作工艺分为双极型集成运放，单极型集成运放和双极、单极兼容型集成运放。

(4) 按运放级数分

集成运放按单片封装中运放级数分为单运放、双运放、三运放和四运放四种。

2. 集成运放的参数

为了正确地使用运放，必须了解其参数的含义。集成运放的参数较多，下面仅列举常用主要参数。

(1) 开环差模电压放大倍数 A_{od}

这是指集成运放在无外加反馈回路情况下的输出与输入差模信号电压之比，即差模电压放大倍数，常用 A_{od} 表示，对于集成运放而言，希望 A_{od} 大且稳定。目前高增益集成运放的 A_{od} 可高达 140 dB(10^7 倍)，理想集成运放的 A_{od} 为无穷大。

(2) 最大输出电压 U_{OM}

最大输出电压 U_{OM} 是指运放在标称电源电压时，其输出端所能提供的最大不失真输出电压的峰峰值。考虑到输出管压降等因素，一般低于电源电压约 2 V。

(3) 差模输入电阻 r_{id}

差模输入电阻 r_{id} 的大小反映了集成运放输入端向差模输入信号源索取电流的大小。要求 r_{id} 越大越好，一般集成运放 r_{id} 为几百千欧至几兆欧，故输入级常采用场效应晶体管来提高输入电阻 r_{id}。F007 的 $r_{id}=2\ \text{M}\Omega$。理想集成运放的 r_{id} 为无穷大。

(4) 输出电阻 r_o

在开环条件下，运放等效为电压源时的等效动态内阻称为运放的输出电阻 r_o。r_o 的大小反映了集成运放在小信号输出时的负载能力。有时只用最大输出电流 I_{omax} 表示它的极限负载能力。理想集成运放的 r_o 为 0，实际值一般为 100 Ω～1 kΩ。

(5) 共模抑制比 K_{CMR}

共模抑制比 K_{CMR} 反映了集成运放对共模信号的抑制能力，其定义和差分放大电路的 K_{CMR} 相同。通常用分贝表示，K_{CMR} 越大越好，理想集成运放的 K_{CMR} 为无穷大。

(6) 最大差模输入电压 U_{idmax}

最大差模输入电压 U_{idmax} 指集成运放两输入端所能承受的最大差模电压值。超过该值，运放的性能显著恶化，甚至永久性损坏。不同运放有不同的 U_{idmax} 值，小的可以小于 ±0.5 V，大的可高达几十伏，如 F007 的 U_{idmax} 为 ±30 V。

(7) 最大共模输入电压 U_{icmax}

能安全地加在运放的两输入端连接点与地之间的最大电压称为最大共模输入电压，其值超过一定数值后，集成运放工作不正常，失去差模放大能力，如 F007 的 U_{icmax} 为 ±13 V。

(8) 输入失调电压 U_{IO} 及其温漂 dU_{IO}/dT

输入失调电压 U_{IO} 是指为了使输出电压为零而在输入端加的补偿电压（去掉外接调零电位器），它的大小反映了电路的不对称程度和调零的难易。对集成运放要求输入信号为零时，输出也为零，但实际中往往输出不为零，故将此电压折合到集成运放的输入端的电压，其值在 1～10 mV 范围，要求越小越好。

输入失调电压温漂是 U_{IO} 随温度的相对变化量 dU_{IO}/dT，这个指标说明运放温漂性能的好坏，一般以 μV/℃ 为单位。通用型集成运放的该项指标为微伏数量级。

(9) 输入失调电流 I_{IO} 及其温漂 dI_{IO}/dT

一个理想的集成运放的两输入端的静态电流应该完全相等，实际上，当集成运放的输出电压为零时，流入两输入端的电流不相等，这个静态电流之差 $I_{IO}=I_{B1}-I_{B2}$ 就是输入失调电流，造成输入电流失调的主要原因是差分对管的 β 失调。I_{IO} 越小越好，一般为几纳安。

I_{IO} 对温度的变化率 dI_{IO}/dT 称为输入失调电流温漂，用以表征 I_{IO} 受温度变化的影响程度。一般为 nA/℃数量级，好的可达 pA/℃数量级。

集成运放指标的含义只有结合具体的应用才能正确体会。集成运放的指标较多，请查阅有关集成电路手册。

3. 集成运放的选择

根据集成运放的分类及国内外常用集成运放的型号，查阅集成运放的性能和参数，选择合适的集成运放。首先尽量选用通用运放，因为价格便宜且容易买到，只有在通用型集成运放不能满足要求时，才选择专用型运放。此时主要应考虑：信号源的性质、负载的性质、对精度的要求以及工作的环境条件等。

复习与讨论

1. 集成运放符号框内各符号的含义是什么？
2. 什么是零点漂移？产生零点漂移的主要原因是什么？
3. 双端输出的差分放大器是如何抑制零点漂移的？单端输出呢？
4. 共模抑制比的含义是什么？对于不同输入输出方式的差分放大电路，如何提高共模抑制比？
5. 在实际使用中，能否超过集成运放所规定的参数最大值？为什么？

任务实施　差分放大器的调试

一、任务导入

差分放大器又称差动放大电路，不仅能放大有用信号，而且能有效地抑制由于电源波动和晶体管随温度变化而引起的零点漂移，因而获得广泛的应用。特别是大量地应用于集成运放电路，常被用作多级放大器的前置级。通过本任务的实施，可以加深对差模信号、共模信号以及对差分放大器性能及特点的理解。

二、工作过程

（一）准备

1. 根据原理图[图 2-12(a)]核对差分放大器的电路板图[图 2-12(b)]。

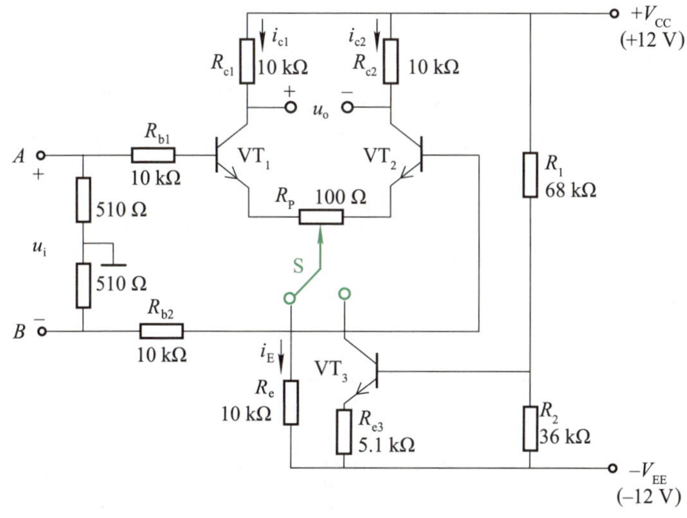

（a）原理图

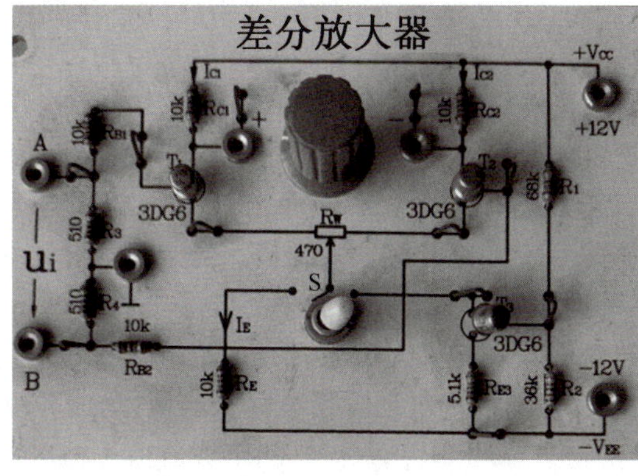

（b）电路板图

图 2-12　差分放大器

回答如下问题：

当开关 S 拨向左边时，构成____________差分放大器；拨向右边时，构成____________差分放大器。电路中电位器 R_P 的作用是________________________。

2. 根据表 2-1 检查调试用设备是否到位。

表 2-1　差分放大器调试用设备检查表

设　备	是否齐全
直流稳压电源	是○　否○
函数信号发生器	是○　否○
示波器	是○　否○
数字交流毫伏表	是○　否○
万用表	是○　否○

（二）实施

1. 将开关 S 拨向左边构成典型差分放大器。

2. 调节放大器零点。将放大器输入端 A，B 均与地短接，接通 ±12 V 直流电源，用万用表测量输出电压 U_o，调节调零电位器 R_P，使 $U_o=0$（要求使用万用表最低直流电压挡）。调节要仔细，力求准确。

3. 零点调好以后，测量静态工作点。用万用表直流电压挡测量 VT_1，VT_2 各电极电位及射极电阻 R_E 两端电压 U_{R_E}，记录于表 2-2 中。

表 2-2　差分放大器的静态工作点测试记录表

测　量　值						
V_{C1}/V	V_{B1}/V	V_{E1}/V	V_{C2}/V	V_{B2}/V	V_{E2}/V	U_{R_E}/V
计　算　值						
I_C/mA		I_B/mA			U_{CE}/V	

4. 测量差模电压放大倍数。将函数信号发生器的信号输出端接放大器的输入端 A，函数信号发生器的输出地端接放大器的输入端 B，差分放大器构成单端输入方式。调节信号发生器使输出正弦信号频率 $f=1$ kHz，调节幅度输出旋钮，使输出正弦波从零逐渐增大（约 100 mV），用示波器监视电路输出端（集电极 C1 或 C2 与地之间），使输出得到最大不失真输出。用数字交流毫伏表测 U_i，U_{C1}，U_{C2}，记录于表 2-3 中，并用示波器观察 u_i，u_{C1}，u_{C2} 之间的相位关系及 u_{R_E} 随 u_i 改变而变化的情况。

5. 测量共模电压放大倍数。将放大器输入端 A，B 短接，并连接到函数信号发生器的信号输出端，函数信号发生器的输出地端接电路板的地，构成共模输入方式。调节函数信号发生器，使输入正弦波 $f=1$ kHz，$U_i=1$ V，示波器监视输出端（集电极 C1 或 C2 与地之间）信号无失真的情况下，测量 U_{C1}，U_{C2} 之值记录于表 2-3 中，并观察 u_i，u_{C1}，u_{C2} 之间的相位关系及 U_{R_E} 随 U_i 改变而变化的情况。

表 2-3　差分放大器的动态测试记录表

测试项	典型差分放大器测试值		具有恒流源的差分放大器测试值	
	差模输入(单端)	共模输入	差模输入(单端)	共模输入
U_i	100 mV	1 V	100 mV	1 V
U_{C1}				
U_{C2}				
$A_{ud1}=\frac{U_{C1}}{U_i}$		—		—
$A_{ud}=\frac{U_o}{U_i}$		—		—
$A_{uC1}=\frac{U_{C1}}{U_i}$	—		—	
$A_{uc}=\frac{U_o}{U_i}$	—		—	
$K_{CMR}=\|A_{ud}/A_{uc}\|$				

6. 将开关 S 拨向右边，构成具有恒流源的差分放大器。
7. 重复上述 4，5 两步动态测试内容，记录于表 2-3 中。

三、交流分享

1. 整理测试数据，就差模电压放大倍数 A_{ud} 和 K_{CMR} 两项性能，比较测试结果和理论估算值，分析误差原因。
2. 单端输入时，对差模信号而言，比较 u_i，u_{C1} 和 u_{C2} 之间的相位关系。
3. 根据测试结果，分析电阻 R_E 和恒流源的作用。

四、评价总结

1. 首先由学生根据任务完成情况自己评价，然后由小组人员进行评价，记录于表 2-4 中。

表 2-4　学生自评和小组评价表

项目内容	配分	评　分　标　准	自评得分	小组评得分
素养与规范	30 分	(1) 准备工作不到位，可酌情扣 5～10 分； (2) 着装不规范，可酌情扣 5～7 分； (3) 违反操作规程，产生不安全因素，酌情扣 10～20 分； (4) 迟到、早退、场地不清洁，每次扣 2～5 分		
电路调试	30 分	(1) 合理选择仪器，一次通电调试成功，得满分； (2) 通电调试时发现接线错误等，每处扣 5～7 分		
性能测试	40 分	能正确使用仪器仪表测量 Q 点和输入、输出信号电压，能用示波器完整清晰显示波形，且记录完整，可得满分，否则每项酌情扣 3～10 分		
总分				
自评人签名：　　年　月　日		组评人员签名：		

2. 由指导教师根据任务完成整体情况，并结合学生自评和小组评价进行综合评分，将评价意见与评分值记录于表 2-5 中。

表 2-5　教师评价表

<table>
<tr><td colspan="2">教师总体评价意见：

</td></tr>
<tr><td align="right">教师评分(按 100 分计)</td><td></td></tr>
<tr><td align="right">总评分 = 自评得分 × 0.3 + 小组评价得分 × 0.3 + 教师评分 × 0.4</td><td></td></tr>
</table>

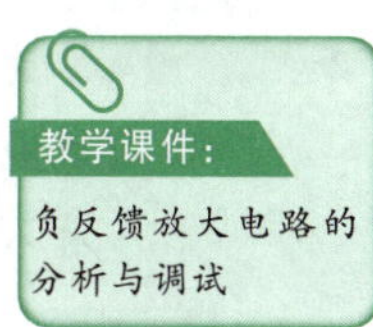

任务二　负反馈放大电路的分析与调试

前面介绍了各种基本放大电路，它们虽然都具有放大功能，但其性能指标往往不能满足实际需要，如其增益的稳定性较低，通频带较窄等。为了改善放大器的性能，通常在实用的放大电路中，引入不同形式的反馈。因此，掌握反馈的基本概念及其对放大器性能的影响是研究实用电路的基础。

知识积累

一、反馈的基本概念

1. 什么是反馈

在放大电路中，将输出量（输出电压或电流）的一部分或全部，通过一定的电路（反馈网络）引回到输入回路来影响输入量（输入电压或电流）的过程称为反馈。具有反馈的放大电路称为反馈放大电路，其组成框图如图 2-13 所示。由图可见，反馈放大电路由基本放大电路和反馈网络构成一个闭环系统，因此又将其称为闭环放大电路，而基本放大电路称为开环放大电路。图 2-13 中，$\dot{X}_i$ 为闭环放大电路输入量；$\dot{X}_o$ 既为电路输出量，也为反馈网络输入量；$\dot{X}_f$ 为反馈量；$\dot{X}_i'$ 为基本放大电路的净输入量，可见 $\dot{X}_i'$ 为输入量和反馈量叠加的结果。它们可以是电压，也可以是电流。图 2-13 中，箭头表示信号的传输方向，由输入端到输出端称为正向传输，由输出端到输入端则称为反向传输。在实际放大电路中，输出量 $\dot{X}_o$ 经由基本放大电路的内部反馈产生的反向传输作用很微弱，可忽略，故认为基本放大电路只能将净输入量 $\dot{X}_i'$ 正向传输到输出端。同样，输入量 $\dot{X}_i$ 通过反馈网络产生的正向传输作用也很微弱，可略去，即认为反馈网络中只能将输出信号 $\dot{X}_o$ 反向传输到输入端。

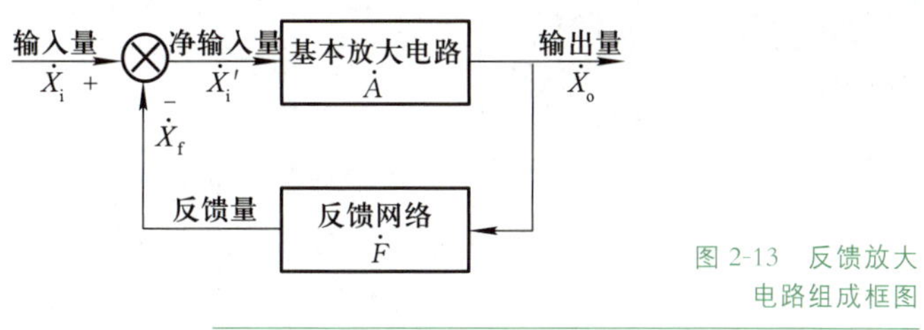

图 2-13　反馈放大电路组成框图

2. 反馈放大电路的一般关系式

由图 2-13 可得，基本放大电路的放大倍数（开环放大倍数）$\dot{A}$ 为

$$\dot{A}=\frac{\dot{X}_o}{\dot{X}_i'} \tag{2-2}$$

反馈网络的反馈系数 $\dot{F}$ 为

$$\dot{F}=\frac{\dot{X}_f}{\dot{X}_o} \tag{2-3}$$

闭环放大电路的放大倍数(也称闭环增益)$\dot{A}_f$ 为

$$\dot{A}_f=\frac{\dot{X}_o}{\dot{X}_i} \tag{2-4}$$

净输入量 $\dot{X}_i'$ 为

$$\dot{X}_i'=\dot{X}_i-\dot{X}_f \tag{2-5}$$

根据关系式(2-2)～式(2-5)可得

$$\dot{A}_f=\frac{\dot{A}}{1+\dot{A}\dot{F}} \tag{2-6}$$

式(2-6)称为反馈放大电路的基本关系式,它表明了闭环放大倍数与开环放大倍数、反馈系数之间的关系。其中,$\dot{A}\dot{F}$ 称为环路增益,$1+\dot{A}\dot{F}$ 称为反馈深度,是衡量反馈强弱程度的一个重要指标。在中频段,$\dot{A}_f$, $\dot{A}$ 和 $\dot{F}$ 均为实数,可写成 A_f, A 和 F。

3. 反馈的极性(正、负反馈)

在反馈放大电路中,反馈量使放大电路净输入量得到增强的反馈称为正反馈,使净输入量减弱的反馈称为负反馈。由式(2-2)和式(2-4)可知,增益 A_f 小于 A,因此,负反馈使放大电路增益减小,负反馈放大电路中反馈深度$(1+AF)>1$。正反馈使闭环增益大于开环增益,虽然放大电路增益提高了,但会使其工作稳定性以及其他性能显著变坏,故实际放大电路中均采用负反馈,而正反馈主要用于振荡电路中。

反馈极性的判断通常采用"瞬时极性法",具体如下:首先假设输入信号某一瞬时的极性,然后根据输入信号与输出信号的相位关系,确定输出信号和反馈信号的瞬时极性,最后根据反馈信号与输入信号的连接情况,分析净输入量的变化,如果反馈信号使净输入量增强,则为正反馈,反之为负反馈。

以图 2-14(a)所示电路为例。首先假定输入信号电压对地瞬时极性为正,在图中用"+"表示,这个电压使同相输入端的电压瞬时极性为正,由于输出端与同相输入端的极性是相同的,因而,此时输出电压的瞬时极性为正,标为"+",通过反馈支路将输出电压反送到反相输入端,用 u_f 表示,且瞬时极性为正。由于净输入电压为 u_i-u_f,故 u_f 的正极性会使净输入量减小,因此这个电路的反馈是负反馈。

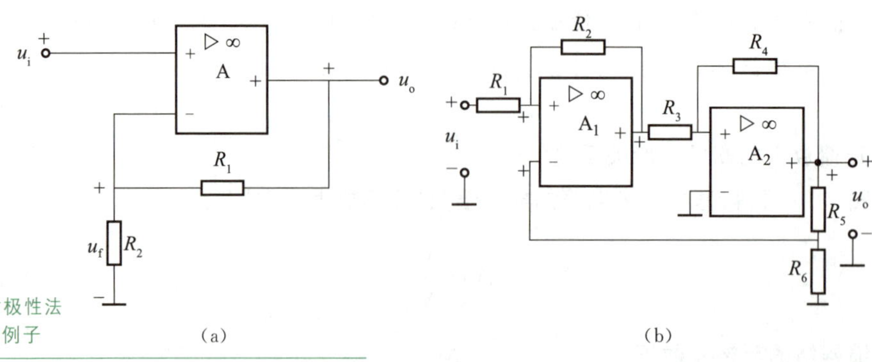

图 2-14 用瞬时极性法判断反馈极性的例子

而对于图 2-14(b)所示电路，R_2 和 R_4 形成的反馈称为本级反馈，它们都是正反馈，途中还有一条经 R_5 的跨级反馈，称为级间反馈。级间反馈的瞬时极性如图 2-14(b)所示，经 R_5 引入的是负反馈。

通过以上分析可知，对于由运算放大器组成的反馈电路，对本级反馈，若反馈支路接在反相输入端，则为负反馈，若接在同相输入端，则为正反馈，但对级间反馈，则不能这样简单判断。

4. 直流反馈和交流反馈

在放大电路中存在直流分量和交流分量，若反馈信号只有直流分量，则为直流反馈，影响电路的直流性能，如静态工作点；若反馈信号只有交流分量，则为交流反馈，它影响电路的交流性能。若反馈信号中既有直流分量又有交流分量，则为交直流反馈，对电路的直流性能和交流性能均有影响。

如图 2-15(a)所示，画交流通路时 R_e 被短路，不存在交流反馈，故 R_e 引入的为直流反馈，稳定静态工作点。而图 2-15(b)中，由于 C_f 的隔直作用，仅引入交流反馈。图 2-15(c)则交、直流反馈都有。

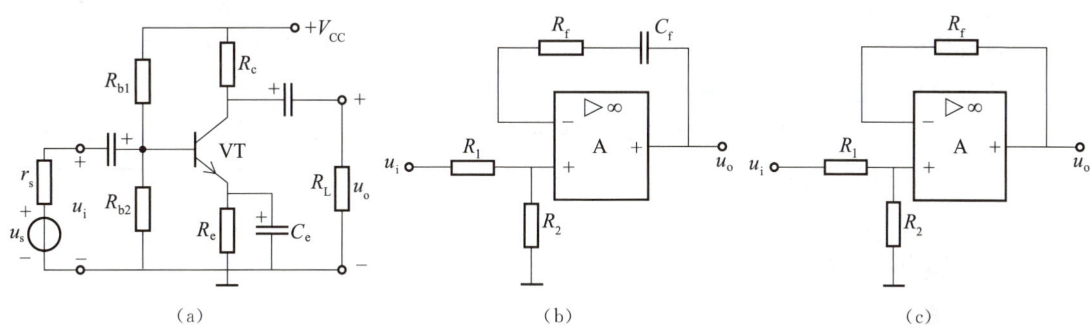

图 2-15　直流、交流反馈的例子

二、负反馈放大电路的基本类型

反馈网络与基本放大电路在输入端、输出端有不同的连接方式，根据输入端连接方式的不同，分为串联反馈和并联反馈；根据输出端连接方式的不同分为电压反馈和电流反馈。因此，负反馈放大电路有四种基本类型，其框图如图 2-16 所示。

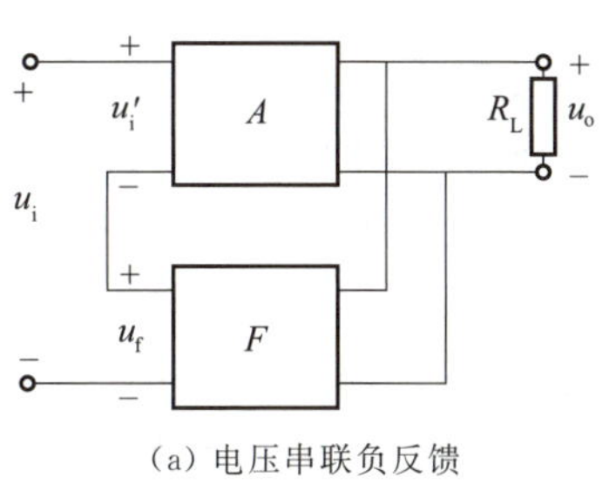

(a) 电压串联负反馈

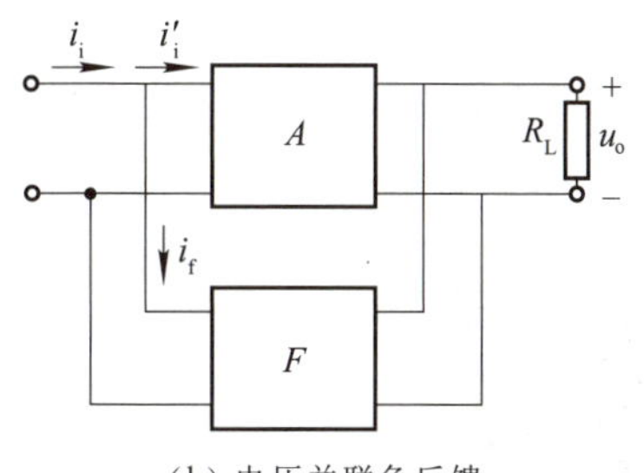

(b) 电压并联负反馈

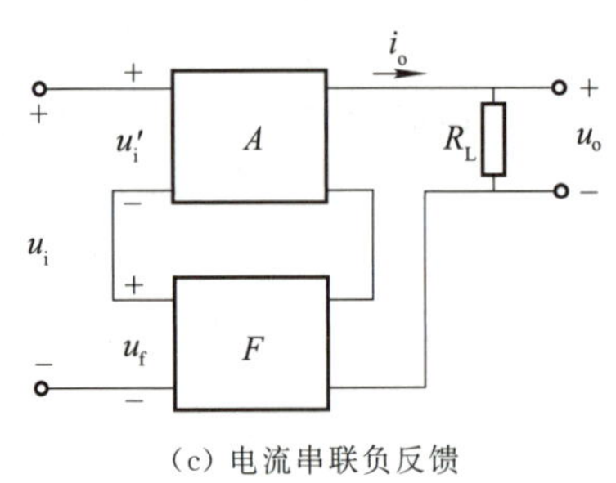

(c) 电流串联负反馈

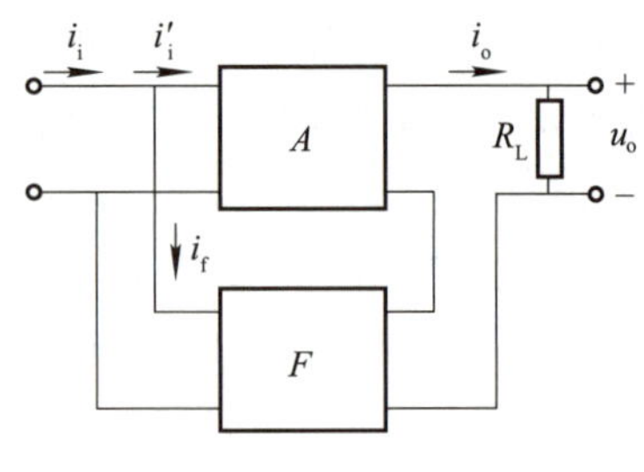

(d) 电流并联负反馈

图 2-16　四种基本类型负反馈的框图

2

1. 电压反馈和电流反馈

从输出端看,若反馈信号取自输出电压,则为电压反馈,如图 2-16(a)(b)所示,电压负反馈能稳定输出电压。当输入电压不变时,如果负载电阻 R_L 增大导致输出电压 u_o 增大,则通过反馈使 u_f 也增大,因此,$u_i'=u_i-u_f$ 下降,使 u_o 减小,从而稳定了输出电压。故电压负反馈放大电路具有恒压输出特性。

从输出端看,若反馈信号取自输出电流,则为电流反馈,如图 2-16(c)(d)所示。电流负反馈能稳定输出电流。当输入电压不变时,如果某种因素导致输出电流 i_o 增大,则通过反馈使 u_f 也增大,因此,$u_i'=u_i-u_f$ 下降,迫使 i_o 减小,从而稳定了输出电流。故电流负反馈放大电路具有恒流输出特性。

反馈放大器在输出端的取样是电压还是电流的判断方法:假设将输出负载 R_L 短路(即令 $u_o=0$),观察反馈信号 u_f 或 i_f 是否消失,若消失,则为电压取样,若仍有反馈信号存在,则为电流取样。

2. 串联反馈和并联反馈

若基本放大电路的输入端口和反馈网络的输出端口相串联,即反馈量与输入量以电压的形式相叠加,则为串联反馈。串联反馈时,输入信号源内阻 r_s 越小,对 u_f 的阻碍作用越小,反馈效果就越好,所以,串联负反馈宜采用低内阻的电压源作为输入信号源;反之,基本放大电路的输入端口和反馈网络的输出端口相并联,即反馈量与输入量以电流的形式相叠加,则为并联反馈。并联反馈时,由于反馈电流 i_f 经过信号源内阻 r_s 的分流反映到净输入电流 i_i' 上,r_s 越大,对 i_f 的分流越小,反馈效果就越好,因此,并联负反馈宜采用高内阻的电流源作为输入信号源。

反馈放大器在输入端的连接方式是串联还是并联的判断方法很简单,若反馈信号与输入信号接在不同的输入端子上,即为串联反馈;若接在同一个输入端子上,则为并联反馈。

因此,交流负反馈有四种基本组态,即电压串联负反馈、电压并联负反馈、电流串联负反馈和电流并联负反馈。下面举例说明负反馈放大电路的类型判断,如图 2-17 所示。

图 2-17(a)所示为集成运放构成的反馈放大电路,用瞬时极性法判断反馈极性为负(本级反馈接在反相输入端为负反馈)。在输入端,放大电路的输入信号与反馈网络的输出信号分别接在运放的两个输入端,以电压形式相串联,故为串联反馈。在输出端,假设负载 R_L 短路(即令 $u_o=0$),发现反馈信号 u_f 消失,不

存在反馈了，故为电压取样。综上所述，图 2-17(a)所示电路为电压串联负反馈放大电路。

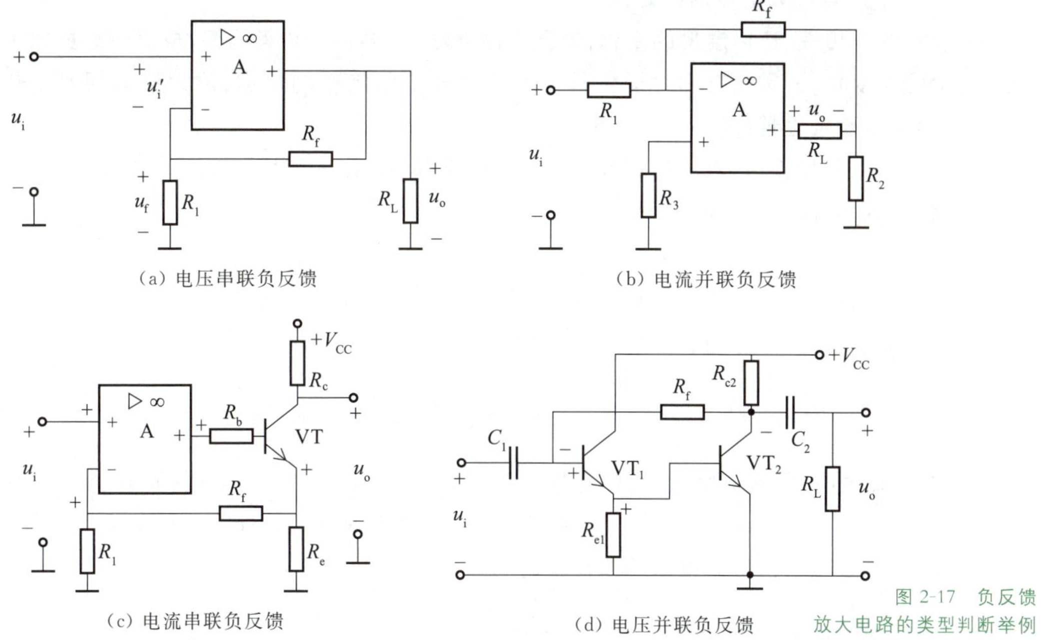

(a) 电压串联负反馈　(b) 电流并联负反馈

(c) 电流串联负反馈　(d) 电压并联负反馈

图 2-17　负反馈放大电路的类型判断举例

图 2-17(b)所示也是集成运放构成的反馈放大电路，用瞬时极性法判断反馈极性为负(本级反馈接在反相输入端为负反馈)。在输入端，输入信号与反馈信号接在运放的同一个输入端(反相端)，以电流形式相比较，故为并联反馈。在输出端，假设负载 R_L 短路(即令 $u_o=0$)，发现反馈信号依然存在，故为电流取样。综上所述，图 2-17(b)所示电路为电流并联负反馈放大电路。

图 2-17(c)所示是一级集成运放和一级三极管电路共同构成的反馈放大电路，可用瞬时极性法判断其极性[各级输入端、输出端和反馈端瞬时极性如图 2-17(c)所示]，仍然是负反馈。在输入端，放大电路的输入信号与反馈网络的输出信号分别接在运放的两个输入端，以电压形式相串联，故为串联反馈。在输出端，假设负载 R_L 短路(即令 $u_o=0$)，发现反馈信号依然存在，故为电流取样。综上所述，图 2-17(c)所示电路为电流串联负反馈放大电路。

图 2-17(d)所示为分立元件构成的反馈放大电路，可用瞬时极性法判断其极性[各级输入端、输出端和反馈端瞬时极性如图 2-17(d)所示]，仍然是负反馈。在输入端，输入信号与反馈信号接在三极管 VT_1 的同一个输入端(基极)，以电流形式相比较，故为并联反馈。在输出端，假设负载 R_L 短路(即令 $u_o=0$)，发现反馈信号(指交流量)消失，不存在反馈了，故为电压取样。综上所述，图 2-17(d)所示电路为电压并联负反馈放大电路。

三、负反馈对放大电路性能的影响

虽然负反馈使放大电路的放大倍数下降，但是可使放大电路多方面的性能得到改善，

2

下面分析负反馈对放大电路主要性能的影响。

1. 提高放大倍数的稳定性

由于负载、环境温度的变化，电源电压波动，元器件老化等因素，放大电路的放大倍数会发生变化，通常用其相对变化量的大小来表示稳定性的优劣，放大倍数相对变化量越小，说明稳定性越好。

引入负反馈后，放大电路放大倍数有所下降，即由 A 变为 A_f，$A_f=A/(1+AF)$。若将 A_f 对 A 求导，可得

$$\frac{dA_f}{dA}=\frac{1}{(1+AF)^2}\text{，即 }dA_f=\frac{dA}{(1+AF)^2}$$

将上式除以 $A_f=A/(1+AF)$，则可得

$$\frac{dA_f}{A_f}=\frac{1}{1+AF}\frac{dA}{A} \tag{2-7}$$

式(2-7)表明，引入负反馈后，闭环增益的相对变化量 dA_f/A_f 只是开环增益相对变化量 dA/A 的 $1/(1+AF)$，即放大倍数 A_f 的稳定性提高到 A 的 $(1+AF)$ 倍。可见反馈越深，$1+AF$ 越大，放大电路的增益就越稳定。

例 2-3 某放大电路的放大倍数 $A=1\,000$，现引入反馈系数 $F=0.1$ 的负反馈，(1)求闭环放大倍数；(2)若 A 变化 $\pm 10\%$，求此时的闭环放大倍数及其相对变化量。

解：(1) 根据式(2-6)，引入负反馈后放大电路的闭环放大倍数为

$$A_f=\frac{A}{1+AF}=\frac{1\,000}{1+1\,000\times 0.1}\approx 9.9$$

(2) A 变化 $\pm 10\%$ 时，闭环放大倍数的相对变化量为

$$\frac{dA_f}{A_f}=\frac{1}{1+AF}\frac{dA}{A}=\frac{1}{1+1\,000\times 0.1}\times(\pm 10\%)\approx\pm 0.099\%$$

此时的闭环放大倍数为

$$A_f'=A_f\left(1+\frac{dA_f}{A_f}\right)=9.9\times(1\pm 0.099\%)$$

即 A 变化 $+10\%$，A_f'为 9.91，A 变化 -10%，A_f'为 9.89，可见，引入负反馈后放大电路的增益受外界影响明显减小。

2. 减小非线性失真

由于三极管、场效应晶体管等器件特性的非线性，即使电路输入是正弦波，输出也不是正、负半周对称的正弦波，往往产生正、负两个半周幅度不等的失真波形，这种失真称为非线性失真，如图 2-18(a)所示。引入负反馈后，可以减小这种失真。

如图 2-18(b)所示，引入负反馈后，输出失真的波形反馈到输入端，则在输入端得到正半周幅度大、负半周幅度小的反馈信号，此信号与输入信号相减，使净输入信号的幅值成为正半周幅度小、负半周幅度大的波形，即引入了失真(亦称预失真)，再经

过基本放大电路放大后，就使输出波形趋于正弦波，减小了非线性失真。需要注意的是，对输入信号本身固有的失真，负反馈是无能为力的。因此，负反馈只能减小非线性失真，而不能完全消除非线性失真。

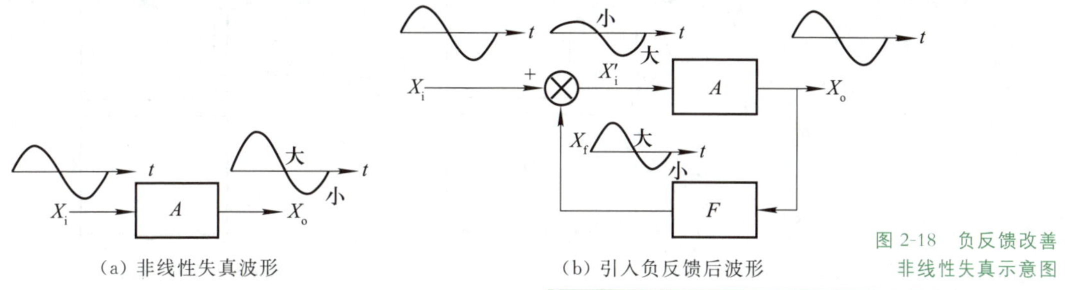

(a) 非线性失真波形　　(b) 引入负反馈后波形

图 2-18　负反馈改善非线性失真示意图

3. 扩展放大器的通频带

由电路幅频特性可知，放大电路在低频段和高频段的增益都有所下降，但是引入负反馈后，能够扩展放大器的通频带，因为负反馈的作用就是对输出的任何变化都有纠正作用，所以放大电路在高频区及低频区放大倍数的下降，必然会引起反馈量的减小，从而使净输入量增加，放大倍数随频率的变化减小的趋势变缓，幅频特性变得平坦，使下限截止频率 f_L 下降，上限截止频率 f_H 升高，通频带被展宽了，如图 2-19 所示。计算表明：引入负反馈后通频带展宽了约$(1+AF)$倍。可见，在通常情况下，放大电路的增益带宽积为一常数，即

$$A_f f_{BWf} = A f_{BW}$$

必须指出，负反馈放大电路性能的改善与反馈深度$(1+AF)$有关，反馈深度越大，放大电路性能改善越有效，但同时放大电路的放大倍数也下降越多，为开环的 $1/(1+AF)$。由此可知，负反馈放大电路性能的改善是以降低放大电路增益为代价的，在实际应用中，也往往通过调节反馈深度来控制放大电路的增益。

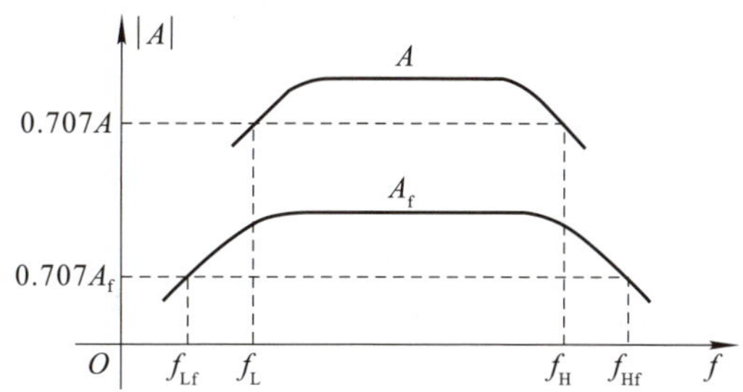

图 2-19　负反馈展宽通频带示意图

4. 改变放大电路的输入电阻和输出电阻

(1) 负反馈对输入电阻的影响

负反馈对输入电阻的影响取决于反馈网络在输入端的连接方式。图 2-20(a)所示为串联负反馈框图，可知，开环放大器的输入电阻为 $r_i = u'_i / i_i$，引入负反馈后，闭环输入电阻 r_{if} 为

$$r_{if}=\frac{u_i}{i_i}=\frac{u'_i+u_f}{i_i}=\frac{u'_i+AFu'_i}{i_i}=r_i(1+AF)$$

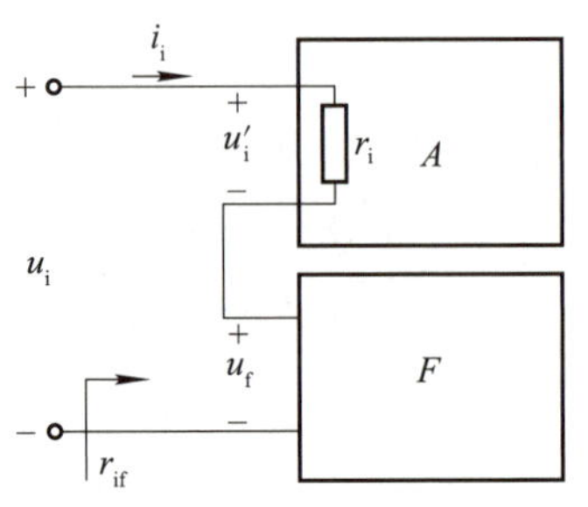

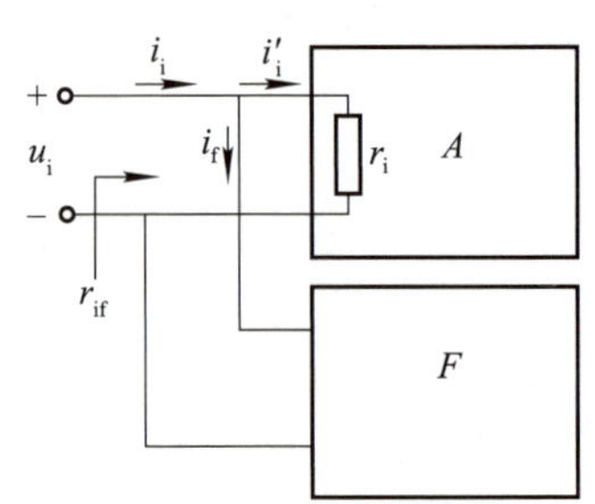

图 2-20 负反馈对输入电阻的影响 (a) 串联负反馈框图 (b) 并联负反馈框图

图 2-20(b)所示为并联负反馈框图,可知,开环放大器的输入电阻为 $r_i=u_i/i'_i$,引入负反馈后,闭环输入电阻 r_{if} 为

$$r_{if}=\frac{u_i}{i_i}=\frac{u_i}{i'_i+i_f}=\frac{u_i}{i'_i+AFi'_i}=\frac{r_i}{1+AF}$$

由上可知,串联负反馈使输入电阻增大,并联负反馈使输入电阻减小,增大则为开环输入电阻的$(1+AF)$倍,减小则为开环输入电阻的$1/(1+AF)$。

(2) 负反馈对输出电阻的影响

负反馈对输出电阻的影响,取决于反馈网络在输出端的取样方式。输出电阻就是放大电路输出端等效电源的内阻,由于电压负反馈具有稳定输出 u_o 的作用,即 R_L 改变时,维持 u_o 基本不变,故放大电路相当于内阻很小的电压源。所以电压负反馈的引入,使 r_o 比无反馈时要小。可以证明,$r_{of}=r_o/(1+AF)$,即电压负反馈使输出电阻减小到开环时的$1/(1+AF)$。同理,由于电流负反馈具有稳定输出电流的作用,即 R_L 改变时,维持输出电流基本不变,故放大器对负载相当于内阻很大的电流源。所以电流负反馈的引入,使 r_o 比无反馈时大。可以证明,$r_{of}=r_o(1+AF)$,即电流负反馈使输出电阻增大到开环时的$(1+AF)$倍。

四、深度负反馈放大电路的分析

由上述讨论可知,负反馈放大电路性能的改善与反馈深度有关,反馈深度越大,对放大电路的性能改善越明显。通常,反馈深度 $1+AF\gg1$ 时的反馈,称为深度负反馈。一般在 $1+AF\geqslant10$ 时,就可以认为是深度负反馈。

1. 深度负反馈的特点

根据上述深度负反馈的定义,可知,$1+AF\approx AF$,因此有

$$A_f=\frac{A}{1+AF}\approx\frac{A}{AF}=\frac{1}{F} \tag{2-8}$$

由式(2-8)可知,深度负反馈的闭环增益 A_f 只由反馈系数 F 来决定,而与开环增益几乎无关。对式(2-8)进一步分析,由于 $A_f=X_o/X_i$,而 $F=X_f/X_o$,所以,对深度负反馈放大电

路有

$$X_f \approx X_i \tag{2-9}$$

即

$$X_i'=0 \tag{2-10}$$

由式(2-8)～式(2-10)以及负反馈对输入电阻、输出电阻的影响，可得深度负反馈放大电路有如下特点：

① 闭环增益主要由反馈网络的反馈系数决定，而与开环增益几乎无关。

② 反馈信号 X_f 近似等于输入信号，净输入信号 X_i' 近似为零。对于串联反馈则有，$u_i \approx u_f$，$u_i'=0$，因而在基本放大电路输入电阻上产生的输入电流也必趋于零；对于并联反馈则有，$i_i \approx i_f$，$i_i'=0$，因而在基本放大电路输入电阻上产生的输入电压也必趋于零。总而言之，不论是串联还是并联反馈，在深度负反馈条件下，均有 $u_i'=0$（称为“虚短”）和 $i_i'=0$（称为“虚断”）同时存在。

③ 闭环输入电阻和输出电阻可以近似看成零或无穷大，即深度串联负反馈闭环输入电阻趋于无穷大，深度并联负反馈闭环输入电阻趋于零；深度电压负反馈闭环输出电阻趋于零，深度电流负反馈闭环输出电阻趋于无穷大。

2. 深度负反馈放大电路电压放大倍数的估算

利用上述“虚短”和“虚断”的概念可以方便地估算深度负反馈放大电路的闭环电压放大倍数。

(1) 电压串联负反馈

图 2-21 所示为电压串联负反馈电路，其输入量为 u_i，输出量为 u_o，反馈量为 u_f，净输入量为 u_i'。由于集成运放的开环增益很高，故为深度负反馈，因而“虚短”和“虚断”成立。运用“虚短”和“虚断”的概念，由图 2-21 可得

$$u_i \approx u_f \approx \frac{R_1}{R_1+R_f}u_o$$

$$A_{uf}=\frac{u_o}{u_i} \approx \frac{u_o}{u_f}=\frac{R_1+R_f}{R_1}=1+\frac{R_f}{R_1}$$

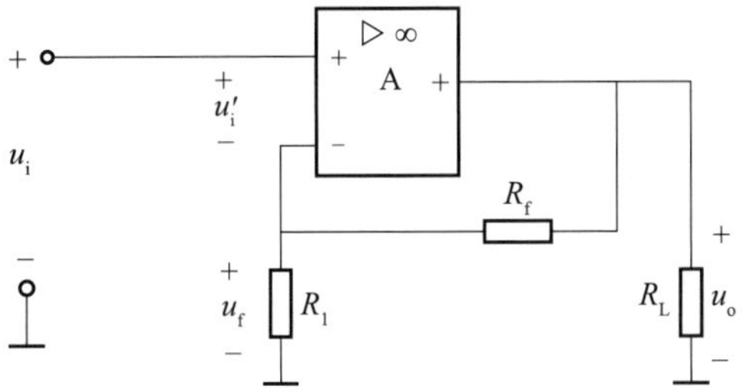

图 2-21 电压串联负反馈电路

(2) 电压并联负反馈

图 2-22 所示为电压并联负反馈电路，其输入量为 i_i，反馈量为 i_f，净输入量为 i_i'。同样为深度负反馈，因而“虚短”和“虚断”成立。运用“虚断”的概念，$i_i' \approx 0$，由图 2-22 可得

$$i_i \approx i_f$$

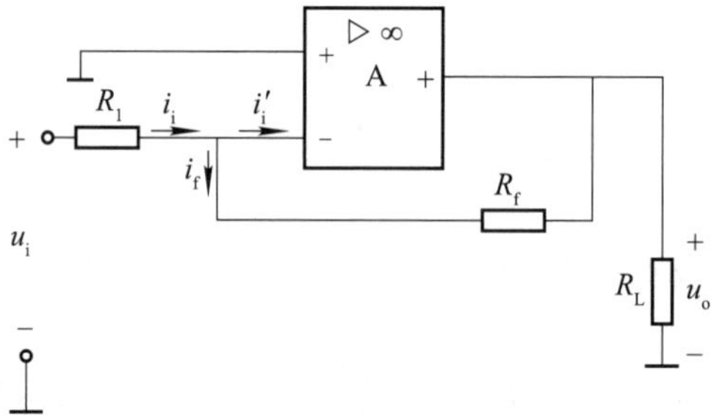

图 2-22 电压并联负反馈电路

再根据“虚短”的概念，$u'_{\mathrm{i}} \approx 0$，故 $u_{-} \approx 0$，则有 $u_{\mathrm{o}} = -i_{\mathrm{f}} R_{\mathrm{f}}$，$u_{\mathrm{i}} = i_{\mathrm{i}} R_{1}$，因此

$$A_{u\mathrm{f}} = \frac{u_{\mathrm{o}}}{u_{\mathrm{i}}} \approx \frac{-i_{\mathrm{f}} R_{\mathrm{f}}}{i_{\mathrm{i}} R_{1}} \approx -\frac{R_{\mathrm{f}}}{R_{1}}$$

(3) 电流串联负反馈

图 2-23 所示为电流串联负反馈电路，其输入量为 u_{i}，反馈量为 u_{f}，净输入量为 u'_{i}。由“虚短”和“虚断”的概念，可得 $u_{\mathrm{f}} = i_{\mathrm{o}} R_{\mathrm{f}} = \frac{u_{\mathrm{o}}}{R_{\mathrm{L}}} R_{\mathrm{f}}$。

因此，电压放大倍数为

$$A_{u\mathrm{f}} = \frac{u_{\mathrm{o}}}{u_{\mathrm{i}}} \approx \frac{u_{\mathrm{o}}}{u_{\mathrm{f}}} = \frac{R_{\mathrm{L}}}{R_{\mathrm{f}}}$$

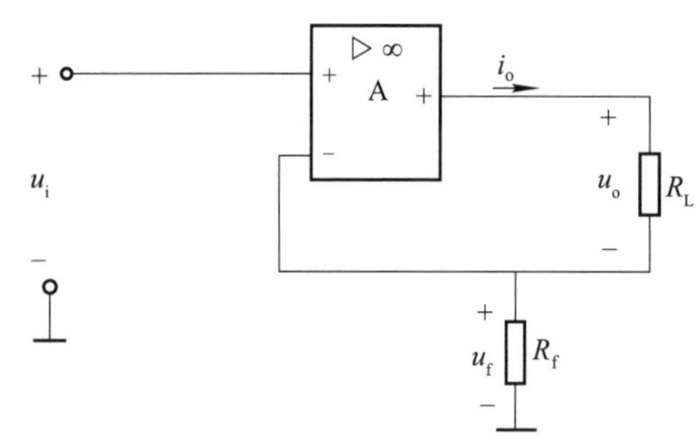

图 2-23 电流串联负反馈电路

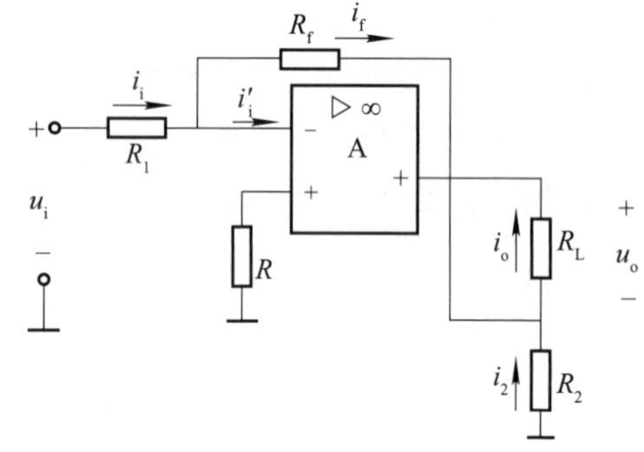

图 2-24 电流并联负反馈电路

(4) 电流并联负反馈

图 2-24 所示为电流并联负反馈电路，其输入量为 i_{i}，反馈量为 i_{f}，净输入量为 i'_{i}。运用“虚断”的概念，$i'_{\mathrm{i}} \approx 0$，由图 2-24 可得

$$i_{\mathrm{i}} \approx i_{\mathrm{f}}$$

再根据“虚短”的概念，$u'_{\mathrm{i}} \approx 0$，故 $u_{-} \approx 0$，则有 $u_{\mathrm{i}} \approx i_{\mathrm{i}} R_{1}$，$u_{\mathrm{o}} = -i_{\mathrm{o}} R_{\mathrm{L}} = -i_{\mathrm{f}} \frac{R_{2} + R_{\mathrm{f}}}{R_{2}} R_{\mathrm{L}}$。

因此

$$A_{u\mathrm{f}} = \frac{u_{\mathrm{o}}}{u_{\mathrm{i}}} = -\left(1 + \frac{R_{\mathrm{f}}}{R_{2}}\right) \frac{R_{\mathrm{L}}}{R_{1}}$$

上述四种反馈类型的计算都是利用深度负反馈的特点，即“虚短”和“虚断”估算出来的，这种方法比较简单，但如果不满足深度负反馈条件，则不能使用上述方法，否则，误差较大没有意义。

复习与讨论

互动：项目二任务二小测试

1. 什么是反馈？如何判断一个电路是否有反馈？
2. 如何判断反馈的极性？如何判断负反馈放大电路的类型？
3. 负反馈对放大器的性能有哪些影响？
4. 如果输入信号是一个失真的正弦波，加入负反馈后能否减小失真？
5. 如何理解深度负反馈条件下，净输入量为零的概念？

任务实施　负反馈放大器的分析与调试

一、任务导入

负反馈是一个重要的概念，在实用放大电路中普遍使用，往往通过引入负反馈来改善电路的性能以满足实际需要。学会分析与调试负反馈放大器是电子工作者的基本技能。本任务的实施提供已经安装好的负反馈放大器电路板，以便更好地理解负反馈对放大器性能的影响。

二、工作过程

（一）准备

1. 根据原理图[图 2-25(a)]核对负反馈放大器的电路板图[图 2-25(b)]。

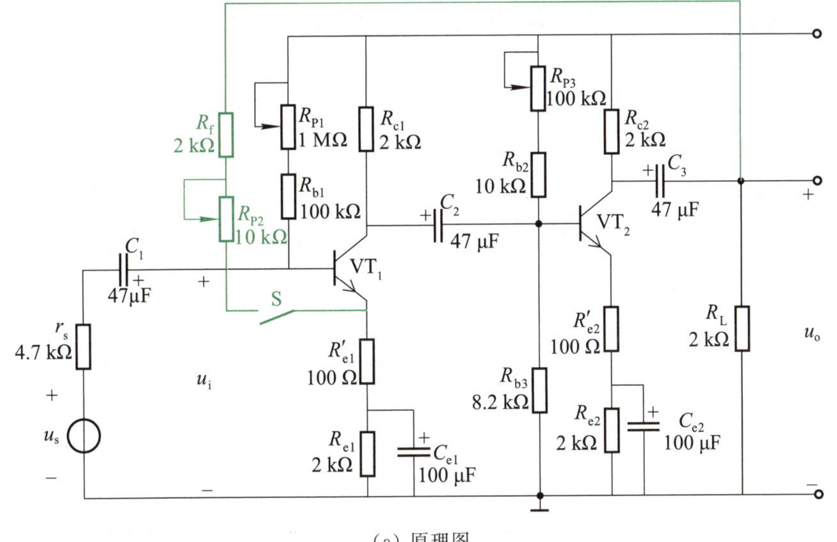

（a）原理图

（b）电路板图

图 2-25　负反馈放大器

回答如下问题：

图 2-25(b)中，点 A 和参考点地相连，构成开环还是闭环放大器?________，点 A 和点 B 相连构成开环还是闭环放大器? ____________。此时，电路中的反馈元件是________，反馈支路是______________，引入的反馈是正反馈还是负反馈? ______________，是电压还是电流取样? ____________，是串联还是并联连接? ______________。

2. 根据表 2-6 检查调试用设备是否到位。

表 2-6　负反馈放大器调试用设备检查表

设　备	是否齐全
直流稳压电源	是○　否○
函数信号发生器	是○　否○
示波器	是○　否○
数字交流毫伏表	是○　否○
万用表	是○　否○

（二）实施

1. 将电路连接成开环状态，调节直流稳压电源，给电路加上 12 V 直流电压。

2. 静态测试：

按给定集电极电流，用间接测量法测量静态工作点。具体为：若给定 VT_1 集电极电流 $I_{C1}=1.5$ mA，则 VT_1 集电极电位 $V_{C1}=$________，调节 R_{P1}，用万用表直流电压挡测量 V_{C1} 达到这个数值。同理，若给定 VT_2 集电极电流 $I_{C2}=2.0$ mA，则 VT_2 集电极电位 $V_{C2}=$________，调节 R_{P2}，使 V_{C2} 达到这个数值。同时用直流电压挡测量两管基极和发射极电位，并记录于表 2-7 中。

表 2-7　负反馈放大器静态测试记录表

序号	测试条件	测　试　值			计　算　值		
		V_B/V	V_C/V	V_E/V	U_{BE}/V	U_{CE}/V	I_C/mA
VT_1	$I_{C1}=1.5$ mA						
VT_2	$I_{C2}=2.0$ mA						

3. 动态测试:

调节函数信号发生器,给电路输入 $U_s=15$ mV, $f=1$ kHz 正弦信号。在开环与闭环两种情况下,用示波器监视输出波形,在输出波形不失真时分别测试电路的输入信号 U_s,净输入信号 U_i,负载输出电压 U_o,空载输出电压 U_o',并由此计算电路电压放大倍数、输入电阻、输出电阻,记录于表 2-8 中。

表 2-8 负反馈放大器动态测试记录表

测试条件	测试值				计算值				
	U_s/V	U_i/V	U_o/V	U_o'/V	A_u(负载)	A_u'(空载)	稳定性	r_i/Ω	r_o/Ω
开环									
闭环									

4. 在电路开环情况下,重新调试电路静态和动态工作情况,使输出波形失真,正负两半周明显不对称,此时接上负反馈支路,观察输出波形的变化情况,进一步理解负反馈对放大电路输出非线性失真的改善。

三、交流分享

1. 试阐述你所在小组对电压放大倍数稳定性的理解以及实验数据情况。

2. 根据调试负反馈放大电路,测量所得的开环和闭环参数,说明电压串联负反馈对放大电路的影响。

3. 负反馈是否能改善输入信号本身的失真?

四、评价总结

1. 首先由学生根据任务完成情况自己作出评价,然后由小组人员进行评价,记录于表 2-9 中。

表 2-9 学生自评和小组评价表

项目内容	配分	评分标准	自评得分	小组评价得分
素养与规范	30 分	(1) 准备工作不到位,可酌情扣 5~10 分; (2) 着装不规范,可酌情扣 5~7 分; (3) 违反操作规程,产生不安全因素,酌情扣 10~20 分; (4) 迟到、早退、场地不清洁,每次扣 2~5 分		
电路调试	30 分	(1) 合理选择仪器,一次通电调试成功,得满分; (2) 通电调试时发现接线错误等,每处扣 5~7 分		
性能测试	40 分	能正确使用仪器仪表测量 Q 点和输入输出信号电压,能用示波器完整清晰显示波形,且记录完整,可得满分,否则每项酌情扣 3~10 分		
总分				
自评人签名:		年 月 日	组评人员签名:	

2. 由指导教师根据任务完成整体情况，并结合学生自评和小组评价进行综合评分，将评价意见与评分值记录于表 2-10 中。

表 2-10　教师评价表

教师总体评价意见：	
教师评分（按 100 分计）	
总评分 = 自评得分 × 0.3 + 小组评价得分 × 0.3 + 教师评分 × 0.4	

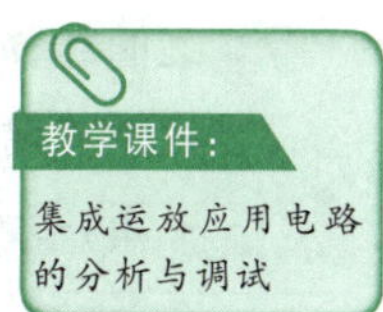

任务三 集成运放应用电路的分析与调试

集成运放加上一定形式的外接电路可构成各种功能的电路，如对信号进行加、减、微分和积分的运算电路，有源滤波和精密整流电路，波形发生和变换电路等。

2

知识积累

一、集成运放的特性

通过前面的学习，可以了解到集成运放实际上是一种各项性能指标都比较接近理想的放大器件。一般情况下，把实际应用电路中的集成运放看作是理想的集成运放。

微课：集成运放的特性

1. 理想集成运放的主要性能指标

(1) 开环差模电压放大倍数 $A_{od} \to \infty$。

(2) 差模输入电阻 $r_{id} \to \infty$。

(3) 输出电阻 $r_o \to 0$。

(4) 共模抑制比 $K_{CMR} \to \infty$。

(5) 输入失调电压、输入失调电流及它们的温漂均为零。

在具体分析时将运放理想化是允许的，这不仅使电路的分析简化，而且这种分析所带来的误差一般比较小，可以忽略不计。

2. 集成运放的传输特性

实际电路中集成运放的传输特性如图 2-26 所示，同相输入端 u_+ 和反相输入端 u_- 的差值是输入信号，u_o 是输出信号，输入、输出呈比例关系的区域定义为线性区，输出与输入基本无关的水平部分定义为非线性区。线性区上升部分的斜率为开环差模电压放大倍数，以 μA741 为例，其开环差模电压放大倍数 A_{od} 可达 10^5，最大输出电压受到电源电压限制，不超过 ±18 V，可知，输入端电压不超过 ±0.18 mV，也就是说，当 $|u_{id}|$ 在 0～0.18 mV

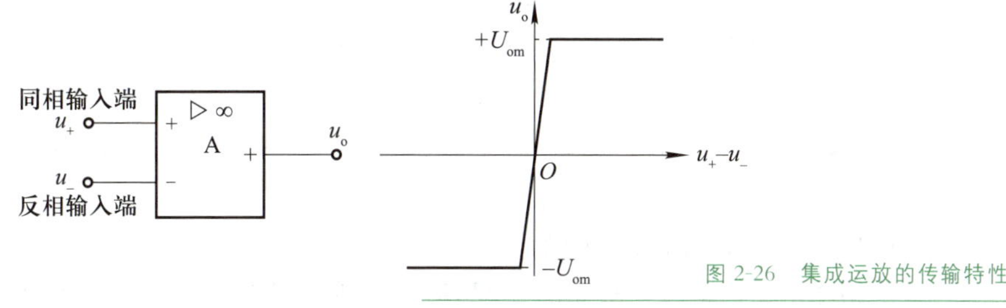

图 2-26 集成运放的传输特性

之间时，u_{od}与u_{id}为线性放大关系，满足$u_o=A_{od}(u_+-u_-)$，若$|u_{id}|$超过0.18 mV，则运放内部的输出级的三极管进入饱和区工作，输出电压u_{od}的值为最大值输出，近似等于电源电压，与u_{id}不再呈线性关系。

3. 集成运放的线性应用

要使集成运放工作在线性区，其实际使用中必须引入深度负反馈，前面讨论深度负反馈放大电路的特点时，曾经得出两个重要的概念：

① “虚短”，即理想运放反相输入端与同相输入端之间的电压近似等于零，即$u'_i=u_+-u_-\approx 0$，把它理想化，则有$u'_i=0$，但又不是真的短路，故称“虚短”。由此得出

$$u_+\approx u_- \tag{2-11}$$

式(2-11)说明，工作在线性区的集成运放的同相端和反相端的电压近似相等。

② “虚断”，即流入理想运放的净输入电流近似为零，即$i'_i\approx 0$，把它理想化，则有$i'_i=0$，但又不是真的断开，故称“虚断”。由此得出

$$i_+=i_-\approx 0 \tag{2-12}$$

式(2-12)说明，同相输入端和反相输入端的电流近似为零。

利用“虚短”和“虚断”的概念，可方便地分析工作于线性区的集成运放构成电路。

4. 集成运放的非线性应用

当集成运放工作在开环状态或接入正反馈时，由于集成运放的A_{od}很大，只要有微小的信号输入，就工作在非线性区域。此时，其特点如下：

① 输出电压只有两种状态，要么是正向饱和值$+U_{om}$，要么是负向饱和值$-U_{om}$。当$u_+>u_-$时，$u_o=+U_{om}$；当$u_+<u_-$时，$u_o=-U_{om}$。

② “虚断”依然成立。由于理想运放的$r_{id}\to\infty$，而输入电压是有限的值，所以工作在非线性区的集成运放的净输入电流仍然近似为零，即$i_+=i_-\approx 0$。

根据以上讨论可知，在分析集成运放电路时，首先应判断它是工作在线性区还是非线性区，然后再利用相应特点进行分析。

二、集成运放的线性应用

集成运放的线性应用电路很多，包括信号的运算、信号的处理和信号的变换等电路，此处仅介绍最基本的信号运算电路。

1. 比例运算电路

输出量与输入量成比例的运算放大电路称为比例运算电路。比例运算电路是各种运算放大电路的基础，又分为反相输入比例运算电路和同相输入比例运算电路，下面分别介绍。

(1) 反相输入比例运算电路

反相输入比例运算电路如图2-27所示，输入信号加在反相输入端，反馈电阻R_f跨接

在输出端与反相输入端之间，形成深度电压并联负反馈。图中，R_p 是直流平衡电阻，其作用是使集成运放两输入端的对地直流电阻相等，从而避免运放输入偏置电流在两输入端之间产生附加的差模输入电压，故要求 $R_p = R_1 /\!/ R_f$。

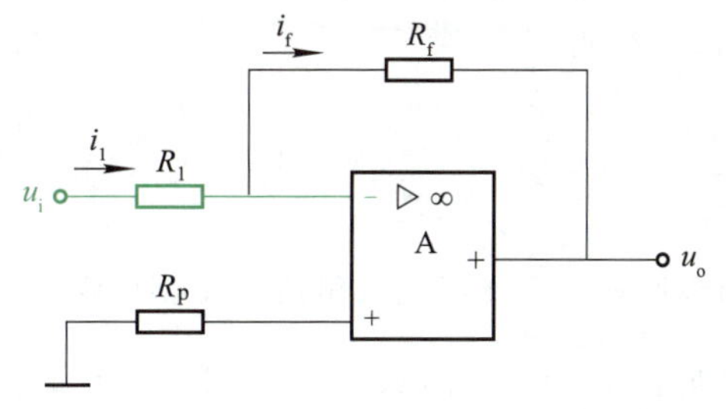

图 2-27　反相输入比例运算电路

利用运放工作在线性区的两个结论可得：$u_+ \approx u_- \approx 0$，$i_1 = i_f$，根据上述关系可进一步得出

$$i_1 = \frac{u_i - u_-}{R_1} = \frac{u_i}{R_1} = i_f = \frac{u_- - u_o}{R_f} = -\frac{u_o}{R_f}$$

$$u_o = -\frac{R_f}{R_1} u_i \tag{2-13}$$

由式(2-13)可知，该电路的输出电压与输入电压成比例，其比例系数为 $-\dfrac{R_f}{R_1}$，且相位相反，实现了信号的反相比例运算。只要 R_1 和 R_f 的阻值精度稳定，便可得到精确的比例运算关系，而与集成运放的参数无关。当 R_f 和 R_1 相等时，$u_o = -u_i$，该电路成为一个反相器。

由于 $u_- \approx 0$，反相端也称“虚地”，由图 2-27 可得，该反相比例运算电路的输入电阻等于 R_1。

反相比例运算电路主要有如下特点：

① 是深度电压并联负反馈电路，可作为反相放大器，调节 R_f，R_1 即可调节放大倍数。

② 输入电阻等于 R_1，较小，输出电阻近似等于零，电路带负载后运算关系不变。

③ $u_+ \approx u_- \approx 0$，故运放共模输入信号 $u_{ic} \approx 0$，对集成运放 K_{CMR} 要求较低，这也是所有反相运算电路的特点。

(2) 同相输入比例运算电路

同相输入比例运算电路如图 2-28 所示，输入信号从同相端输入，反馈电阻仍然接在输出端与反相输入端之间，形成深度电压串联负反馈。同理取 $R_p = R_1 /\!/ R_f$，由图 2-28 可知

$$i_+ = i_- \approx 0,\ i_1 = i_f$$

$$u_+ \approx u_- \approx u_i = \frac{R_1}{R_1 + R_f} u_o$$

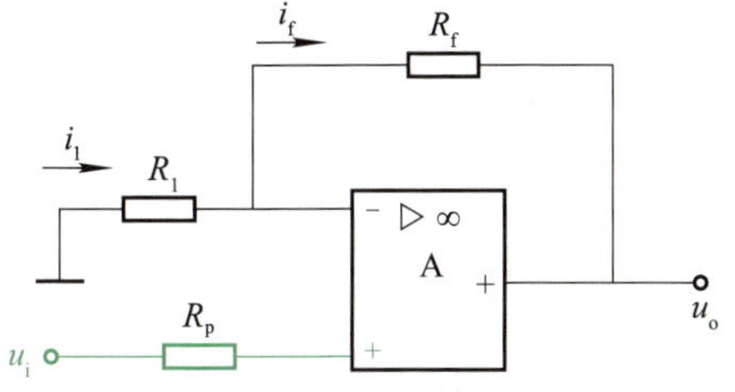

图 2-28　同相输入比例运算电路

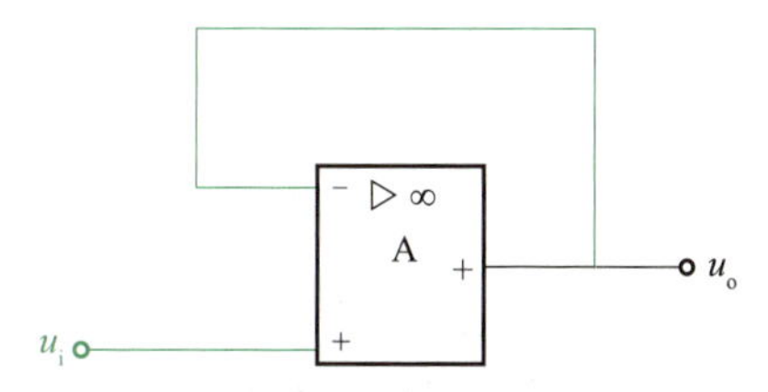

图 2-29　电压跟随器

所以

$$u_o=\left(1+\frac{R_f}{R_1}\right)u_-=\left(1+\frac{R_f}{R_1}\right)u_i \tag{2-14}$$

式(2-14)表明输出电压与输入电压成同相比例关系,比例系数为 $\left(1+\frac{R_f}{R_1}\right)\geqslant 1$,且仅与电阻 R_1 和电阻 R_f 有关。当 $R_f=0$ 或 $R_1\to\infty$ 时,$u_o=u_i$,该电路构成了电压跟随器,如图 2-29 所示,其作用类似于射极输出器,利用其输入电阻高、输出电阻低的特点作为缓冲和隔离电路。

同相比例运算电路主要有如下特点:

① 是深度电压串联负反馈电路,可作为同相放大器,调节 R_f, R_1 即可调节放大倍数,其值可大于 1 或等于 1。

② 输入电阻趋于无穷大,输出电阻趋于零。

③ $u_+\approx u_-\approx u_i$,故运放存在共模输入信号,$u_{ic}\approx u_i$,因此在选用集成运放时,要求运放有较高的最大共模输入电压和共模抑制比 K_{CMR},其他同相运算电路也有此特点。

2. 加减运算电路

(1) 加法运算电路

加法运算电路如图 2-30 所示,图中画出三个输入端,实际上可以根据需要增加输入端的数目,其中平衡电阻 R_p 为 $R_1/\!/R_2/\!/R_3/\!/R_f$。

根据理想运放的条件知运放的输入电流 $i=0$,所以有

$$i_f=i_1+i_2+i_3$$

又根据反相输入端为虚地,即 $-\frac{u_o}{R_f}=\frac{u_{i1}}{R_1}+\frac{u_{i2}}{R_2}+\frac{u_{i3}}{R_3}$,可得

$$u_o=-\left(\frac{R_f}{R_1}u_{i1}+\frac{R_f}{R_2}u_{i2}+\frac{R_f}{R_3}u_{i3}\right) \tag{2-15}$$

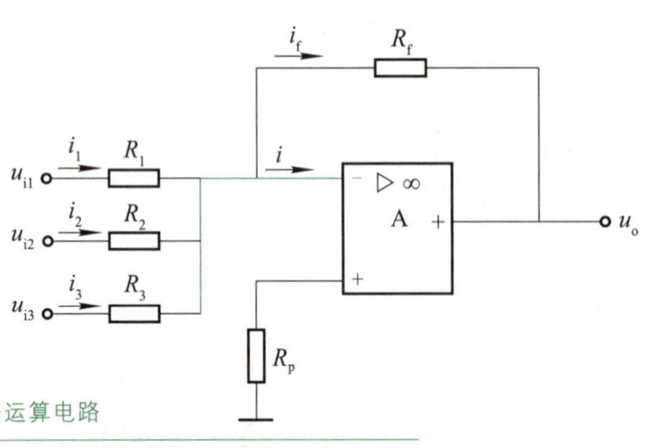

图 2-30 加法运算电路

式(2-15)表明,输出电压是各个输入电压按比例相加,这种电路在调节一路输入端电阻时并不影响其他路信号产生的输出,其中负号表示反相。若 $R_1=R_2=R_3=R_f$,则输出电压 $u_o=-(u_{i1}+u_{i2}+u_{i3})$。

所以该电路为一个反相加法电路。若将三路输入信号分别从同相端加入,则可得到同相加法电路,请读者自行证明,在此不再赘述。

(2) 减法运算电路

减法运算电路如图 2-31 所示,两输入信号 u_{i1} 和 u_{i2} 分别加到运放的反相输入端和同相输入端,输出电压仍然由 R_f 送回到反相输入端。这种形式的电路也称差分放大器。为

了使两输入端平衡，一般取 $R_1=R_2$，$R_f=R_3$。

利用独立源线性叠加原理可得 u_- 处的电压是当 $u_o=0$ 时 u_{i1} 单独作用的电压与 $u_{i1}=0$ 时 u_o 单独作用的电压之和，由理想运放的“虚短”和“虚断”可得

$$u_-=\frac{R_f}{R_1+R_f}u_{i1}+\frac{R_1}{R_1+R_f}u_o$$

$$u_+=\frac{R_3}{R_2+R_3}u_{i2}=\frac{R_f}{R_1+R_f}u_{i2}$$

（因为 $R_1=R_2$，$R_f=R_3$）

由于 $u_-=u_+$，因此

$$u_o=\frac{R_f}{R_1}(u_{i2}-u_{i1})$$

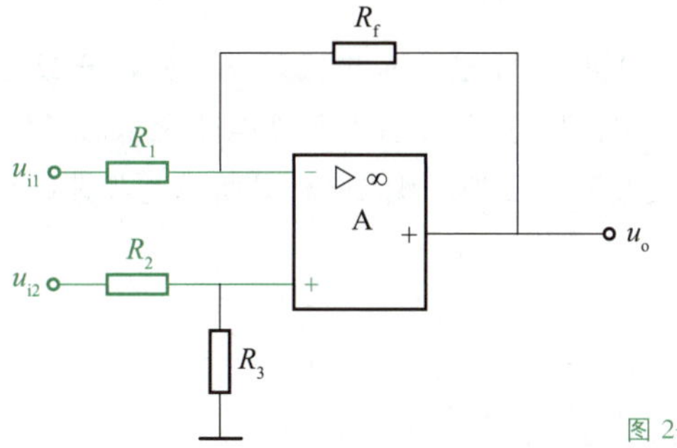

图 2-31　减法运算电路

若取 $R_f=R_1$，则减法电路的表达式变为 $u_o=u_{i2}-u_{i1}$。

例 2-4　试写出图 2-32 中输出 u_o 与输入 u_{i1}，u_{i2} 之间的运算关系式，并说明电路的特点。

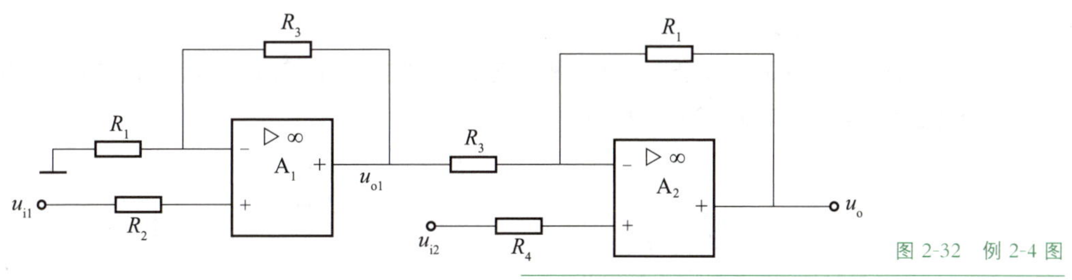

图 2-32　例 2-4 图

解：第一级电路为同相比例运算电路，因而

$$u_{o1}=\left(1+\frac{R_3}{R_1}\right)u_{i1}$$

利用叠加原理，第二级电路的输出

$$u_o=-\frac{R_1}{R_3}u_{o1}+\left(1+\frac{R_1}{R_3}\right)u_{i2}$$

将 u_{o1} 表达式代入上式，可得

$$u_o=\left(1+\frac{R_1}{R_3}\right)(u_{i2}-u_{i1})$$

可见，输出与输入之间实现了差分比例运算。与前述减法运算电路相比，每个信号源的输入电阻均大为提高，可认为无穷大。

3. 微积分运算电路

(1) 积分电路

把反相比例运算电路中的反馈电阻 R_f 用电容 C 代替，就构成了一个基本积分(运

算)电路,如图 2-33(a)所示。利用反相输入端是"虚地"的概念,由电路可得:$i_C = i_R$,而 $i_R = u_i / R$,即电容 C 被充电,充电电流为 i_C,假设电容 C 的初始电压为零,那么

$$u_o = -\frac{1}{C}\int i_C \mathrm{d}t = -\frac{1}{RC}\int u_i \mathrm{d}t \tag{2-16}$$

由式(2-16)可知,输出电压与输入电压的积分成正比并反相,所以该电路为反相积分器。

积分电路除了作为基本运算电路之外,利用它的充、放电过程还可以实现延时、定时功能以及波形的变换。图 2-33(b)所示为将输入的矩形波变成三角波输出。

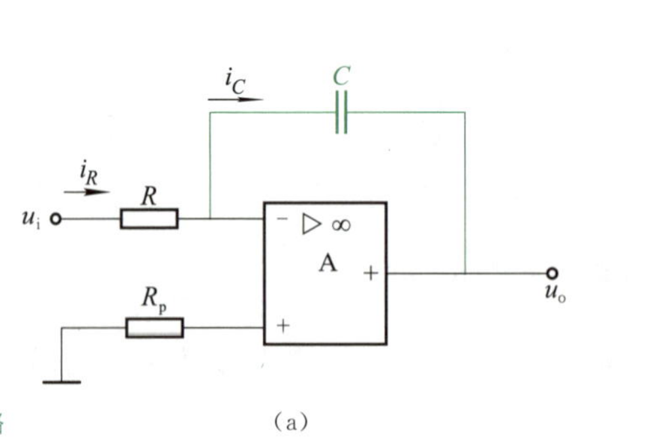

(a)

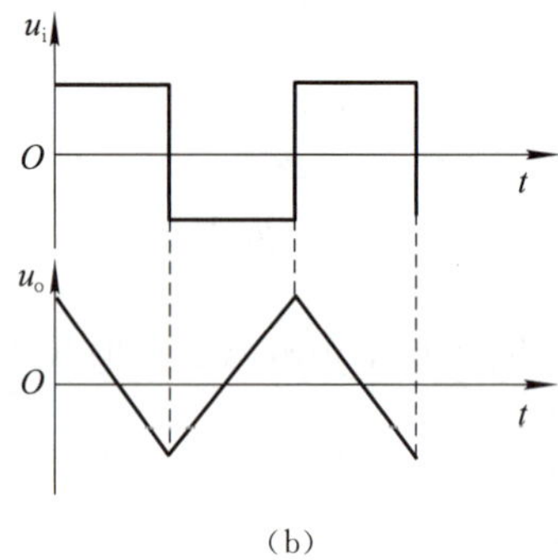

(b)

图 2-33 积分电路

(2) 微分电路

微分是积分的逆运算,将基本积分电路中的电阻 R 与 C 互换位置,就构成了基本微分(运算)电路,如图 2-34(a)所示。

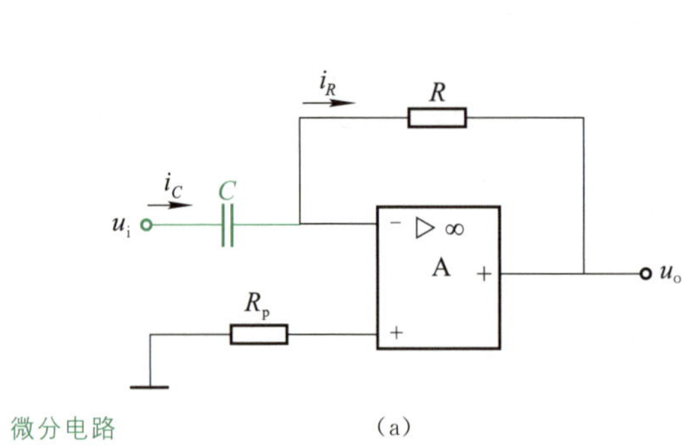

(a)

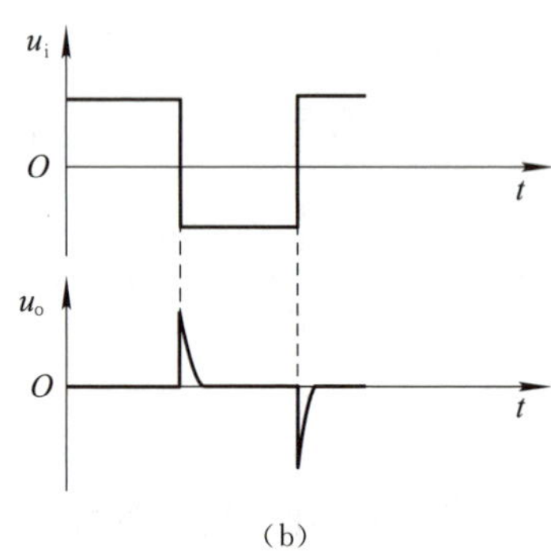

(b)

图 2-34 微分电路

根据"虚地"的概念,由电路可得 $i_C = i_R$,而 $i_C = C\frac{\mathrm{d}u_C}{\mathrm{d}t} = C\frac{\mathrm{d}u_i}{\mathrm{d}t}$,可得输出电压

$$u_o = -i_R R = -i_C R = -RC\frac{\mathrm{d}u_i}{\mathrm{d}t}$$

显然,该电路可以实现微分运算。

上面的基本微分电路存在两个问题:一是由于输出信号对输入信号的快速变化分量敏感,所以高频噪声和干扰所产生的影响比较严重;二是当输入电压发生突变时,可能使输出电压超过最大值,影响微分电路的正常工作。所以实际的微分电路都是在基本微分电路的基础上加以改进。微分电路的波形变换作用如图 2-34(b)所示,可将矩形波变成尖脉冲输出。微分电路在自动控制系统中可用作加速环节。

2

三、集成运放的非线性应用

电压比较器是对输入信号进行鉴幅与比较的电路，在测量和控制中有着广泛的应用，也是组成非正弦波发生电路的基本单元电路。电压比较器中的集成运放处于正反馈状态或开环状态，工作在非线性区，满足如下关系：

$$\begin{cases} u_+ > u_-, \ u_o = +U_{om} \\ u_+ < u_-, \ u_o = -U_{om} \end{cases}$$

1. 单门限电压比较器

反相输入单门限电压比较器如图 2-35(a)所示，集成运放处于开环状态，输入信号 u_i 加在反相端，参考电压 U_{REF} 接在同相端。当 $u_i > U_{REF}$，即 $u_- > u_+$ 时，$u_o = -U_{om}$；当 $u_i < U_{REF}$，即 $u_- < u_+$ 时，$u_o = +U_{om}$。传输特性如图 2-35(b)所示。

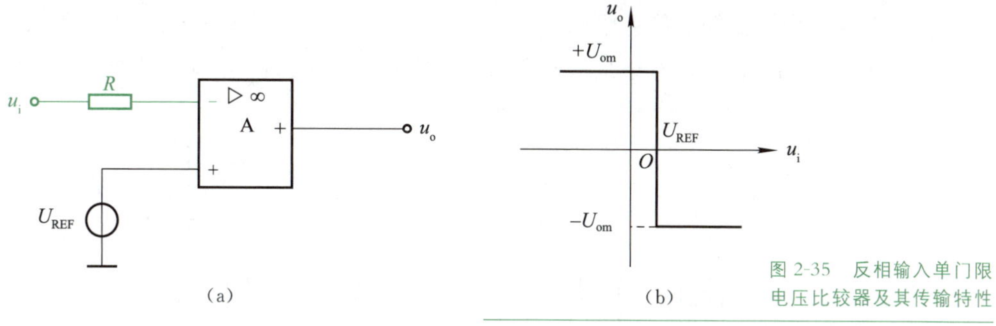

图 2-35　反相输入单门限电压比较器及其传输特性

若希望当 $u_i > U_{REF}$ 时，$u_o = +U_{om}$，只需将 u_i 与 U_{REF} 对调即可，如图 2-36(a)所示，其传输特性如图 2-36(b)所示。

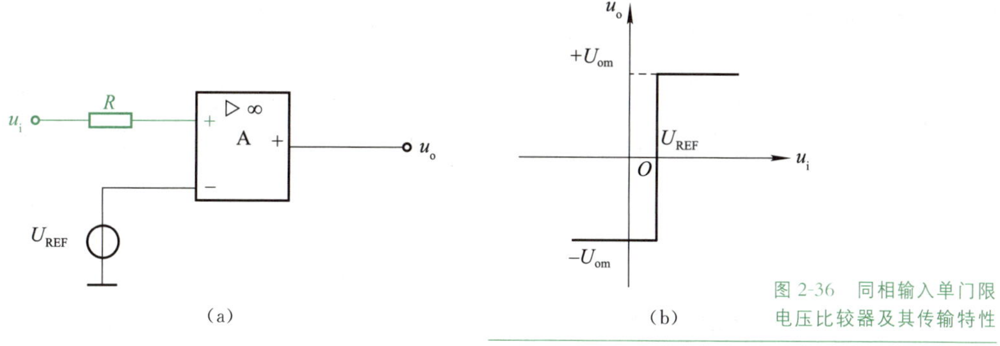

图 2-36　同相输入单门限电压比较器及其传输特性

由上可知，输入电压 u_i 的变化经过 U_{REF} 时，输出电压发生翻转。比较器的输出电压从一个电平翻转到另一个电平时对应的输入电压值称为阈值电压或门限电压，用 U_{TH} 表示。

如果输入电压过零时，输出电压发生跳变，就称为过零电压比较器，如图 2-37(a)所示，其传输特性如图 2-37(b)所示。输出端所接稳压二极管用于限定输出高低电平幅度，R 为稳压二极管限流电阻。

2

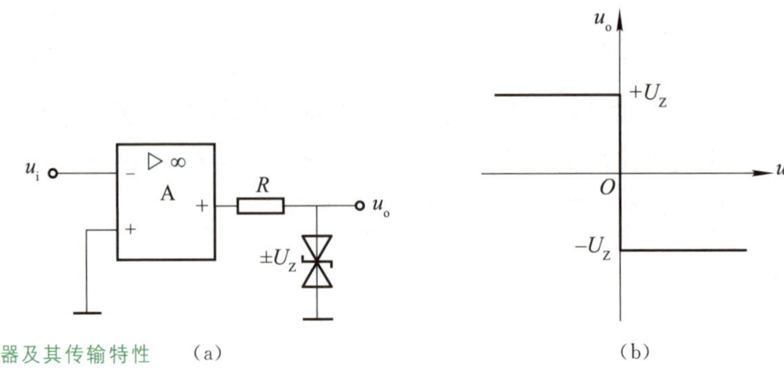

图 2-37　过零电压比较器及其传输特性

单门限电压比较器非常灵敏，但抗干扰能力较差，当输入电压在门限电压附近有干扰时，输出会在正负饱和输出间跳跃，易造成误动作。

2. 滞回电压比较器

滞回电压比较器能克服单门限电压比较器抗干扰能力差的缺点，电路引入了正反馈，如图 2-38(a)所示，该电路是从反相端输入的滞回电压比较器，其输出是正负极限值。

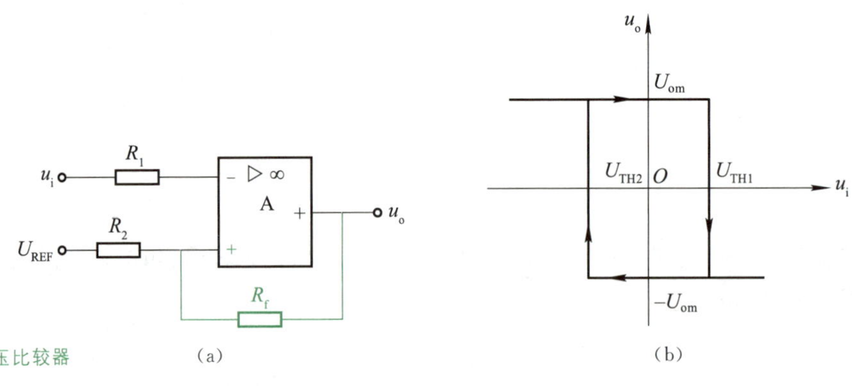

图 2-38　滞回电压比较器及其传输特性

在电路中 $u_i = u_-$，而 u_-，u_+ 与 u_o 间满足如下关系式

$$\begin{cases} u_- > u_+, & u_o = -U_{om} \\ u_- < u_+, & u_o = +U_{om} \end{cases}$$

由图 2-38(a)可知，集成运放的同相端电压 u_+ 是由输出电压 u_o 和参考电压 U_{REF} 共同作用叠加而成，因此集成运放的同相端电位为

$$u_+ = \frac{R_f}{R_f + R_2} U_{REF} + \frac{R_2}{R_2 + R_f} u_o$$

当输出为正向饱和电压 $+U_{om}$ 时，将集成运放的同相端电位称为上门限电平，用 U_{TH1} 表示；当输出为负向饱和电压 $-U_{om}$ 时，将集成运放的同相端电位称为下门限电平，用 U_{TH2} 表示，即

$$
\begin{cases}
u_o = +U_{om} \text{ 时}, u_+ = \dfrac{R_f}{R_f + R_2} U_{REF} + \dfrac{R_2}{R_2 + R_f} U_{om} = U_{TH1} \\
u_o = -U_{om} \text{ 时}, u_+ = \dfrac{R_f}{R_f + R_2} U_{REF} - \dfrac{R_2}{R_2 + R_f} U_{om} = U_{TH2}
\end{cases}
$$

显然，在工作过程中同相端的电位是变化的，有两个值，上门限电平 U_{TH1} 和下门限电平 U_{TH2}，这是工作过程分析的一个关键知识点。

假设 u_i 从小于 U_{TH2} 的某值开始增大，则反相端电位低于同相端电位，因而输出电压是正极限值，同相端电位是 U_{TH1}，输入继续增大的过程中，只要其小于 U_{TH1}，则输出就是正极限值；当 u_i 接近 U_{TH1} 时，再增大一个微小的量，则使反相端电位高于同相端电位，继而，输出电压变为负极限值，随之，同相端电位变为 U_{TH2}，继续增大输入信号，该规律不再变化，该过程的工作曲线如图 2-38(b)右行箭头所示。

假设 u_i 从大于 U_{TH1} 的某值开始减小，现在的同相端电位是 U_{TH2}，输入信号和 U_{TH2} 进行比较，显然，输出电压是负极限值；当输入信号非常接近 U_{TH2} 时，再减小一个微小的量，则使反相端电位低于同相端电位，此时，输出电压又变为正极限值，同时，同相端电位又变为 U_{TH1}。该过程的工作曲线如图 2-38(b)左行箭头所示。

通过以上分析可知，该比较器具有滞回特性。上门限电平 U_{TH1} 和下门限电平 U_{TH2} 之差称为回差电压，用 ΔU_{TH} 表示

$$
\Delta U_{TH} = U_{TH1} - U_{TH2} = \frac{2R_2}{R_2 + R_f} U_{om}
$$

回差电压的存在，大大提高了电路的抗干扰能力，只要干扰信号的峰值小于半个回差电压，比较器就不会因为干扰而误动作。

复习与讨论

互动：
项目二任务三小测试

1. 同相输入比例运算电路有没有“虚地”点？为什么？

2. 两级运放构成的运算电路相连接时是否需要考虑前后级之间的影响？为什么？

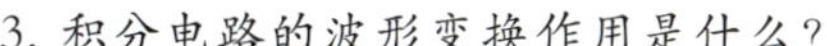

3. 积分电路的波形变换作用是什么？

4. 集成运放作为电压比较器和运算电路使用时，其工作状态有何区别？

5. 滞回电压比较器和单门限电压比较器最主要的差别是什么？

任务实施　运放运算电路的分析与调试

一、任务导入

集成运放的应用非常广泛，包括信号的运算、信号的处理、信号的变换和信号的比较等，其中，信号的运算是最基本最重要的应用，学会分析并调试运放的基本运算电路是课

程要求的基本技能。本任务的实施提供集成运放及其外围所需的电阻等元器件，由学生自己连接并调试运放组成的基本运算电路。

二、工作过程

（一）准备

1. 根据给定电路板图（图 2-39），熟悉所用集成运放 μA741（F007）的外形和引脚排列。

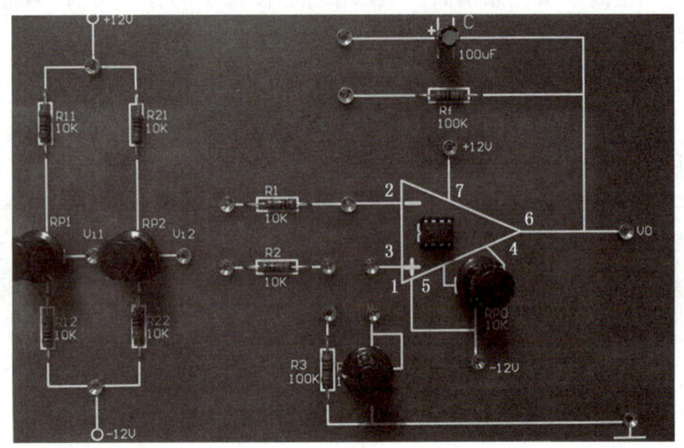

图 2-39　运放运算电路的电路板图

完成如下填空：

运放是________（双或单）电源供电，电源电压为________V，反相输入端是引脚________，同相输入端是引脚________，输出是引脚________，电路板上 R_{P0} 名称是________作用是________。

2. 根据表 2-11 检查调试用设备是否到位

表 2-11　运放运算电路调试用设备检查表

设　备	是否齐全
直流稳压电源	是○　否○
万用表	是○　否○
秒表	是○　否○
导线若干	是○　否○

（二）实施

1. 按图 2-40（a）连接反相比例运算电路。并回答：在实际电路板上怎样得到引脚 3 连接的直流平衡电阻 R_2？________________________。

2. 调节直流稳压电源，给电路加上 ±12 V 电源。

3. 静态测试：

将输入端对地短接，调节调零电位器 R_{P0}，用万用表直流电压最低挡测量使输出 $U_o = 0$ V。

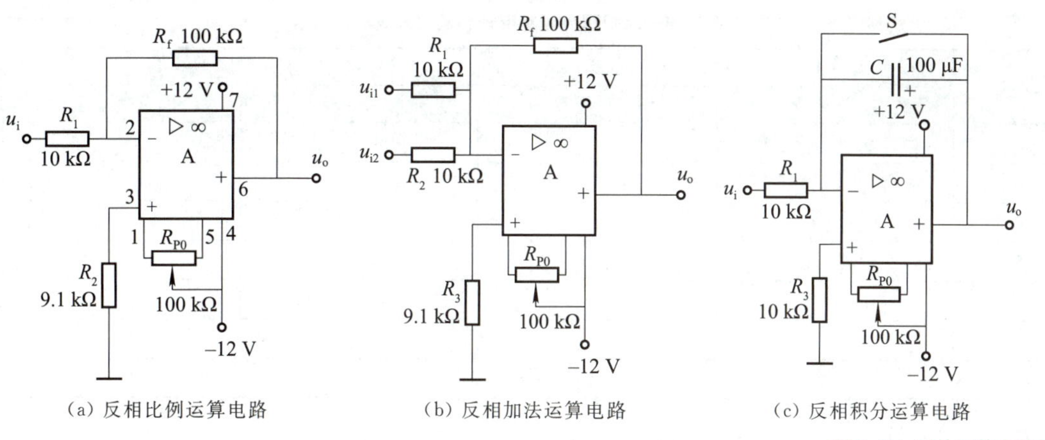

(a) 反相比例运算电路　　(b) 反相加法运算电路　　(c) 反相积分运算电路

图 2-40　运放运算电路原理图

4. 动态测试：

给电路加上输入信号，调节电位器 R_{P1} 或 R_{P2}，使电路板左侧信号电路输出 u_{i1} 或 u_{i2} 依次满足表 2-12 所示 U_i 值，用直流电压表测量 U_o 值，并记录于表 2-12 中。

表 2-12　反相比例运算电路测试记录表

U_i/V	U_o/V	理论计算 U_o/V
0.2		
0.3		
−0.4		
−0.5		

5. 按图 2-40(b)连接反相加法运算电路。

6. 仿照上述步骤 2～4，按表 2-13 的要求，调节输入信号 u_{i1}，u_{i2} 的值，测出相应输出 U_o 的大小，并记录于表 2-13 中。

表 2-13　反相加法运算电路测试记录表

U_{i1}/V	U_{i2}/V	U_o/V	理论计算 U_o/V
0.1	0.1		
−0.3	0.4		
0.4	−0.5		

7. 按图 2-40(c)连接反相积分运算电路。(注意，电路中开关 S 可用两导线分别插接在电容两端替代。)

8. 先合上开关 S(两导线相连，短接电容)，再调零。按表 2-14 中 U_i 大小要求，输入信号，在 $t=0$ 时(计时开始)，断开电容两端的两根短接导线，测量输出电压值，每隔 5 s 读出 U_o 值，小组同学配合好，并记录于表 2-14 中。

表 2-14　反相积分运算电路测试记录表

t/s	$U_i=0.1\text{ V}$		$U_i=0.6\text{ V}$	
	U_{o1}	理论计算 U_{o1}	U_{o2}	理论计算 U_{o2}
0				
5				
10				
15				
20				
25				
30				

三、交流分享

1. 分析比例运算电路中，实测输出电压值与理论计算值存在误差的主要原因。

2. 画出积分电路输出 U_o 与时间 t 的关系曲线，并分析在达到一定时间后，U_o 不再按时间成正比增长的原因。

3. 小组里是怎样具体分工合作做积分运算电路实验的？是否一次成功？

四、评价总结

1. 首先由学生根据任务完成情况自己评价，然后由小组人员进行评价，记录于表 2-15 中。

表 2-15　学生自评和小组评价表

项目内容	配分	评　分　标　准	自评得分	小组评价得分
素养与规范	30 分	(1) 准备工作不到位，可酌情扣 5～10 分； (2) 着装不规范，可酌情扣 5～7 分； (3) 违反操作规程，产生不安全因素，酌情扣 10～20 分； (4) 迟到、早退、场地不清洁，每次扣 2～5 分		
电路连接与调试	40 分	(1) 合理选择仪器，一次通电调试成功，得满分； (2) 通电调试时发现接线错误等，每处扣 5～7 分		
调零与数据测试	30 分	能正确使用仪器仪表调试零点，实测数据与理论计算值误差在 10%以内，一次性调试测量成功，且记录完整，可得满分，否则每项酌情扣 3～10 分		
总分				
自评人签名：		年　月　日	组评人员签名：	

2. 由指导教师根据任务完成整体情况，并结合学生自评和小组评价进行综合评分，将评价意见与评分值记录于表 2-16。

表 2-16　教师评价表

教师总体评价意见：	
教师评分（按 100 分计）	
总评分 = 自评得分 × 0.3 + 小组评价得分 × 0.3 + 教师评分 × 0.4	

拓展训练　精密放大器的安装与调试

一、训练导入

精密放大器，也称仪表放大器，是一种精密差分电压放大电路。电路具有高共模抑制比、高输入阻抗、增益调节灵活等特点，在数据采集、传感器信号放大、医疗仪器和高档音响设备等方面倍受青睐。图 2-41 所示称重实验装置就是精密放大器应用的一个案例，该装置在电桥调节平衡后，加上重物（砝码），贴在悬臂梁上的电阻应变片受力的作用而变形，阻值发生相应的变化，从而，由应变片组成的全桥测量电路产生不平衡信号，即输出含共模成分的微弱变化的电信号，该信号送入精密放大器放大，经过信号放大处理后，转换成模拟信号输出。本拓展训练通过精密放大器的安装与调试，进一步学会安装和调试集成运放构成的电压放大电路，更好地理解精密差分放大的含义。

图 2-41　称重实验装置

二、工作过程

（一）准备

1. 精密放大器如图 2-42 所示，图 2-42(a) 为产生信号的模拟电路，图 2-42(b) 为由三块集成运放组成的精密放大器原理图。整个电路等效为一个双端输入，单端输出的高输入阻抗，高共模抑制比的差分放大电路，由图可以看出，A_1 和 A_2 构成了两个特性参数完全相同的同相输入比例运算放大器，输入信号分别从 A_1，A_2 的同相端输入，A_1，A_2 构成双端输入双端输出的差分放大电路。A_3 构成减法运算电路，是第二级差分放大器，其输入信号来自 A_1，A_2 的输出端，为$(u_{o1}-u_{o2})$。通过分析，不难得出，输出 $u_o=-(u_{i1}-u_{i2})(1+2R_2/R_1)(R_4/R_3)$。

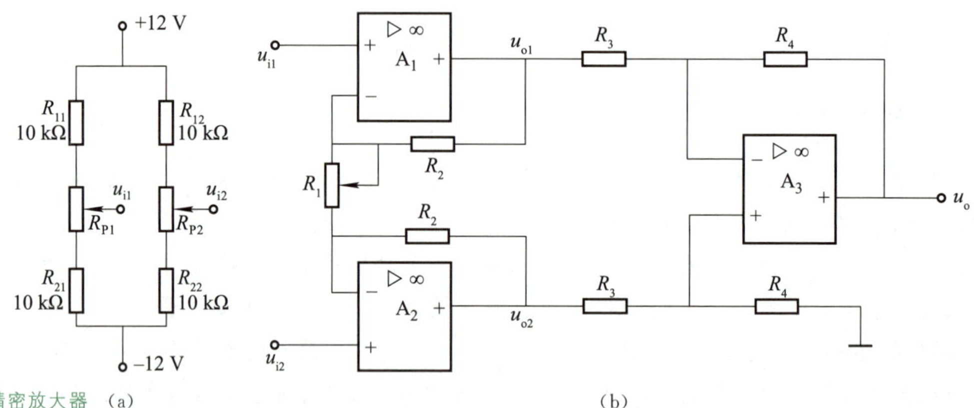

图 2-42　精密放大器　(a)　(b)

2. 若电路中 $R_2=R_3=R_4=10$ kΩ，电位器 R_1 选取 47 kΩ 可调电位器，R_1 从 5 kΩ 变化到 40 kΩ，对应差模增益从________至________。建议先用 Multisim 软件对电路进行仿真，然后再进行组装和调试。

3. 完成本拓展训练所需设备、工具与器材明细表，见表 2-17。

表 2-17　精密放大器的安装与调试所需设备、工具与器材明细表

序号	名　称	位　　号	型号、规格	数量
1	集成运放	A_1，A_2，A_3	μA741	3
2	电阻器	R_2，R_3，R_4，R_{11}，R_{12}，R_{21}，R_{22}	10 kΩ	10
3	多圈电位器	R_1	47 kΩ	1
4	电位器	R_{P1}，R_{P2}	10 kΩ	2
5	电位器	A_1，A_2，A_3 调零电位器(原理图未画出)	10 kΩ	3
6	万用表		MF-47 型	1
7	电烙铁		15～25 W	1
8	焊接材料		焊锡丝、烙铁架等	1
9	电子实训通用工具		尖嘴钳、剥线钳等	1
10	万能板			1
11	直流稳压电源		0～15 V 连续可调	2

(二) 实施

1. 领取元器件并识读。

2. 安装电路板。(注意，运放调零原理图未画出，须自行添加。)

3. 经教师检查无误后，接通电源。

4. 调零。从前往后，逐级调零。确保电路零输入零输出。

5. 接入输入信号，$u_{i1}=0.2$ V，$u_{i2}=0$ V，测量最大输出电压 u_{o1}。

6. 接入输入信号，$u_{i1}=0.2\ \text{V}$，$u_{i2}=0.2\ \text{V}$，测量最大输出电压 u_{o2}。

7. 接入输入信号，$u_{i1}=0.2\ \text{V}$，$u_{i2}=0.5\ \text{V}$，测量最大输出电压 u_{o}。

8. 自己设计表格，记录三组数据，并计算电路相应的差模增益、共模增益和共模抑制比。

三、交流分享

1. 小组里是怎样具体分工合作的？调试是否一次成功？

2. 此电路是怎样有效抑制共模信号，提高共模抑制比的？怎样提高差模增益？

3. 此次装调的精密放大器主要特点是什么？使用场合是什么？要进一步提高电路性能，可采用什么措施？

四、评价总结

1. 首先由学生根据任务完成情况自己作出评价，然后由小组人员进行评价，记录于表 2-18 中。

表 2-18　学生自我评价和小组评价表

项目内容	配分	评　分　标　准	自评得分	小组评价得分
素养与规范	30 分	(1) 准备工作不到位，可酌情扣 5～10 分； (2) 着装不规范，可酌情扣 5～7 分； (3) 违反操作规程，产生不安全因素，酌情扣 10～20 分； (4) 迟到、早退、场地不清洁，每次扣 2～5 分		
安装工艺	20 分	规定时间内元器件成形和插装正确，引脚及剪切整齐，焊点质量高，工艺美观，可得满分，否则每项酌情扣 1～5 分		
电路调试	20 分	(1) 合理选择仪器，一次通电调试成功，得满分； (2) 通电调试时发现接线错误等，每处扣 5～7 分		
数据测试	30 分	能正确使用仪表调试零点，实测数据与理论计算值误差在 10%以内，一次性调试测量成功，且记录完整，可得满分，否则每项酌情扣 3～10 分		
总分				
自评人签名：		年　月　日	组评人员签名：	

2. 由指导教师根据任务完成整体情况，并结合学生自评和小组评价进行综合评分，将评价意见与评分值记录于表 2-19 中。

表 2-19　教师评价表

教师总体评价意见：	
教师评分(按 100 分计)	
总评分 = 自评得分 × 0.3 + 小组评价得分 × 0.3 + 教师评分 × 0.4	

项目小结

1. 集成运放是用集成工艺制成的，具有较高增益，属直接耦合的多级放大电路。一般由输入级、中间级、输出级和偏置电路组成。输入级常采用差分放大电路的形式，中间级是电压增益级，输出级采用射极输出器或互补对称电路为基本形式。

2. 差分放大电路是集成运放的输入级，具有抑制零漂的作用。本项目以长尾式差分放大电路为例讲解了差分放大电路的相关知识点，介绍了差分放大电路的四种接法（双端输入双端输出、双端输入单端输出、单端输入双端输出、单端输入单端输出）及其特点，介绍了信号分离、差摸（共模）放大倍数、共模抑制比等参数，并给出了差分放大电路的调试具体步骤和参数测试方法。

3. 放大电路中的反馈主要讨论了反馈的组成框图和一般关系式，反馈的极性判断和负反馈四种类型的判别，负反馈放大电路的性能以及深度负反馈放大电路的分析方法。讨论了负反馈放大电路的一般调试方法。

4. 集成运放有两个输入端，即同相输入端和反相输入端，当其工作在线性区时，满足“虚断”和“虚短”条件；当其工作在非线性区时，只满足“虚断”，不满足“虚短”，此时集成运放的输出只有两种情况，要么是正极限值，要么是负极限值。

5. 集成运放的线性应用是学习的重点，比例电路、加减法电路、微积分电路等内容是必须掌握的，也是集成运放应用的基础，只要牢固掌握“虚短”和“虚断”两大重要结论，分析起来并不困难。本部分内容与反馈知识结合紧密，如反相比例放大电路的反馈组态是电压并联负反馈，同相比例电路的反馈组态是电压串联负反馈，其他应用电路也具有不同的反馈组态，学习时应注意前后联系。集成运放的非线性应用可以引入正反馈也可以不引入反馈，在这里主要应用于电压比较电路。

自测题

文本：
项目二自测题答案

2

一、填空题

1. 集成运算放大器(简称集成运放)是一种采用________耦合方式的多级放大电路，一般由四部分组成，即________、________、________和________。

2. 理想集成运放的开环差模电压放大倍数 $A_{od}=$________，差模输入电阻 $r_{id}=$________，输出电阻 $r_o=$________。

3. 集成运放的两个输入端分别为________输入端和________输入端，前者的极性与输出端________，后者的极性与输出端________。

4. 差模信号是指差分放大器两输入端大小________，相位________的信号，共模信号是指差分放大器两输入端大小________，相位________的信号。差分放大电路用恒流源代替公共射极电阻 R_E，可使电路的 $|A_{uc}|$________、共摸抑制比________。

5. 使放大电路净输入信号减小的反馈称为________；使净输入信号增加的反馈称为________。判别反馈极性的方法是________。

6. 放大电路中，引入直流负反馈，可以稳定________；引入________，可以稳定电压放大倍数。

7. 为了提高电路的输入电阻，可以引入________；为了在负载变化时，稳定输出电流，可以引入________；为了在负载变化时，稳定输出电压，可以引入________。

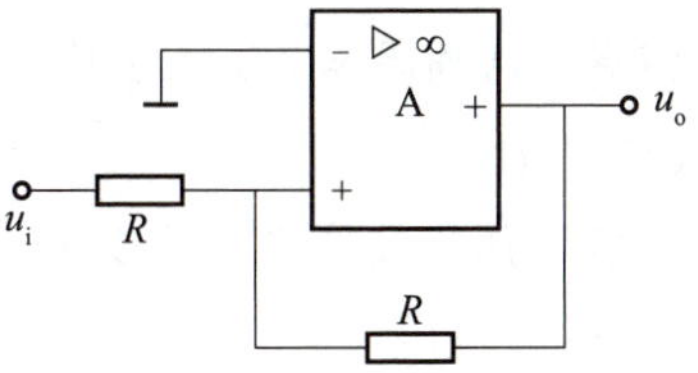

8. 电路如图 2-43 所示，运放工作在________区。

图 2-43 填空题 8 题图

二、选择题

1. 放大电路产生零点漂移的主要原因是(　　)。

A. 放大倍数太大　B. 环境温度变化引起器件参数变化　C. 外界存在干扰源

2. 通用型集成运放的输入级采用差分放大电路，这是因为它的(　　)。

A. 输入电阻高　B. 输出电阻低

C. 共模抑制比大　D. 电压放大倍数大

3. 电路的差模放大倍数越大表示(　　)，共模抑制比越大表示(　　)。

A. 有用信号放大倍数越大　B. 共模信号放大倍数越大

C. 抑制共模信号和温漂能力越强

4. 在图 2-44 所示差分放大电路中，设 $u_{i1}=0$(接地)，若希望负载电阻 R_L 的一端接地，输出电压 u_o 与输入电压 u_{i2} 极性相同，则 R_L 的另一端应接(　　)。

A. C_1　B. C_2

图 2-44 选择题 4 题图

5. 电压串联负反馈能稳定输出(　　),并能使输入电阻(　　)。电压并联负反馈能稳定输出(　　),并能使输入电阻(　　)。电流串联负反馈能稳定输出(　　),并能使输入电阻(　　)。电流并联负反馈能稳定输出(　　),并能使输入电阻(　　)。

A. 电压　　B. 电流　　C. 提高　　D. 降低

6. 某传感器产生的是电压信号(几乎不能提供电流),经过放大后希望输出电压与输入信号成正比,电路形式应选(　　)。

A. 电流串联负反馈　　B. 电流并联负反馈

C. 电压串联负反馈　　D. 电压并联负反馈

7. 当集成运放引入深度负反馈时,运放工作在(　　)。当集成运放开环或引入正反馈时,运放工作在(　　)。当理想集成运放工作在(　　)时,运放两输入端具有“虚短”和“虚断”的特点。当理想集成运放工作在(　　)时,输出为正向或负向饱和电压。

A. 线性区　　B. 非线性区

8. 工作在电压比较器中的运放和工作在运算电路中的运放的主要区别是,前者的运放通常工作在(　　)。

A. 开环或正反馈状态　　B. 深度负反馈状态

C. 放大状态　　D. 线性工作状态

9. 同相输入的比例运算电路,从反馈的角度来分析,构成的是(　　)。

A. 电压串联负反馈　　B. 电压并联负反馈　　C. 电流串联负反馈

10. 过零电压比较器可将输入的正弦波转化为(　　)。

A. 三角波　　B. 方波　　C. 尖脉冲

三、判断题

1. 差分放大电路有四种接法,差模电压放大倍数仅取决于输出端接法,与输入端接法无关。(　　)

2. 单端输入与双端输入的差模输入电阻相等。(　　)

3. 差模信号都是直流信号,共模信号都是交流信号。(　　)

4. 负反馈能展宽电路通频带,减小非线性失真,提高放大器的稳定性,这些都是以牺牲电路增益为代价的。(　　)

5. 在深度负反馈的条件下,闭环放大倍数 $A_{uf} \approx 1/F$,它与反馈网络有关,而与放大

器开环放大倍数 A 无关，故可以省去放大器，仅留下反馈网络，以获得稳定的放大倍数。 ( )

6. 在深度负反馈放大电路中，只有尽可能地增大开环放大倍数，才能有效地提高闭环放大倍数。 ( )

7. 在集成运放构成的运算电路中，运放的反相输入端均为虚地。 ( )

8. 滞回比较器回差电压的大小与参考电压无关。 ( )

习题

1. 已知某运放的开环增益 A_{od} 为 80 dB，最大输出电压 $U_{omax}=\pm10\,V$，输入信号按图 2-45 所示的方式加入，设 $u_i=0$ 时，$u_o=0$，图中标注的 u_i 及 u_o 为交流信号的瞬时值。

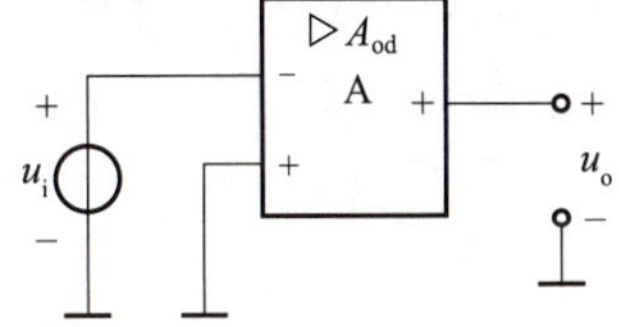

图 2-45 习题 1 题图

试填空：

(1) 输入电压的有效值 $U_i=1\text{ mV}$ 时，输出电压的有效值 $U_o=$ ________。

(2) $U_i=-0.5\text{ mV}$ 时，$U_o=$ ________。

(3) $U_i=2\text{ mV}$ 时，$U_o=$ ________。

2. 差分放大电路如图 2-46 所示，已知 $V_{CC}=12\text{ V}$，$V_{EE}=-12\text{ V}$，$R_b=2\text{ k}\Omega$，$R_c=8.2\text{ k}\Omega$，$R_e=6.8\text{ k}\Omega$，$\beta=60$，$U_{BEQ}=0.7\text{ V}$。

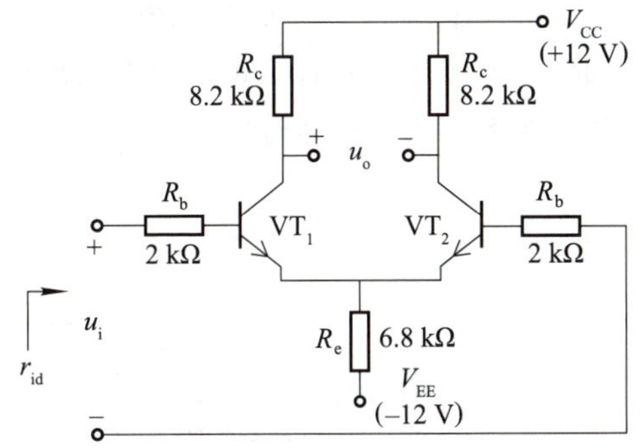

图 2-46 习题 2 题图

试求：

(1) 静态工作点 I_{CQ}，U_{CEQ}。

(2) 差模电压放大倍数 $A_{ud}=u_o/u_i$。

(3) 差模输入电阻 r_{id} 和输出电阻 r_o。

解：(1) $I_{CQ}=$

$U_{CEQ}=$

(2) $A_{ud}=$

(3) $r_{id}=$

$r_o=$

2

3. 双端输入双端输出的理想差分放大电路如图 2-47 所示。

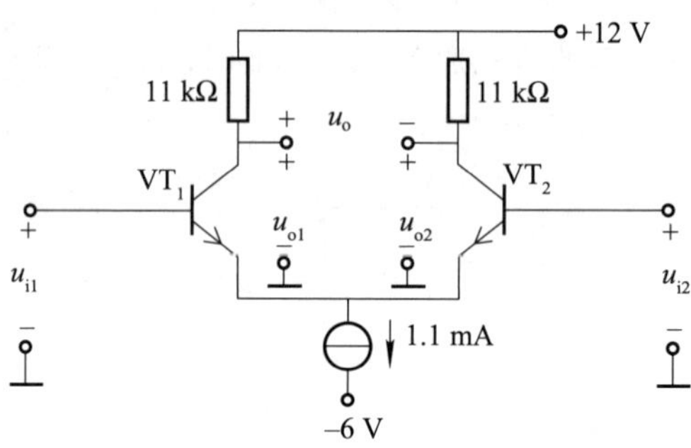

图 2-47　习题 3 题图

试求：

(1) 静态工作点：$I_{CQ}=$____________，$U_{CQ}=$____________。

(2) 若输入交流信号的有效值分别为：$U_{i1}=1.5\ \text{mV}$，$U_{i2}=0.5\ \text{mV}$，则电路的差模输入电压 $U_{id}=$____________，电路共模输入电压 $U_{ic}=$____________。

(3) 若 $A_{ud}=15$，则输出电压 $u_{od}=$____________。

(4) 当输入电压为差模输入 u_{id} 时，若从 VT_1 的集电极输出，则 u_{od1} 与 u_{id} 的相位关系是________；若从 VT_2 的集电极输出，则 u_{od2} 与 u_{id} 的相位关系是________。

4. 在图 2-48 所示各电路中，反馈元件是什么？所引入的反馈是正反馈还是负反馈？是直流反馈还是交流反馈？各电容对信号视为短路。

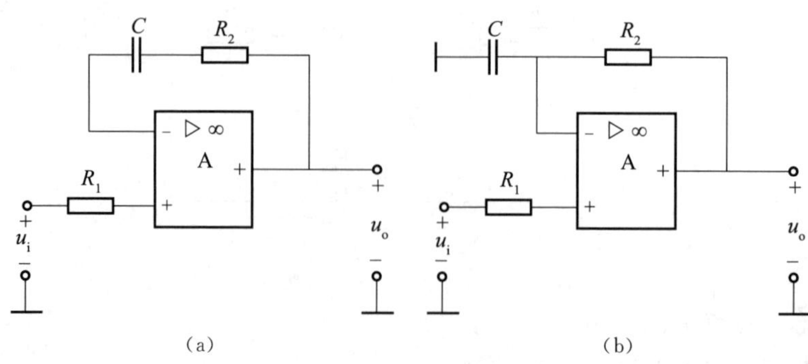

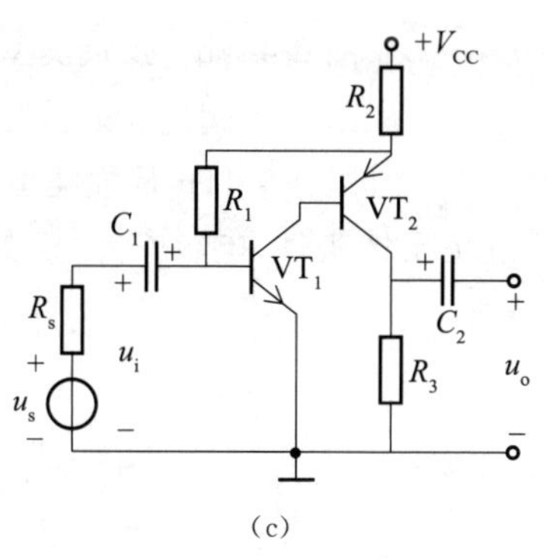

(c)

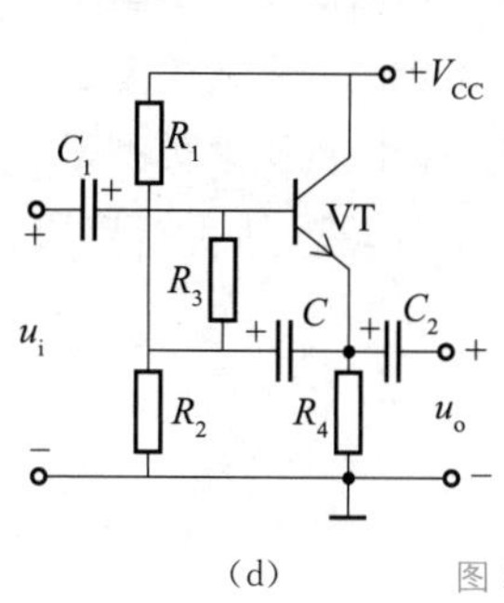

(d)

图 2-48　习题 4 题图

图 2-48(a):反馈元件是________,反馈属于________反馈,________反馈。

图 2-48(b):反馈元件是________,反馈属于________反馈,________反馈。

图 2-48(c):反馈元件是________,反馈属于________反馈,________反馈。

图 2-48(d):反馈元件是________,反馈属于________反馈,________反馈。

5. 分别判断图 2-49 所示各电路中的反馈类型。

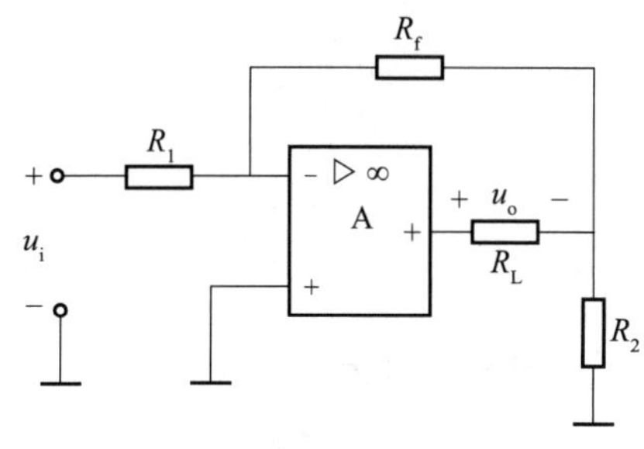

(a)

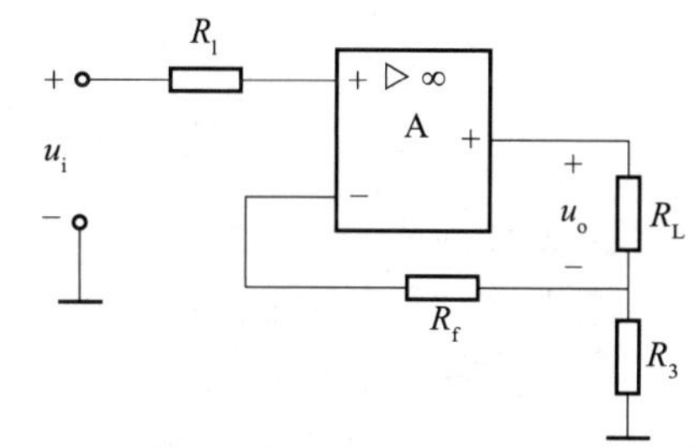

(b)

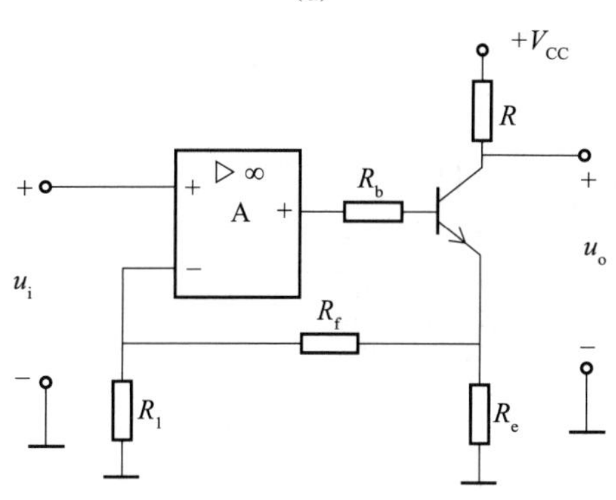

(c)

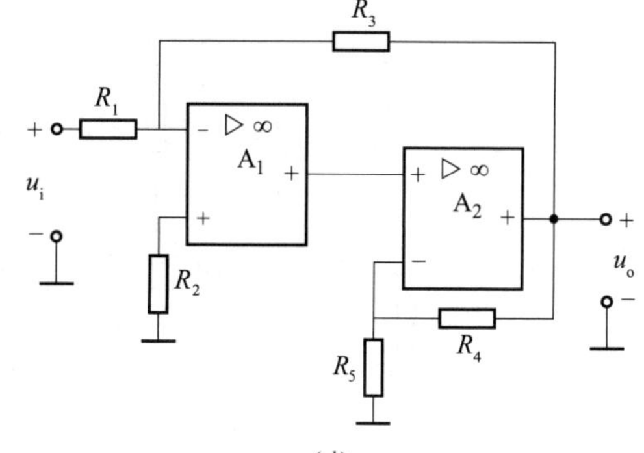

(d)

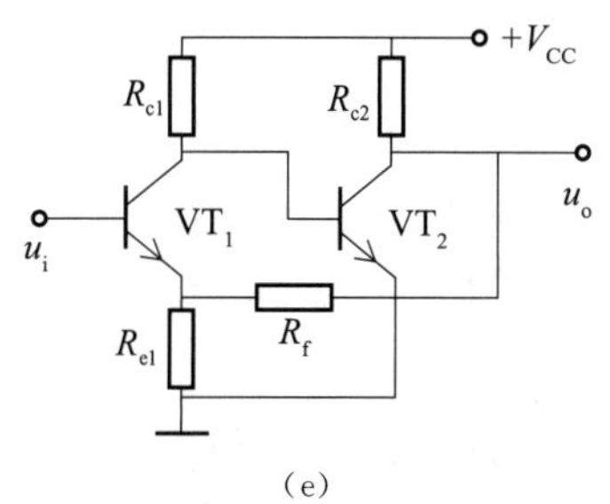

(e)

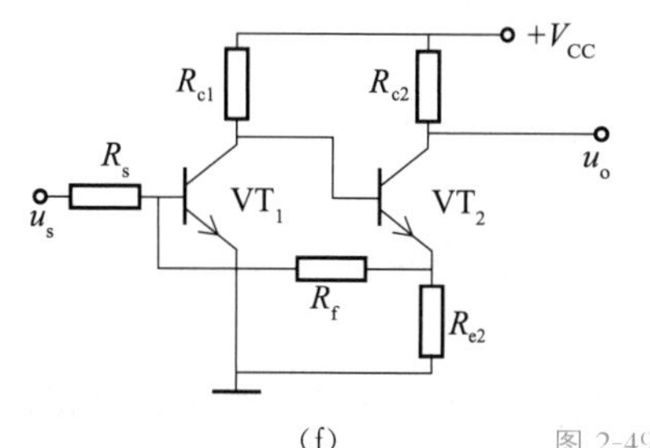

(f)

图 2-49　习题 5 题图

图 2-49(a):反馈类型是__________。图 2-49(b):反馈类型是__________。

图 2-49(c):反馈类型是__________。图 2-49(d):反馈类型是__________。

图 2-49(e):反馈类型是__________。图 2-49(f):反馈类型是__________。

6. 如图 2-50 所示各电路,满足深度负反馈条件,电容 C_1, C_2 的容抗很小,可以忽略不计。

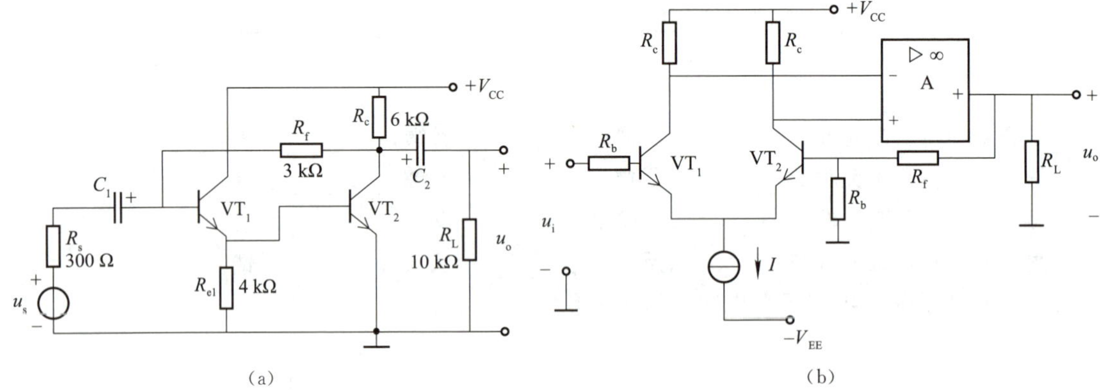

图 2-50 习题 6 题图

(1) 试判断级间反馈的极性和组态。

(2) 估算其闭环电压放大倍数。

图 2-50(a):反馈极性和组态为__________,闭环电压放大倍数 $A_{uf}=$______。

图 2-50(b):反馈极性和组态为__________,闭环电压放大倍数 $A_{uf}=$______。

7. 电路如图 2-51 所示,为了实现下述的要求,应采用什么形式的负反馈?如何连接?

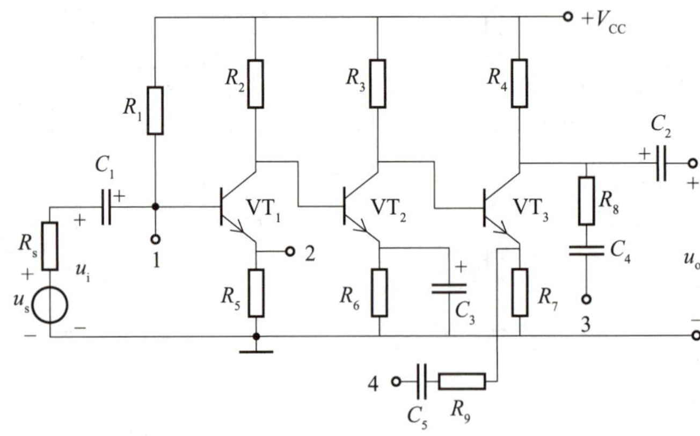

图 2-51 习题 7 题图

(1) 要求 R_L 变化时输出电压基本不变:应采用____负反馈,____和____相连。

(2) 要求信号源为电流源时,反馈的效果比较好:应采用____负反馈,____和____相连。

(3) 要求放大电路的输出信号接近恒流源:应采用____负反馈,____和____相连。

(4) 要求输入端向信号源索取的电流尽可能小:应采用____负反馈,____和____

相连。

(5) 要求在信号源为电流源时，输出电压稳定：应采用____负反馈，____和____相连。

(6) 要求输入电阻大，且输出电流变化尽可能小：应采用____负反馈，____和____相连。

8. 反相比例运算电路如图 2-52 所示，其中，$R_1=10\ \text{k}\Omega$，$R_f=30\ \text{k}\Omega$，试估算它的电压放大倍数和输入电阻。

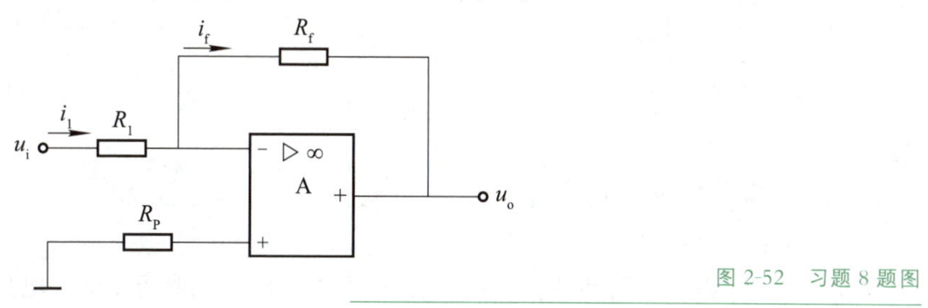

图 2-52　习题 8 题图

解：电压放大倍数 $A_{uf}=$

输入电阻 $r_i=$

9. 电路如图 2-53 所示，试计算输出电压 u_O 的值。

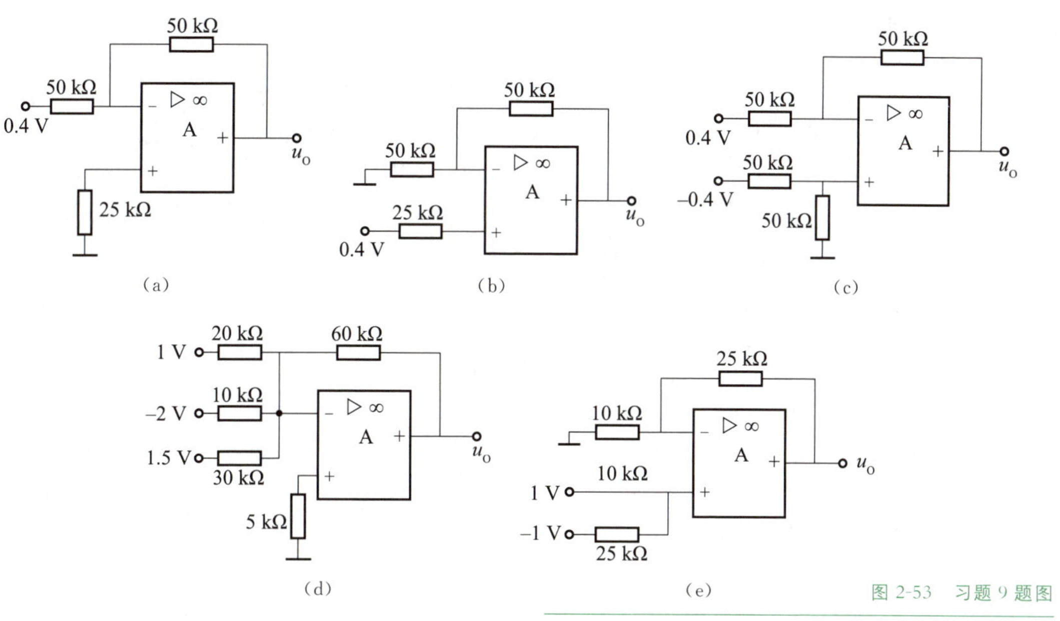

图 2-53　习题 9 题图

图 2-53(a)：$u_O=$________。图 2-53(b)：$u_O=$________。图 2-53(c)：$u_O=$________。
图 2-53(d)：$u_O=$________。图 2-53(e)：$u_O=$________。

10. 求图 2-54 所示各电路中 u_o 和 u_{i1}，u_{i2} 的关系式。

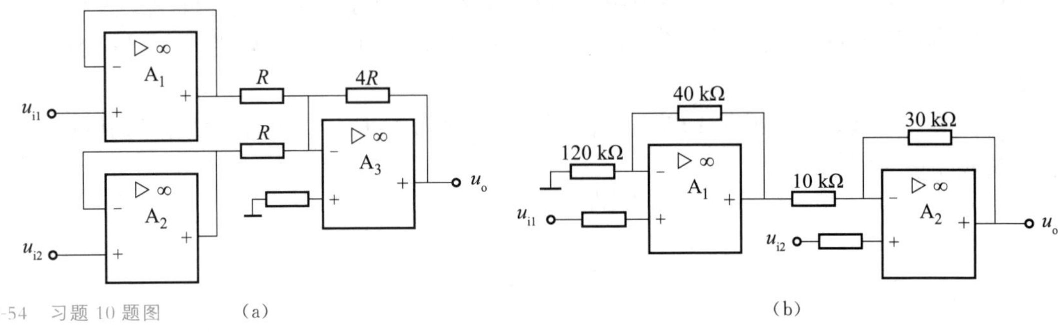

图 2-54　习题 10 题图

图 2-54(a)：u_o = ______________________。

图 2-54(b)：u_o = ______________________。

11. 积分电路和微分电路分别如图 2-55(a)(b)所示，输入电压 u_i 如图 2-55(c)所示，且 $t=0$ 时，$u_C=0$，试在图 2-55(c)中分别画出电路输出电压 u_{o1}，u_{o2} 的波形。

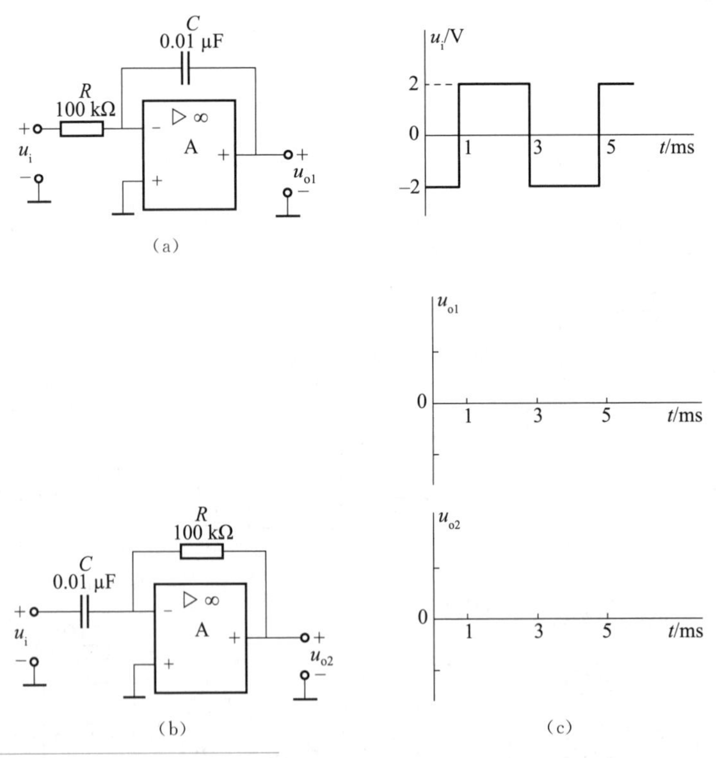

图 2-55　习题 11 题图

12. 在图 2-56 所示电路中，设运算放大器是理想的，$R_1=33\ \text{k}\Omega$，$R_2=50\ \text{k}\Omega$，$R_3=300\ \text{k}\Omega$，$R_4=R_f=100\ \text{k}\Omega$，$C=100\ \mu\text{F}$。

试计算下列各值并填空：

(1) 当 $u_{i1}=1$ V 时，则 u_{o1} = __________。

(2) 设电容两端的初始电压 $u_C=0$，$u_{i1}=1$ V 且 u_o 维持在 0 V，则 u_{i2} = __________。

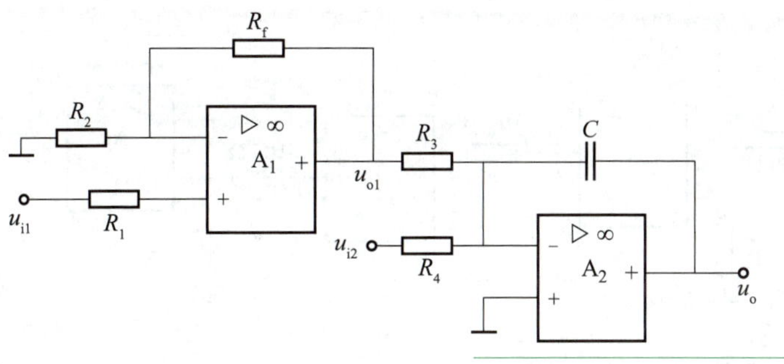

图 2-56　习题 12 题图

(3) 设 $t=0$ 时，$u_{i1}=1$ V，$u_{i2}=-2$ V，$u_C=0$ V，则 $t=10$ s 时，$u_o=$________。

13. 电路如图 2-57(a)(b)所示，在图 2-57(c)中分别画出各比较器的传输特性曲线。

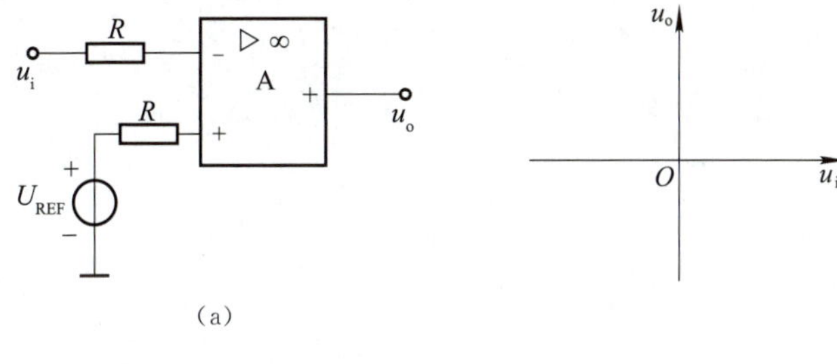

(a)

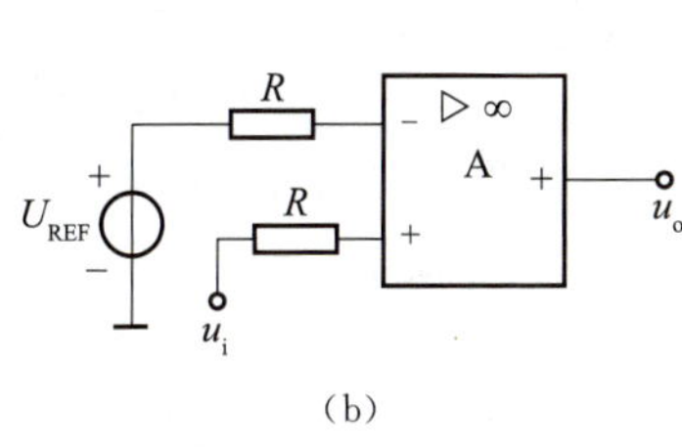

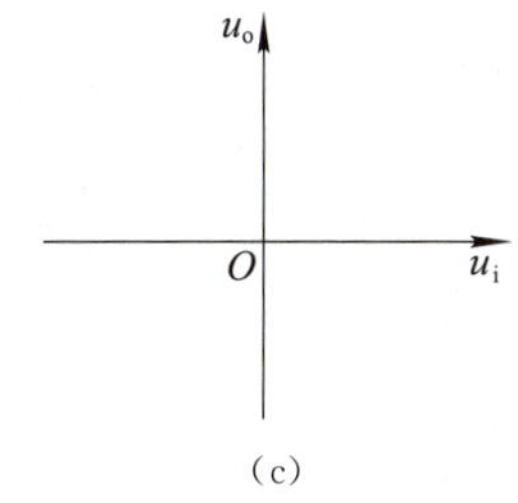

(b)　　(c)

图 2-57　习题 13 题图

14. 已知图 2-58(a)中，$R_1=20\ \text{k}\Omega$，$R_2=100\ \text{k}\Omega$，双向稳压二极管稳压值为 $U_Z=6$ V，试在图 2-58(b)中画出 $U_{REF}=6$ V 时的传输特性。

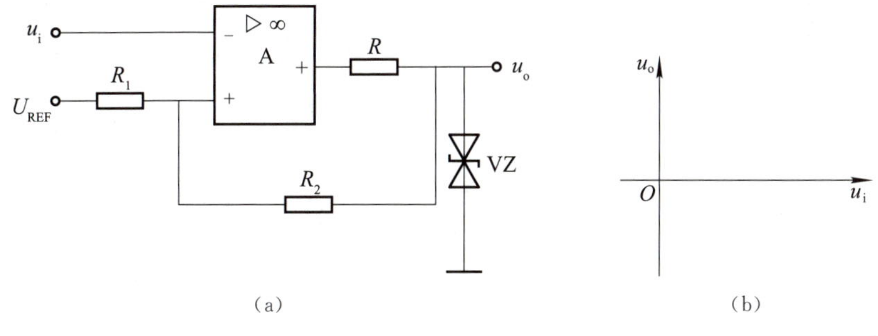

(a)　　(b)

图 2-58　习题 14 题图

15. 在图 2-59 所示电路中，设 A_1，A_2，A_3 均为理想运算放大器，其最大输出电压幅值为 ±12 V。试回答下列问题：

(1) A_1 组成________电路，A_1 工作在________(线性区或非线性区)。

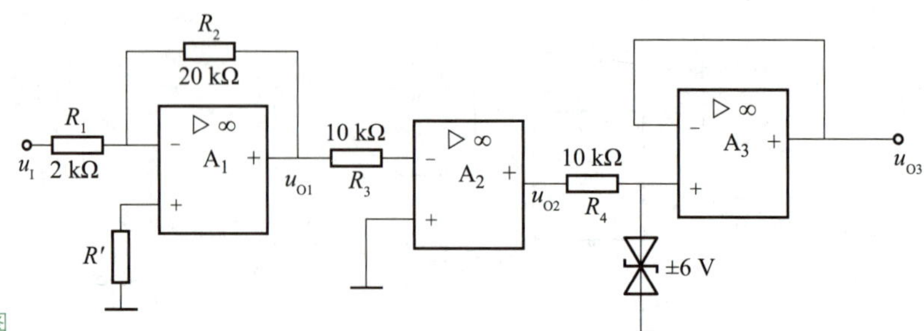

图 2-59　习题 15 题图

(2) A_2 组成____________电路，A_2 工作在________（线性区或非线性区）。

(3) A_3 组成____________电路，A_3 工作在________（线性区或非线性区）。

(4) 若输入 u_I 为 1 V 的直流电压，则 u_{O1} = ________，u_{O2} = ________，u_{O3} = ________。

信号发生电路的分析与调试

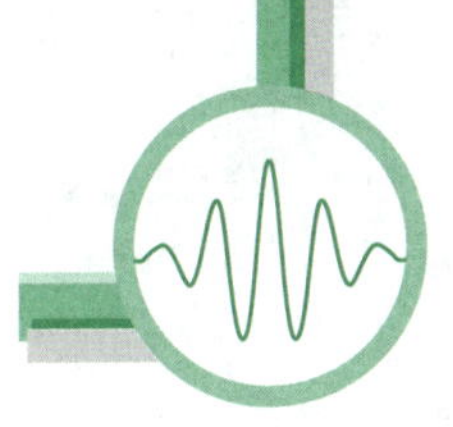

3

项目描述

信号发生电路通常也称自激振荡电路，它与放大器的区别在于没有外加输入信号的控制下，电路能自动将直流电能转换为一定频率和幅度的交流振荡信号。按产生的交流信号波形的不同，可将信号发生电路分为两大类，即正弦波振荡电路和非正弦波振荡电路，按选频电路的组成形式，正弦波振荡电路可分为 RC 振荡电路、LC 振荡电路、石英晶体振荡电路，非正弦波振荡电路可分为矩形波、三角波、锯齿波振荡电路等。

信号发生电路广泛采用集成电路来构成，信号发生电路集成芯片品种多、性能可靠、使用方便。信号发生电路常作为一种实用的功能电路，广泛应用于通信、广播、自动控制、仪表测量和超声探伤等方面。

本项目包含 RC 桥式正弦波振荡电路的分析与调试、LC 正弦波振荡电路的分析与调试和非正弦波信号发生电路的分析与调试三个任务。

项目目标

【知识目标】

☆ 掌握正弦波振荡电路的振荡条件。

☆ 掌握 RC 桥式正弦波振荡电路的工作原理和电路结构。

☆ 掌握三种类型的 LC 振荡电路的分析方法，了解其特点和使用场合。

☆ 了解石英晶体振荡电路的特点和基本应用电路。

☆ 熟悉矩形波、三角波产生电路的组成及工作原理。

☆ 了解锯齿波产生电路的组成及工作原理。

【技能目标】

☆ 能辨识电子元器件，利用 Multisim 软件对电路进行仿真。

☆ 会调试 RC 桥式振荡电路，会测量和调整电路振荡频率。

☆ 会调试 LC 振荡电路，会测量和调整电路振荡频率。

☆ 会用示波器来观察和测量波形。

【素质目标】

☆ 能增强安全操作意识，培养实事求是、一丝不苟的工作作风。

☆ 了解振荡电路的发展与应用，正确记录实验数据并学会分析计算，激发学习兴趣，鼓励学生树立职业梦想。

☆ 实操中能加强沟通，相互协作，培养良好的团队合作精神和竞争意识。初步形成解决生产现场实际问题的能力，逐步培养学生工程应用的概念。

任务一　RC 桥式正弦波振荡电路的分析与调试

扩音系统在使用中有时会发出刺耳的啸叫声，这是由于话筒将扬声器重放出来的声音反复拾取形成正反馈，产生了自激振荡啸叫。自激振荡是扩音系统应该避免的，而信号发生器正是利用自激振荡的原理来产生正弦波的。信号发生器为什么不需要输入信号，就能得到一定频率、一定幅值的正弦波信号输出呢？

知识积累

一、正弦波振荡电路的基础知识

正弦波振荡电路实际上是一种自激放大电路，或者说不需要外加信号的激励，却有稳定的正弦交流信号输出。

1. 自激振荡

如果在放大电路的输入端不加输入信号时，输出端仍有一定幅值和频率的输出信号，这种现象称为自激振荡。在日常生活中，也有自激振荡现象。如扩音系统，当话筒距扬声器很近时，扬声器就会发出刺耳的啸叫，这种自激振荡现象使扩音系统无法工作，应避免。而信号发生器却正是利用自激振荡的原理来产生正弦波的。

2. 自激振荡形成的条件

图 3-1 所示为自激振荡框图。当开关 S 置于“1”时，给放大电路输入一个正弦波信号 $\dot{U}_i$，经放大电路输出信号 $\dot{U}_o$，而 $\dot{U}_o$ 作为反馈网络的输入信号，在反馈网络输出端产生反馈信号 $\dot{U}_f$，适当选择反馈系数 $\dot{F}$，可以使 $\dot{U}_f=\dot{U}_i$。此时，若将开关 S 置于“2”处，由于有了一个与 $\dot{U}_i$ 相等的 $\dot{U}_f$ 代替了原 $\dot{U}_i$ 作为放大电路的输入信号，电路没有外加输入信号时，却仍有一定幅值、一定频率的信号输出，由此形成自激振荡。

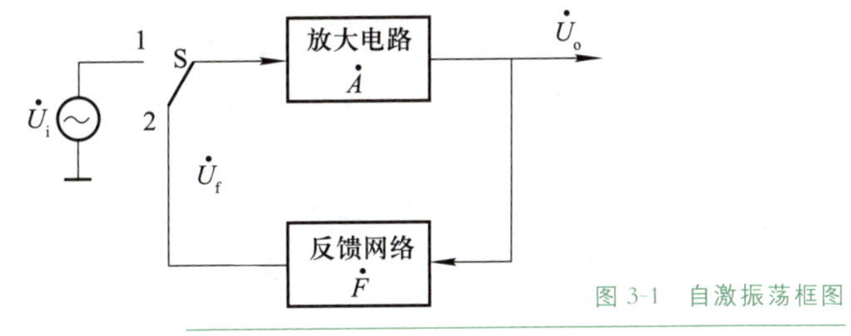

图 3-1　自激振荡框图

由此可见，自激振荡形成的条件是反馈信号与输入信号大小相等、相位相同，即 $\dot{U}_f=\dot{U}_i$，而 $\dot{U}_f=\dot{A}\dot{F}\dot{U}_i$，可得振荡平衡条件

$$\dot{A}\dot{F}=1 \tag{3-1}$$

式(3-1)包含了振幅和相位两个平衡条件。

(1) 振幅平衡条件

$$|\dot{A}\dot{F}|=1 \tag{3-2}$$

式(3-2)说明放大电路与反馈网络组成的闭合环路中，反馈信号与输入信号大小相等。

(2) 相位平衡条件

$$\varphi_A+\varphi_F=2n\pi(n=0,\ 1,\ 2,\cdots) \tag{3-3}$$

其中，φ_A 为放大电路产生的相移，φ_F 为反馈网络产生的相移。式(3-3)说明放大电路与反馈网络的总相移等于 2π 的整数倍，使反馈信号与输入信号相位相同，以保证为正反馈。

3. 振荡的建立与稳定

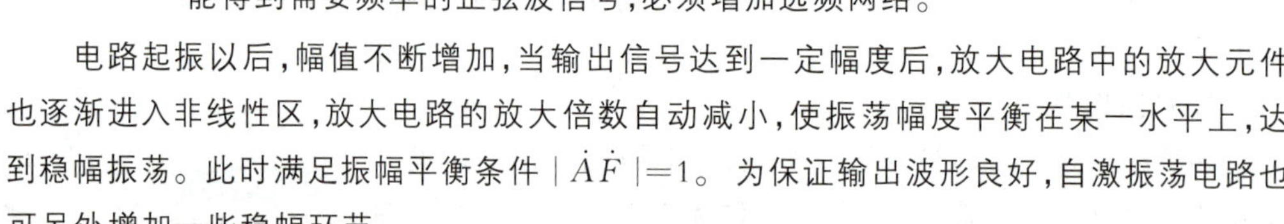

振荡电路在接通电源的瞬间，产生一个电冲击，电路受到扰动，在放大电路的输入端产生一个微弱的扰动信号，经放大器放大、正反馈、再放大、再反馈……如此循环，很快达到所要求的幅值，完成起振过程。所以起振时要求 $|\dot{A}\dot{F}|>1$。扰动信号包含了从低频到甚高频的各种频率的谐波成分。为能得到需要频率的正弦波信号，必须增加选频网络。

电路起振以后，幅值不断增加，当输出信号达到一定幅度后，放大电路中的放大元件也逐渐进入非线性区，放大电路的放大倍数自动减小，使振荡幅度平衡在某一水平上，达到稳幅振荡。此时满足振幅平衡条件 $|\dot{A}\dot{F}|=1$。为保证输出波形良好，自激振荡电路也可另外增加一些稳幅环节。

4. 正弦波振荡电路的组成

根据前面分析可知，正弦波振荡电路一般由四个组成部分：放大电路、反馈网络、选频网络、稳幅环节。其中，放大电路是能量转换装置，从能量观点看，振荡的本质是直流能量向交流能量转换的过程。放大电路和反馈网络共同满足 $\dot{A}\dot{F}=1$。选频网络的作用是实现单一频率的正弦波振荡。稳幅环节的作用是使振荡幅度达到稳定，通常可以利用三极管、场效应晶体管等元器件的非线性来实现，称为内稳幅；也可以外接非线性元器件来实现，称为外稳幅。

根据选频网络组成元器件的不同，正弦波振荡电路通常分为 *RC* 正弦波振荡电路、*LC* 正弦波振荡电路和石英晶体振荡电路。

二、*RC* 正弦波振荡电路

RC 正弦波振荡电路结构简单、性能可靠，常用来产生 1 MHz 以下的低频信号，测试技术中常用的低频信号源就是一种 *RC* 正弦波振荡电路，其主要种类有 *RC* 桥式正弦波振荡电路、移相式正弦波振荡电路等，这里仅介绍由 *RC* 串并联网络和运放构成的 *RC* 桥式正弦波振荡电路。

1. *RC* 串并联网络的选频特性

如图 3-2 所示，*RC* 串并联网络由 R_2 和 C_2 并联后与 R_1 和 C_1 串联组成。

设 $R_1=R_2=R$，$C_1=C_2=C$，则有

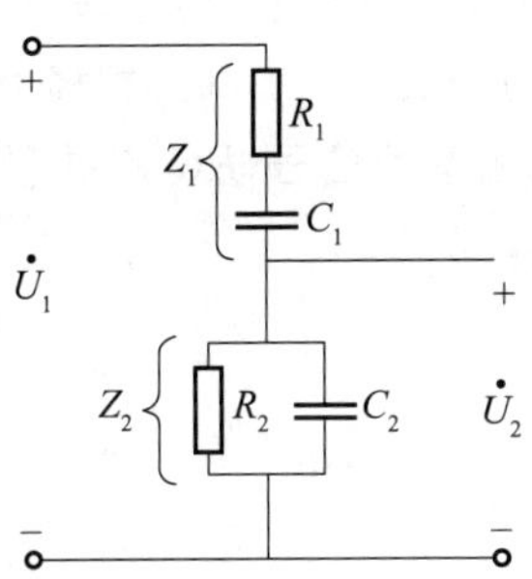

图 3-2 *RC* 串并联网络

$$\dot{F}=\frac{\dot{U}_2}{\dot{U}_1}=\frac{Z_2}{Z_1+Z_2}=\frac{1}{3+\mathrm{j}\left(\omega RC-\frac{1}{\omega RC}\right)}=\frac{1}{3+\mathrm{j}\left(\frac{\omega}{\omega_0}-\frac{\omega_0}{\omega}\right)} \tag{3-4}$$

式中，$\omega_0=\frac{1}{RC}$，由式(3-4)可得 *RC* 串并联网络的幅频特性和相频特性分别为

$$F=|\dot{F}|=\frac{1}{\sqrt{3^2+\left(\frac{\omega}{\omega_0}-\frac{\omega_0}{\omega}\right)^2}},\quad \varphi_F=-\arctan\frac{\frac{\omega}{\omega_0}-\frac{\omega_0}{\omega}}{3}$$

根据上式可绘制出 *RC* 串并联网络的频率特性，如图 3-3 所示。

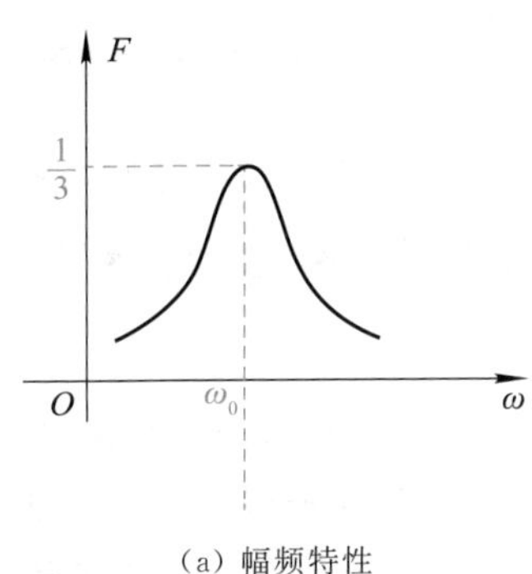

(a) 幅频特性

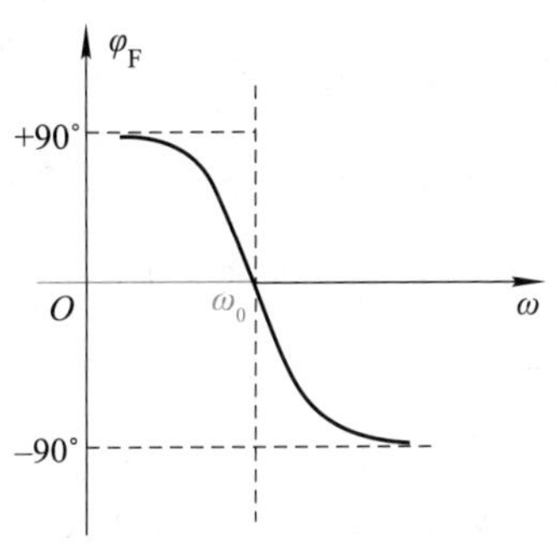

(b) 相频特性

图 3-3 *RC* 串并联网络的频率特性

当 $\omega=\omega_0=\frac{1}{RC}$ 时，$\dot{F}$ 的幅值最大，其值为$\frac{1}{3}$，且相位为零，即 $\varphi_F=0°$。此时，输出电压与输入电压同相位。当 $\omega\neq\omega_0$ 时，$F<\frac{1}{3}$，且 $\varphi_F\neq0°$，此时输出电压的相位超前或滞后于输入电压。

由上分析可知，*RC* 串并联网络只在 $\omega=\omega_0=\frac{1}{RC}$，即 $f=f_0=\frac{1}{2\pi RC}$ 时，传输系数 F 最大，为$\frac{1}{3}$，相移为 0°，它具有选频特性。

2. *RC* 桥式正弦波振荡电路

将 *RC* 串并联网络和放大器结合起来即可构成 *RC* 桥式正弦波振荡电路，如图 3-4 所

3

示。RC 串并联网络接在集成运放的输出端和输入端之间，组成一个同相输入比例运算电路，即 $\varphi_A=0°$，而 RC 串并联网络在 $f=f_0$ 时，相移为 $0°$，即 $\varphi_F=0°$，电路的总相移是零，满足相位平衡条件，而对其他频率的信号，RC 串并联网络的相移不为零，不满足相位平衡条件。所以该电路的振荡频率为

$$f_0=\frac{1}{2\pi RC}$$

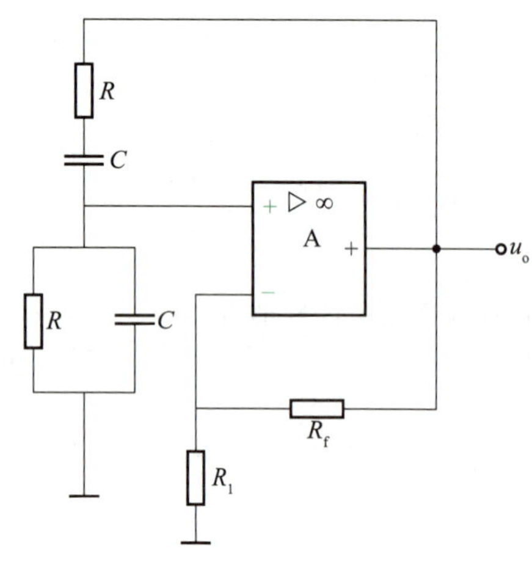

图 3-4　RC 桥式正弦波振荡电路

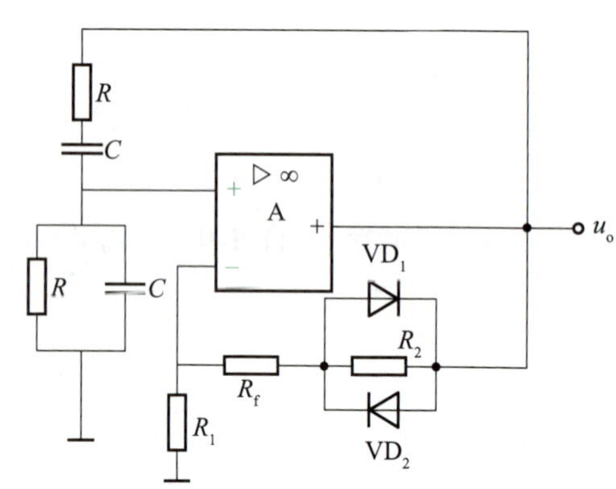

图 3-5　具有稳幅环节的 RC 桥式正弦波振荡电路

由于 RC 串并联网络在 $f=f_0$ 时的传输系数 $F=\frac{1}{3}$，因此，要求放大器的总电压放大倍数 $A_u\geqslant 3$。由 R_1，R_f 构成的负反馈支路，与集成运放形成了同相输入比例运算电路，其放大倍数 $A_u=1+\frac{R_f}{R_1}$，即要求 $R_f\geqslant 2R_1$。为使振荡电路能正常工作，可在该电路中增加稳幅环节，如图 3-5 所示。

各种 RC 振荡电路的振荡频率均与 R，C 的乘积成反比，如欲产生振荡频率很高的正弦波信号，势必要求电阻或电容的值很小，这在制造上和电路实现上将有很大的困难，因此，RC 振荡电路一般用来产生几赫至几百千赫的低频信号，若要产生更高频率的信号，可以考虑采用 LC 正弦波振荡电路。RC 移相网络的选频特性不理想，输出波形不好，频率稳定度低，只能用在性能要求不高的设备中。

复习与讨论

1. 自激振荡的条件有哪些？
2. RC 桥式正弦波振荡电路的振幅平衡条件和相位平衡条件如何实现？
3. RC 桥式正弦波振荡电路的频率如何估算？

任务实施　RC 桥式正弦波振荡电路的分析与调试

一、任务导入

RC 桥式正弦波振荡电路由 RC 串并联网络和放大器组成，结构简单，经济方便，一般用于频率稳定性要求不高的场合。学会分析与调试 RC 桥式正弦波振荡电路是电子工作者的基本技能。本任务的实施提供已经安装好的 RC 桥式正弦波振荡电路实验板，以便更好理解 RC 桥式正弦波振荡电路的结构与工作原理。

二、工作过程

（一）准备

1. 根据原理图[图 3-6(a)]核对 RC 桥式正弦波振荡电路的电路板图[图 3-6(b)]。开关 S_2 分别用来接通 C_1 和 C_2。

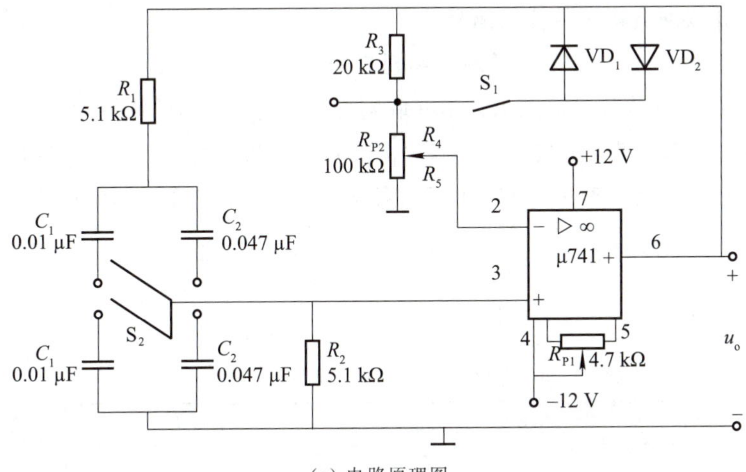

(a) 电路原理图

(b) 电路板图

图 3-6　RC 桥式正弦波振荡电路

回答如下问题：

图 3-6(b)中，RC 串并联网络由哪些元器件组成？________。VD_1 和 VD_2 在电路中的所起的作用是什么？________。电路中放大电路是同相放大还是反相放大？________。放大电路由运算放大器和哪些元器件组成？________。

2. 根据表 3-1 检查调试用设备是否到位。

表 3-1 RC 桥式正弦波振荡电路调试用设备检查表

设　备	是否齐全
直流稳压电源	是○　否○
函数信号发生器	是○　否○
示波器	是○　否○
数字交流毫伏表	是○　否○
万用表	是○　否○

3

（二）实施

1. RC 串并联网络幅频特性的测量

开关 S_2 接通 C_1，此时 RC 串并联网络对应的 $R=$________，$C=$________，把函数信号发生器输出的正弦波信号输入 RC 串并联网络（u_o 端），使 RC 串并联网络的输入信号有效值 U_o 约为 1 V，调节输入信号 u_o 频率（由低到高），测出相应的 RC 串并联网络的输出信号 u_f 的有效值，记录于表 3-2 中，并用示波器观察 $u_f=u_o/3$ 时 u_o 和 u_f 的波形，u_o 和 u_f 的相位________，此时对应 $f=$________。用公式 $f_0=\dfrac{1}{2\pi RC}$ 计算 $f_0=$________，比较得到 f________f_0。

表 3-2 RC 串并联网络幅频特性测量记录表

f/Hz	U_o/V	U_f/V	f/Hz	U_o/V	U_f/V
500			3 800		
1 000			4 500		
1 500			5 000		
2 000			6 000		
2 500			7 000		
3 125			8 000		

2. 振荡电路的动态测试

(1) 按图 3-6(b)给该电路加上 +12 V 和 −12 V 直流电源。

(2) 开关 S_2 接通 C_2，此时 RC 串并联网络对应的 $R=$________，$C=$________，用公式 $f_0=\dfrac{1}{2\pi RC}$，计算 $f_0=$________，闭合开关 S_1，调节 R_{P2} 使电路起振，用示波器观测输出电压 u_o 波形，不断调节 R_{P2} 至获得满意的正弦波信号，观测波形，记录输出信号 u_o 的周期 $T=$________，振荡频率 $f=$________，与计算值 f_0 进行比较，得到 f________f_0。

(3) 断开 RC 串并联网络，其他不改变，在运放的同相输入端加有效值 U_i 为 0.1 V，频率为 f_0 的输入信号 u_i，测量输出信号的有效值 U_o，并计算电压放大倍数，记录于表 3-3 中。

表 3-3 放大电路的动态测试记录表

测量值		计算值
输入	输出	电压放大倍数
U_i	U_o	$A_u=U_o/U_i$

(4) 断开电源和信号，测量此时电阻阻值，$R_4=$________，$R_5=$________，$(R_3+R_4)\approx$ ________ R_5。

三、交流分享

1. 根据实验，说明 RC 串并联正弦波振荡电路稳幅振荡的振幅平衡条件和相位平衡条件。

2. 实验测出振荡频率是否与理论计算值相等？分析误差原因。

四、评价总结

1. 首先由学生根据任务完成情况自己进行评价，然后由小组人员进行评价，记录于表 3-4 中。

表 3-4 学生自评和小组评价表

项目内容	配分	评分标准	自评得分	小组评价得分
素养与规范	30 分	(1) 准备工作不到位，可酌情扣 5～10 分； (2) 着装不规范，可酌情扣 5～7 分； (3) 违反操作规程，产生不安全因素，酌情扣 10～20 分； (4) 迟到、早退、场地不清洁，每次扣 2～5 分		
电路调试	30 分	(1) 合理选择仪器，完成 RC 串并联网络幅频特性的测量，且记录完整，得 15 分； (2) 选择开关，调节元器件，使电路起振，输出稳定的波形，得 15 分； (3) 通电调试时发现接线错误等，每处扣 5～7 分		
性能测试	40 分	(1) 能用示波器完整清晰显示波形，且记录完整，可得 20 分，否则每项酌情扣 3～10 分； (2) 能正确使用仪器仪表测量电路放大倍数，且记录完整，可得 20 分，否则每项酌情扣 3～10 分		
总分				
自评人签名：		年　月　日	组评人员签名：	

2. 由指导教师根据任务完成整体情况，并结合学生自评和小组评价进行综合评分，将评价意见与评分值记录于表 3-5 中。

3

表 3-5 教师评价表

<table>
<tr><td colspan="2">教师总体评价意见：</td></tr>
<tr><td>教师评分(按 100 分计)</td><td></td></tr>
<tr><td>总评分 ＝ 自评得分 × 0.3 ＋ 小组评价得分 × 0.3 ＋ 教师评分 × 0.4</td><td></td></tr>
</table>

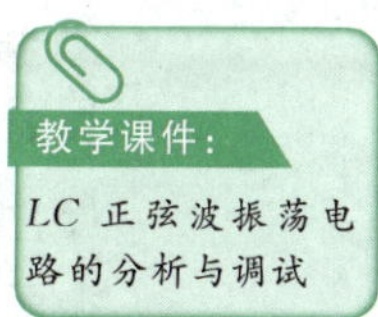

任务二　LC 正弦波振荡电路的分析与调试

RC 正弦波振荡电路一般用来产生低频信号，频率稳定度差，要产生频率更高的信号，需采用 LC 正弦波振荡电路；若要产生频率高、稳定度好的信号，需采用石英晶体正弦波振荡电路。

知识积累

一、LC 正弦波振荡电路

采用 LC 谐振回路作为选频网络的正弦波振荡电路称为 LC 正弦波振荡电路，主要用来产生高频正弦波振荡信号，频率在 1 MHz 以上。根据反馈形式的不同又分为变压器反馈式、电感三点式和电容三点式三种典型电路。

1. 变压器反馈式 LC 正弦波振荡电路

(1) 电路组成

变压器反馈式 LC 正弦波振荡电路如图 3-7 所示，由分压式偏置放大电路、变压器反馈电路和 LC 选频电路三部分组成。电感 L 和电容 C 组成 LC 选频网络，代替放大电路的集电极电阻，组成具有选频特性的放大电路，反馈信号取自变压器二次绕组。

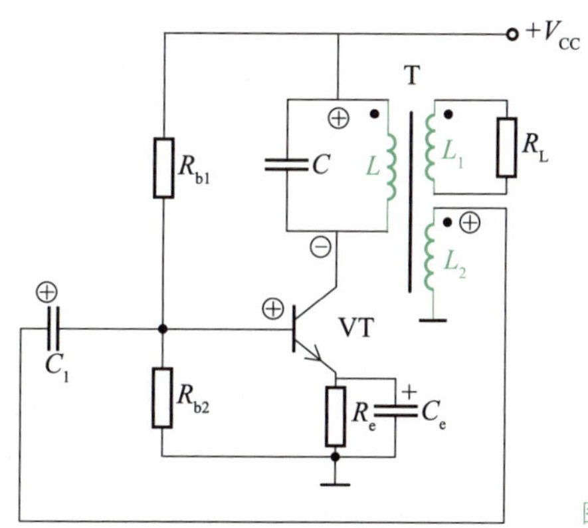

图 3-7　变压器反馈式 LC 正弦波振荡电路

(2) 振荡条件

① 相位平衡条件：为满足相位平衡条件，变压器一次侧、二次侧之间的同名端必须正确连接。如图 3-7 所示，设某瞬间基极对地信号为⊕，由于共发射极电路的倒相作用，集电极应为⊖，即 $\varphi_A=180^\circ$。由图 3-7 中的同名端可知，反馈信号与输出信号极性相反，即 $\varphi_F=180^\circ$。于是 $\varphi_A+\varphi_F=360^\circ$，保证了电路的正反馈，满足振荡的相位平衡条件。

② 振幅条件：由于 LC 并联回路的选频作用，并联谐振时，阻抗最大且呈电阻性，所以电路只对该频率的信号有足够的放大作用，容易满足振荡的振幅条件。

(3) 振荡频率

振荡频率由 LC 并联回路的谐振频率来决定，即

$$f_0 \approx \frac{1}{2\pi\sqrt{LC}}$$

(4) 电路优缺点

① 利用变压器作为正反馈耦合元件，便于实现阻抗匹配，电路易起振，输出电压较大。

② 调频方便，将谐振电容换成可变电容就可实现对 f_0 的调节要求，调频范围较宽。

③ 输出波形不理想。由于反馈电压取自电感两端，它对高次谐波的阻抗大，反馈也强，因而输出波形中含有较多高次谐波成分。

2. 三点式正弦波振荡电路

3

三点式正弦波振荡电路是另外一种常用的 LC 正弦波振荡电路，其特点是电路中 LC 并联回路的三个端子分别与三极管的三个电极相连，故称三点式振荡器。

(1) 电感三点式正弦波振荡电路

电感三点式正弦波振荡电路就是采用电感绕组自耦式，直接反馈实现振荡的电路，如图 3-8 所示。三极管构成共发射极放大电路，电感 L_1，L_2 和电容 C 构成正反馈选频网络，电感的三个端子分别与三极管的三个电极相连，故称电感三点式正弦波振荡电路，也称电感反馈式正弦波振荡电路。

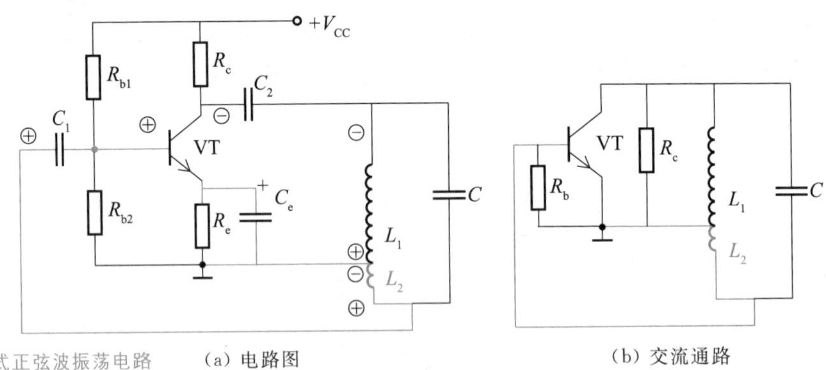

图 3-8 电感三点式正弦波振荡电路

用瞬时极性法判断可知，电路满足相位平衡条件。同时改变线圈抽头的位置，即改变 L_2 的大小，就可调节反馈电压的大小。当满足 $|\dot{A}\dot{F}|>1$ 时，电路便可起振。通常反馈线圈 L_2 的匝数为线圈 L_1 和 L_2 总匝数的 1/8～1/4。

根据谐振条件，电路的振荡频率为

$$f_0 = \frac{1}{2\pi\sqrt{LC}} = \frac{1}{2\pi\sqrt{(L_1+L_2+2M)C}}$$

式中，L_1+L_2+2M 为 LC 回路的总电感，M 为 L_1 与 L_2 间的互感耦合系数。

由于 L_1 和 L_2 是自耦变压器，耦合很紧，容易起振，输出幅度较大。频率的调节可采

用可变电容，调节方便。但由于反馈电压取自 L_2 两端，对高次谐波分量的阻抗大，输出波形中含较多的高次谐波，所以波形较差，振荡频率的稳定性较差。

(2) 电容三点式正弦波振荡电路

电容三点式正弦波振荡电路与电感三点式正弦波振荡电路比较，只是把 LC 回路中的电感和电容的位置互换，如图 3-9 所示。

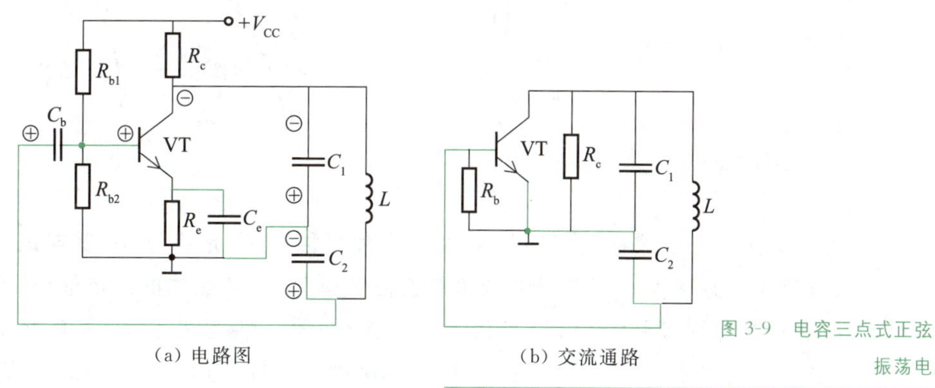

图 3-9 电容三点式正弦波振荡电路

同样，用瞬时极性法判断可知，电路也满足相位平衡条件。由于反馈电压取自电容 C_2 两端，所以适当地选择 C_1，C_2 的数值，并使放大电路有足够的放大量，电路便可起振。

电路的振荡频率为谐振回路的谐振频率，即

$$f_0=\frac{1}{2\pi\sqrt{LC}}=\frac{1}{2\pi\sqrt{L\dfrac{C_1C_2}{C_1+C_2}}}$$

电容三点式正弦波振荡电路的反馈信号取自电容 C_2 的两端，故输出信号波形较好。电路易起振，振荡频率高，可达 100 MHz 以上。但调节频率不方便。因为 C_1，C_2 的大小既与振荡频率有关，也与反馈量有关，改变 C_1(或 C_2)时会影响反馈系数，从而影响反馈电压的大小，造成电路工作性能不稳定。

二、石英晶体正弦波振荡电路

石英晶体正弦波振荡电路是以石英晶体谐振器(简称石英晶体)作为选频元件的，它所产生的振荡频率极其稳定，广泛用于计算机的时钟信号发生器、标准计时器、标准频率发生器等精密设备中。

石英晶体的电气图形符号如图 3-10(a)所示，其中间部分为石英晶片，两边为金属极板和引出电极。石英晶体是利用压电效应制成的，压电谐振与 LC 谐振电路的谐振现象非常相似，因此可等效为 LC 谐振电路，如图 3-10(b)所示，其中，C_0 为两极间的静态电容，C 为动态等效电容，L 为石英晶体的动态等效电感，R 表征损耗。

图 3-11 所示为石英晶体的电抗－频率特性。由图可知，它有两个谐振频率，一个是 L，C，R 支路发生串联谐振时的串联谐振频率 f_S，另一个是 L，C，R 支路与 C_0 支路发生并联谐振时的并联谐振频率 f_P。

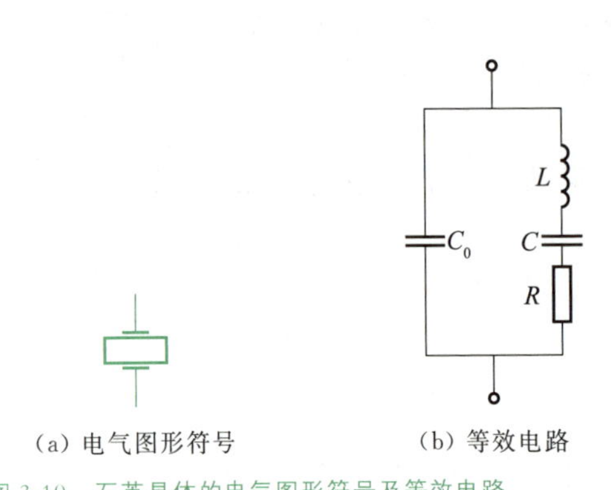

图 3-10　石英晶体的电气图形符号及等效电路

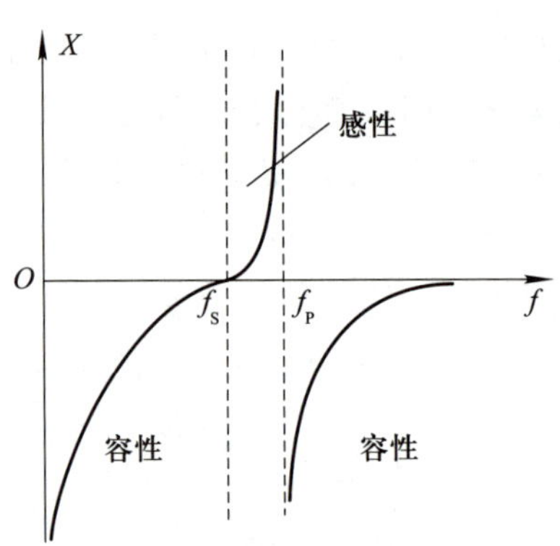

图 3-11　石英晶体的电抗-频率特性

3

石英晶体正弦波振荡电路的基本形式有两种：一种是串联型，其电路如图 3-12 所示，当信号的频率等于石英晶体的串联谐振频率时，石英晶体的阻抗最小，且呈电阻性，这时正反馈作用最强，电路满足自激振荡条件；另一种是并联型，其电路如图 3-13 所示，当信号的频率在 f_S 与 f_P 之间时，石英晶体呈感性，与 C_1，C_2 组成电容三点式正弦波振荡电路。

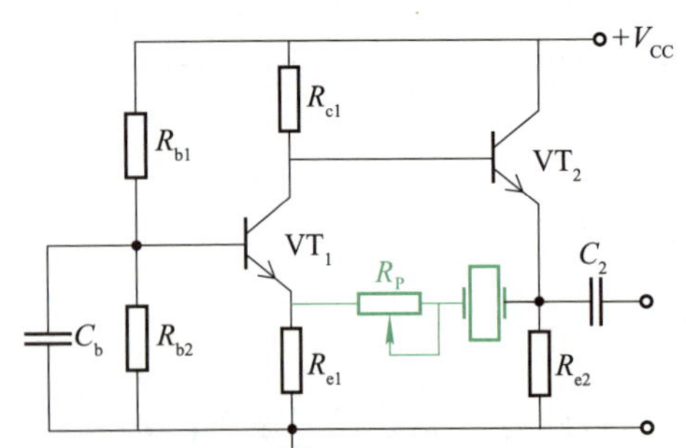

图 3-12　串联型石英晶体正弦波振荡电路

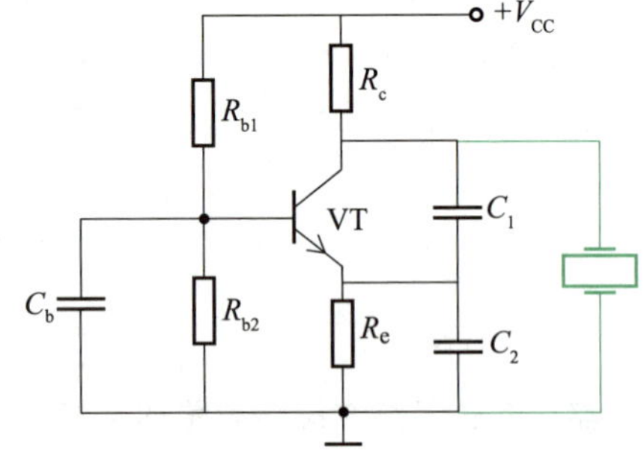

图 3-13　并联型石英晶体正弦波振荡电路

复习与讨论

1. 什么是电感三点式正弦波振荡电路？其电路结构有什么特点？

2. 为什么电感三点式正弦波振荡电路的输出波形易产生失真，而电容三点式正弦波振荡电路的输出波形不易产生失真？

3. 石英晶体正弦波振荡电路的优点是什么？

4. 为什么在并联型石英晶体正弦波振荡电路中石英晶体作为一个电感元件使用？

任务实施　*LC* 正弦波振荡电路的仿真分析

一、任务导入

LC 正弦波振荡电路运用了电容和电感的储能特性，让电磁两种能量交替转化，产生振荡，广泛应用于电子测量、控制等领域。学会分析与调试 *LC* 正弦波振荡电路是电子工作者的基本技能。本任务的实施根据提供的电容三点式正弦波振荡电路完成仿真调试，以便更好地理解电容三点式正弦波振荡电路的结构与工作原理。

二、工作过程

（一）准备

1. 电容三点式正弦波振荡电路如图 3-14 所示。

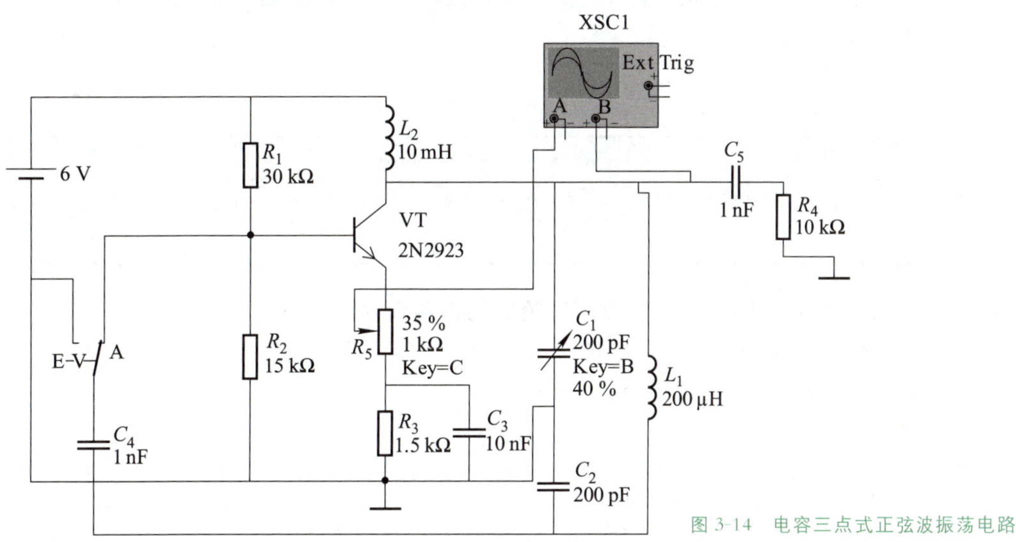

图 3-14　电容三点式正弦波振荡电路

回答如下问题：

电容三点式正弦波振荡电路中放大电路的类型是________，反馈电压取自________的两端，谐振回路有哪些元件？________。

2. 启动 Multisim，输入并保存图 3-14 所示电路。

（二）实施

1. 观测振荡电路是否正常工作

运行电路，观察示波器波形，u_o 为基本不失真的正弦波。波形如图 3-15 所示，示波器通道 B 显示振荡电路输出信号波形。

2. 测量直流工作点

按一下开关“A”，断开正反馈环路，使电路停振，根据表 3-6 要求测量直流工作点参数，并与理论值比较。

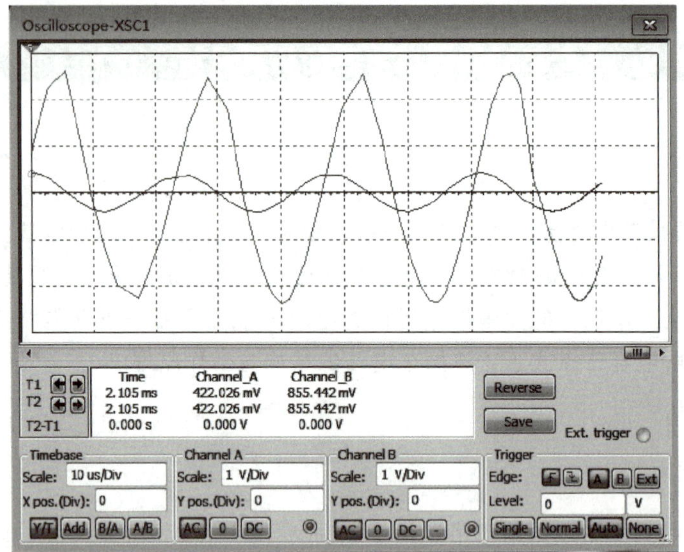

图 3-15　LC 正弦波振荡电路仿真输出波形

表 3-6　直流工作点参数测量记录表

测试条件	V_B/V		V_E/V		V_C/V		U_{BE}/V	U_{CE}/V	I_C/mA
	测量值	理论值	测量值	理论值	测量值	理论值	计算值	计算值	计算值
停振									

3. 测量并计算 C_1，C_2 取不同值时的振荡频率

根据表 3-7 要求，改变电容 C_1 的容量，计算谐振回路总电容，计算并测量对应的振荡频率 f_0，测量输出信号的峰值，记录于表 3-7 中。

表 3-7　振荡频率和输出信号幅度测量记录表

回路电容			f_0/kHz		U_{om}/V
C_2/pF	C_1/pF	回路总电容/pF	测量值	理论值	测量值
200	200				
200	100				
200	50				
200	20				

三、交流分享

1. 根据测试数据，说明 RC 正弦波振荡电路稳幅振荡的振幅平衡条件和相位平衡条件。

2. 实验测出频率是否与理论值相等？分析误差原因。

四、评价总结

1. 首先由学生根据任务完成情况自己进行评价，然后由小组人员进行评价，记录于

表 3-8 中。

表 3-8　学生自评和小组评价表

项目内容	配分	评　分　标　准	自评得分	小组评价得分
素养与规范	30 分	(1) 准备工作不到位，可酌情扣 5～10 分； (2) 着装不规范，可酌情扣 5～7 分； (3) 违反操作规程，产生不安全因素，酌情扣 10～20 分； (4) 迟到、早退、场地不清洁，每次扣 2～5 分		
电路仿真与调试	30 分	(1) 利用 Multisim，画出仿真电路图，得 15 分； (2) 控制开关，调节元器件，使电路起振，输出稳定的波形，得 15 分； (3) 仿真调试时发现接线错误等，每处扣 5～7 分		
性能测试	40 分	(1) 能改变电容 C_1 的容量，计算并测量对应的振荡频率 f_0，且记录完整，可得 20 分，否则每项酌情扣 3～10 分； (2) 电路停振时，能估算和测量直流工作点电压，且记录完整，可得 20 分，否则每项酌情扣 3～10 分		
总分				
自评人签名：　　　年　月　日　　　组评人员签名：				

2. 由指导教师根据任务完成整体情况，并结合学生自评和小组评价进行综合评分，将评价意见与评分值记录于表 3-9。

表 3-9　教师评价表

教师总体评价意见：	
教师评分(按 100 分计)	
总评分 = 自评得分 × 0.3 + 小组评价得分 × 0.3 + 教师评分 × 0.4	

3

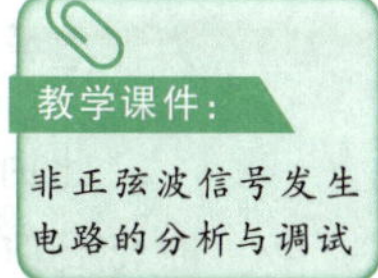

任务三　非正弦波信号发生电路的分析与调试

在电子设备中，常用到一些非正弦信号，如数字电路中用到的矩形波、示波器和电视机扫描电路中用到的锯齿波等，常用的非正弦波信号发生电路有矩形波发生电路、三角波发生电路和锯齿波发生电路。

知识积累

一、矩形波发生电路

1. 电路组成

由于矩形波包含极丰富的谐波，因此矩形波发生电路又称为多谐振荡器，如图 3-16 所示。电路实际上是由一个滞回电压比较器和一个 RC 充放电回路组成。集成运放和电阻 R_1，R_2 组成滞回电压比较器，电阻 R 和电容 C 构成充放电回路，电阻 R_3 和双向稳压二极管 VZ 对输出电压双向限幅，将滞回电压比较器的输出电压限制在稳压二极管的稳定电压值 $\pm U_Z$。

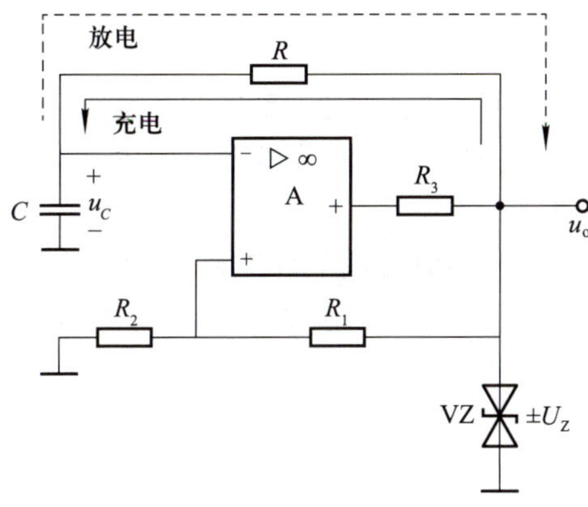

图 3-16　矩形波发生电路

2. 工作原理

由图 3-16 可以看出，集成运放同相输入端的电压 u_+ 由比较器输出电压 u_o 通过 R_1，R_2 分压后得到，反相输入端的电压 u_- 受充放电电容 C 两端的电压 u_C 控制。

设 $t=0$ 时(电源接通时刻)，电容两端电压 $u_C=0$，即 $u_-=0$，而滞回电压比较器的输出电压 $u_o=+U_Z$，则集成运放同相输入端的电压 $u_+=\dfrac{R_2}{R_1+R_2}U_Z$。

输出电压 $u_o=+U_Z$ 对电容 C 充电，使电容两端电压 u_C 由零逐渐上升，反相输入端电压 u_- 也不断上升。当电容上的电压上升到 $u_->u_+$ 时，输出电压 u_o 从高电平 $+U_Z$ 跳变

为低电平 $-U_Z$，集成运放同相输入端的电压也立即变为 $u_+=-\dfrac{R_2}{R_1+R_2}U_Z$。

此时，电容 C 将通过 R 放电，使反相输入端电压 u_- 逐渐下降。当 u_C 下降到 $u_-<u_+$ 时，滞回电压比较器的输出端将再次发生跳变，输出电压 u_o 从低电平跳变为高电平，即 $u_o=+U_Z$，同相输入端的电压也随之而跳变为 $u_+=\dfrac{R_2}{R_1+R_2}U_Z$，电容 C 再次充电。如此周而复始，滞回电压比较器的输出端电压 u_o 反复在高电平和低电平之间跳变，于是产生了正负交替的矩形波。滞回比较器的输出电压 u_o 以及电容 C 两端的电压 u_C 的波形如图 3-17 所示。可以得到矩形波的振荡周期为

$$T=T_1+T_2=2RC\ln\left(1+\frac{2R_2}{R_1}\right)$$

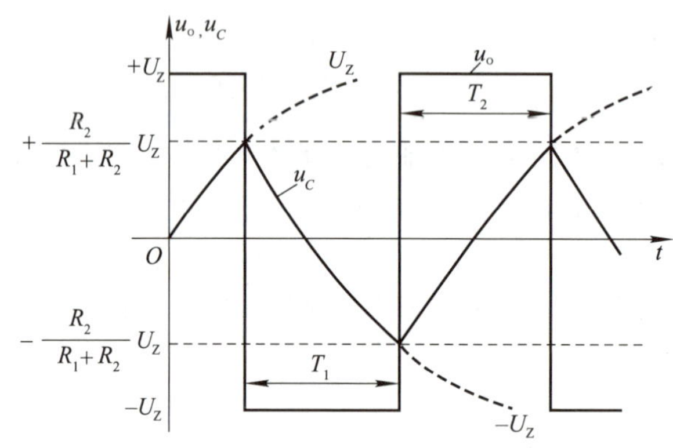

图 3-17 u_O 与 u_C 的波形

可见，改变充放电时间常数 RC 及滞回电压比较器的电阻 R_1 和 R_2，即可调节矩形波的振荡周期，而矩形波的幅度取决于 U_Z。

矩形波高电平持续的时间与信号周期的比值 T_2/T 通常称为占空比 q，习惯上将占空比为 50% 的矩形波称为方波。

二、三角波发生电路

1. 电路组成

三角波发生电路如图 3-18 所示，其中，集成运放 A_1 组成滞回比较器，其反相端接地；A_2 组成反相积分器，积分器的作用是将滞回比较器输出的矩形波转换为三角波，同时反馈给比较器的同相输入端，使比较器产生随三角波的变化而翻转的矩形波。这里的滞回比较器和前述的矩形波发生电路的区别是从同相端输入信号，但基本原理相同。

2. 工作原理

图 3-18 中，集成运放 A_1 同相输入端的电压 u_+ 由 u_o 和 u_{o1} 共同决定，根据叠加定理得

$$u_+=\frac{R_2}{R_1+R_2}u_{o1}+\frac{R_1}{R_1+R_2}u_o$$

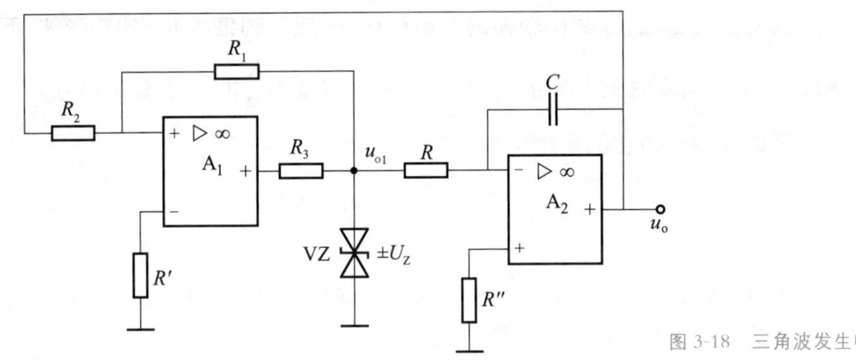

图 3-18　三角波发生电路

当 $u_+>0$ 时，$u_{o1}=+U_Z$；当 $u_+<0$ 时，$u_{o1}=-U_Z$，即滞回比较器的翻转发生在 $u_+=0$ 的时刻，此时滞回比较器的输入电压(即积分器的输出电压 u_o)应该为

$$u_o=\pm\frac{R_2}{R_1}U_Z$$

即比较器的上、下门限电压。

假设 $t=0$ 时积分电容 C 上初始电压为零，集成运放 A_1 输出为高电平，即 $u_{o1}=+U_Z$，此时 $u_o=0$，u_+ 也为高电平。积分器输入为 $+U_Z$，将对积分电容 C 开始充电，输出电压 u_o 将随时间往负方向线性增长，即输出电压 u_o 开始减小，u_+ 也随之减小，当 u_o 减小到 $-\frac{R_2}{R_1}U_Z$ 时，u_+ 由正值变为零，滞回比较器翻转，集成运放 A_1 的输出 $u_{o1}=-U_Z$，此时 u_+ 也跳变成为一个负值。

当 $u_{o1}=-U_Z$ 时，积分器输入负电压，积分电容 C 将通过 R 放电，输出电压 u_o 将随时间往正方向线性增长，即输出电压 u_o 开始增大，u_+ 也随之增大，当 u_o 增大到 $+\frac{R_2}{R_1}U_Z$ 时，u_+ 由负值变为零，滞回比较器再次翻转，集成运放 A_1 的输出 $u_{o1}=+U_Z$。

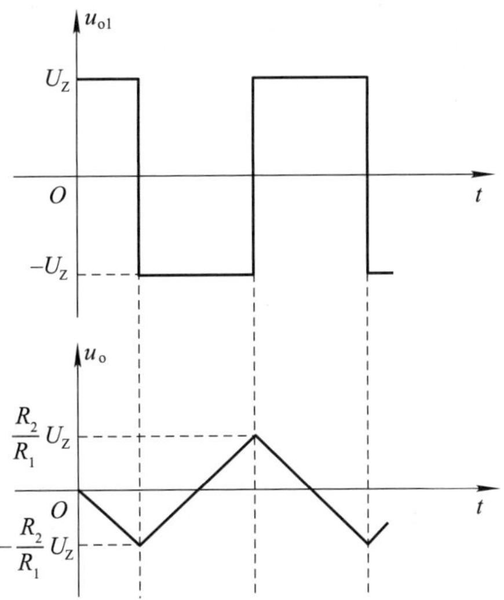

图 3-19　输出波形图

重复上述过程，滞回比较器的输出电压 u_{o1} 成为幅值为 U_Z 的矩形波，而积分器的输出电压 u_o 成为周期性的三角波，三角波的输出幅度为$\frac{R_2}{R_1}U_Z$，如图 3-19 所示。

可以证明三角波的周期为

$$T=\frac{4R_2RC}{R_1}$$

由以上分析可知，三角波的输出幅度与稳压二极管的 U_Z 及 R_2/R_1 成正比，周期与积分电路的时间常数 RC 及 R_2/R_1 成正比。

三、锯齿波发生电路

如果在三角波发生电路中，使积分电容充电和放电的时间常数不同，而且相差悬殊，则在积分电路的输出端即可得到锯齿波信号。锯齿波信号也是一种比较常用的非正弦波信号，如示波器的扫描信号就是锯齿波信号。

用二极管 VD_1，VD_2 和电位器 R_P 代替图 3-18 三角波发生电路中的积分电阻 R，使积分电容 C 的充电和放电回路分开，即成为锯齿波发生电路，如图 3-20(a)所示。

调节电位器 R_P 滑动端的位置，使 $R'_P \ll R''_P$，即电容充电时间常数比放电时间常数小得多，也就是充电很快而放电很慢，此时积分电路的输出电压 u_o 的波形如图 3-20(b)所示。

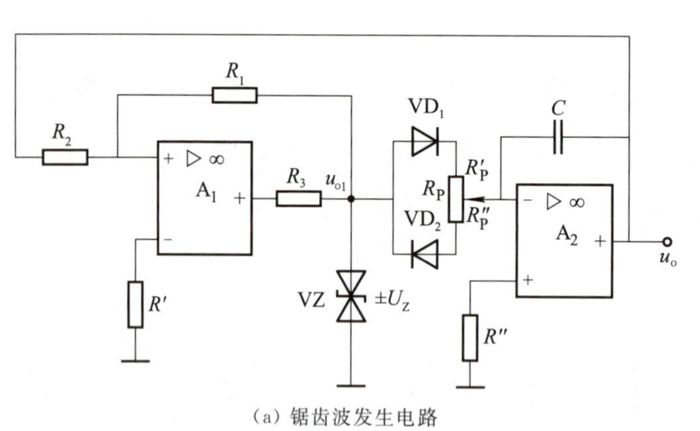

(a) 锯齿波发生电路

(b) 输出波形

图 3-20　锯齿波发生电路及其输出波形

复习与讨论

1. 三角波发生电路中的集成运放 A_1 和 A_2 分别工作在线性区还是非线性区？为什么？

2. 锯齿波发生电路如果要产生倒锯齿波，即上升时间小于下降时间，应如何处理？

任务实施 矩形波发生电路仿真分析

一、任务导入

矩形波被广泛用于数字开关电路，学会分析与调试矩形波发生电路是电子工作者的基本技能。本任务的实施根据提供的矩形波发生电路完成仿真调试，以便更好地理解矩形波发生电路结构与工作原理。

二、工作过程

（一）准备

1. 矩形波发生电路如图 3-21 所示。

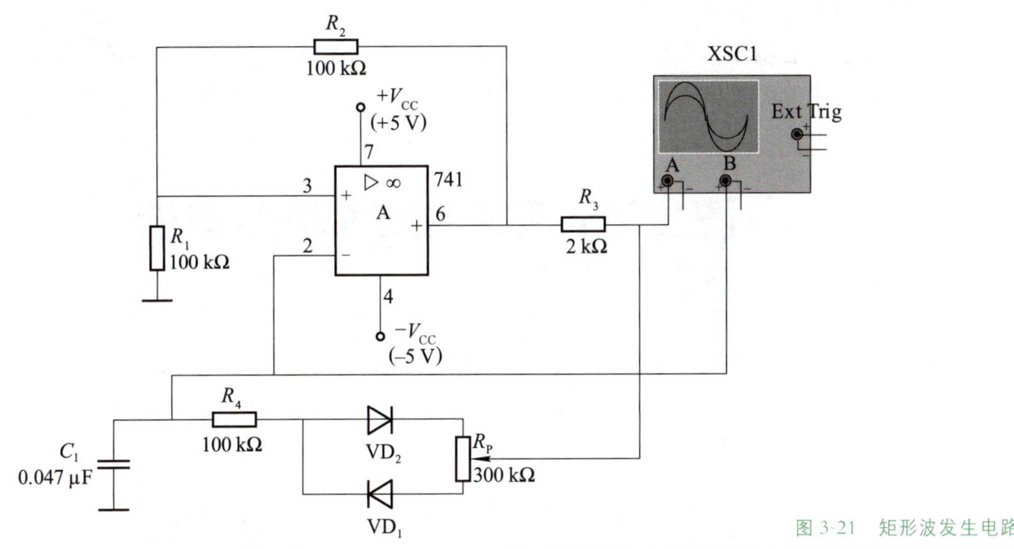

图 3-21 矩形波发生电路

回答如下问题：

矩形波发生电路由________和________两部分电路组成。________构成有延迟的反馈网络，________的电压就是反馈电压，________为限流电阻。

2. 启动 Multisim，输入并保存如图 3-21 所示电路。

（二）实施

1. 启动仿真开关，双击示波器图标，合理设置参数，调节电位器 R_P 的阻值，观测运算放大器反相输入端及输出端波形。当电位器 R_P 的滑动端调到中间位置时，通道 A 显示的输出波形为正负半周对称的________，通道 B 显示的电容上的电压波形为________，如图 3-22 所示。移动示波器指针，可测得矩形波的周期 $T=$________。

2. 改变 R_P 电位器的阻值，观察波形的变化。当电位器 R_P 的滑动端往上移动时，由示波器观察的矩形波可以看出，矩形波的正半周 T_1________，而负半周 T_2________。相反，R_P 的滑动端往下移动时，矩形波的正半周 T_1________，而负半周 T_2________。

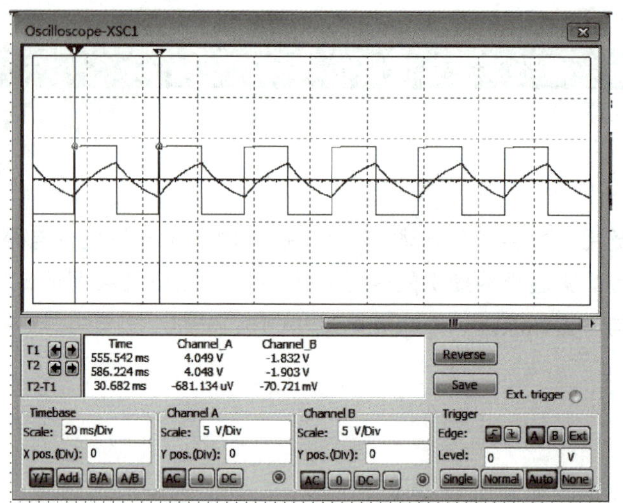

图 3-22　矩形波发生电路仿真输出的方波

3. 当电位器 R_P 的滑动端调到最上端时，波形如图 3-23 所示。移动示波器指针，可测得此时矩形波的正半周 $T_1=23.5$ ms，负半周 $T_2=7.3$ ms，周期 $T=T_1+T_2=$________，占空比 $q=$________。

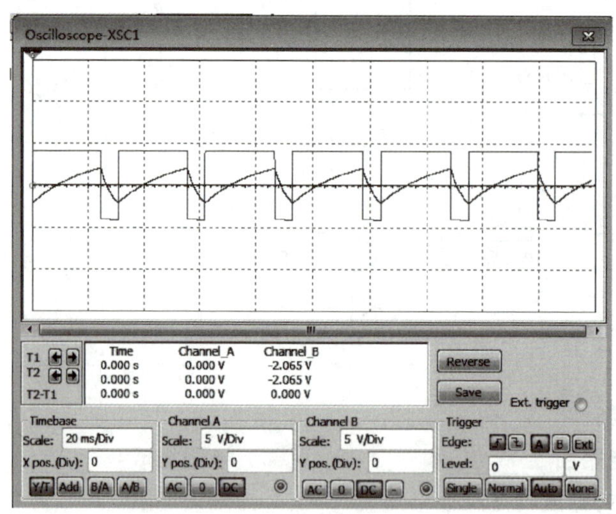

图 3-23　矩形波发生电路仿真输出的矩形波

三、交流分享

1. 通过仿真，说明矩形波发生电路的组成及其工作原理。

2. 讨论输出矩形波的幅度和哪些电路参数关联，若要得到稳定的输出幅度，电路输出端可连接什么元器件？

四、评价总结

1. 首先由学生根据任务完成情况进行评价，然后由小组人员进行评价，记录于

表 3-10 中。

表 3-10　学生自评和小组评价表

项目内容	配分	评　分　标　准	自评得分	小组评价得分
素养与规范	30 分	(1) 准备工作不到位，可酌情扣 5～10 分； (2) 着装不规范，可酌情扣 5～7 分； (3) 违反操作规程，产生不安全因素，酌情扣 10～20 分； (4) 迟到、早退、场地不清洁，每次扣 2～5 分		
电路仿真与调试	30 分	(1) 利用 Multisim，画出仿真电路图，得 15 分； (2) 调节元器件，使电路起振，输出稳定的波形，得 15 分； (3) 仿真调试时发现接线错误等，每处扣 5～7 分		
性能测试	40 分	(1) 能调节电位器，观察矩形波波形的变化，且记录完整，可得 20 分，否则每项酌情扣 3～10 分； (2) 能测量波形的周期，计算对应频率，且记录完整，可得 20 分，否则每项酌情扣 3～10 分		
总分				
自评人签名：　　　年　月　日　　　组评人员签名：				

2. 由指导教师根据任务完成整体情况，并结合学生自评和小组评价进行综合评分，将评价意见与评分值记录于表 3-11 中。

表 3-11　教师评价表

教师总体评价意见：	
教师评分(按 100 分计)	
总评分 = 自评得分 × 0.3 + 小组评价得分 × 0.3 + 教师评分 × 0.4	

拓展训练　函数信号发生器的设计与分析

一、训练导入

函数信号发生器在生产实践和科技领域中有着广泛的应用，能产生多种波形，给被测电路提供所需幅值和频率的相应信号，可用于测试或检修各种电子设备中的低频放大器的增益、频率特性，也可作为高频信号发生器的外调制信号源。

二、工作过程

（一）准备

函数信号发生器应该由正弦波、方波、三角波信号发生器、放大输出电路及直流稳压电源组成，如图3-24所示。

其技术指标如下：

(1) 正弦波信号源

输出频率范围：200 Hz～50 kHz，分两波段连续可调；输出电压范围：0～10 V（峰峰值）。

(2) 方波信号源

输出频率范围：200 Hz～50 kHz，分两波段连续可调；输出电压范围：0～4 V（峰峰值）。

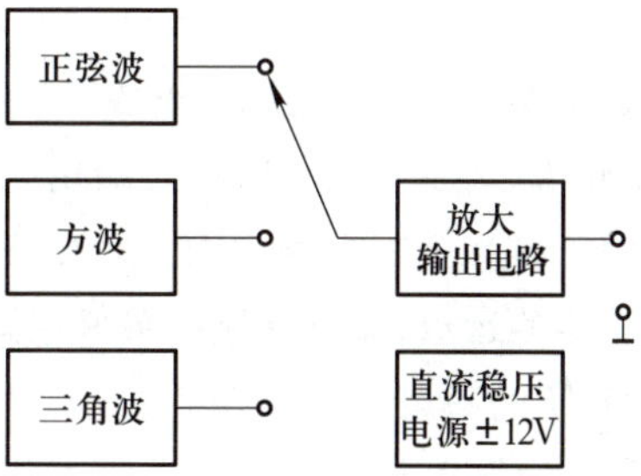

图3-24　函数信号发生器系统框图

(3) 三角波信号源

输出频率范围：250 Hz～33 kHz，分两波段连续可调；输出电压范围：0～4 V（峰峰值）。

（二）实施

1. 电路设计

(1) 正弦波信号发生器

正弦波信号发生器的输出频率范围为200 Hz～50 kHz，分两波段连续可调。由于要求输出频率连续可调，所以*RC*选频网络中应包括可调元器件，一般情况下，采用波段开关切换电容的方式实现频段的粗调，在每一频段内用双联电位器完成本波段内频率的细调。电路如图3-25所示。

双联电位器R_{P1}，R_{P2}（50 kΩ）分别和R_1，R_2（1.5 kΩ）串联完成频率的细调。串联R_1，R_2是防止双联电位器调到0 Ω时使电路工作异常。电阻R_1，R_2选用精度为1%的电阻；双联电位器中的两个电位器调节时的阻值偏差不能太大；电容C_1，C_3，C_2，C_4的误差不能超过5%。若不能满足上述要求，会产生失真的正弦波。

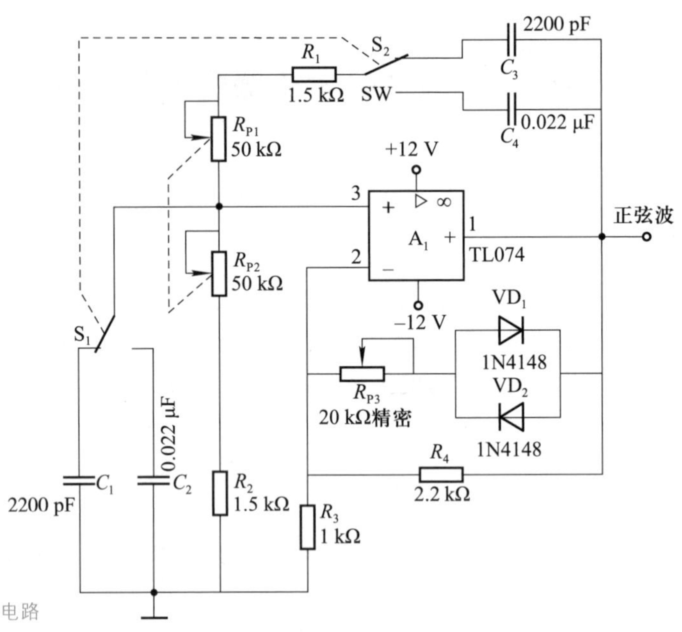

图 3-25 正弦波信号发生器电路

3

稳幅电路由 VD_1，VD_2 和 R_{P3} 组成。当输出幅度增加时，二极管的动态内阻减小，使 VD_1 或 VD_2 和 R_{P3} 串联的电阻减小，输出幅度下降，达到稳幅的目的。为了保证电路起振，应使 R_4/R_3 略大于 2，电路中 R_4 选 2.2 kΩ，R_3 选 1 kΩ。

用作振荡器的运放，其振荡频率最好在运放频率参数的 1/10 较为可靠。这里选用频带宽度为 3 MHz 的四运放 TL074。

(2) 方波信号发生器

产生方波的方法很多，最简单的方法是采用过零比较器。将正弦波产生电路输出的正弦波经过零比较器即可得到同频的方波，如图 3-26 所示。

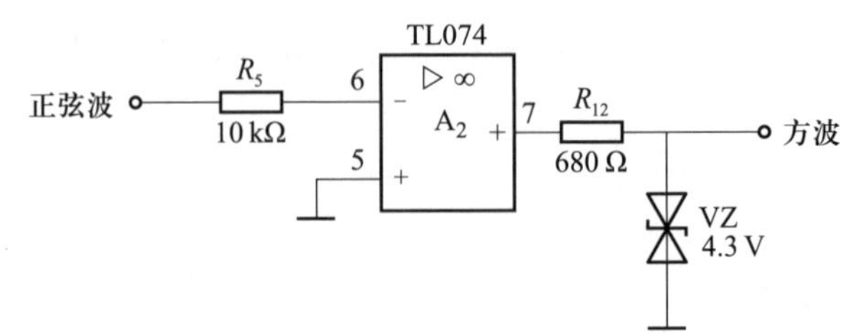

图 3-26 方波信号发生器电路

(3) 三角波信号发生器

三角波信号发生器输出频率范围为 250 Hz～33 kHz，分两波段连续可调。电路如图 3-27 所示。

三角波的频率为

$$f=\frac{R_8+R_{P5}}{4R_7(R_9+R_{P6})C_5}$$

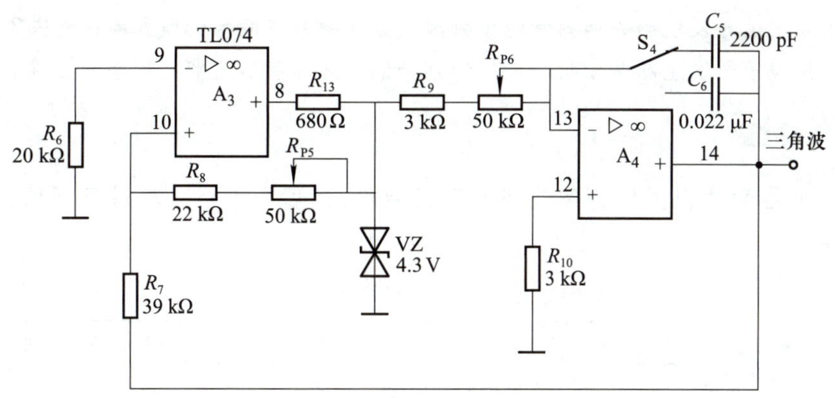

图 3-27　三角波信号发生器

(4) 放大输出电路

放大输出电路采用 LM358 或 LM833(15 MHz 带宽)组成的电压跟随器,如图 3-28 所示。调节 R_{P4} 可改变信号幅度。

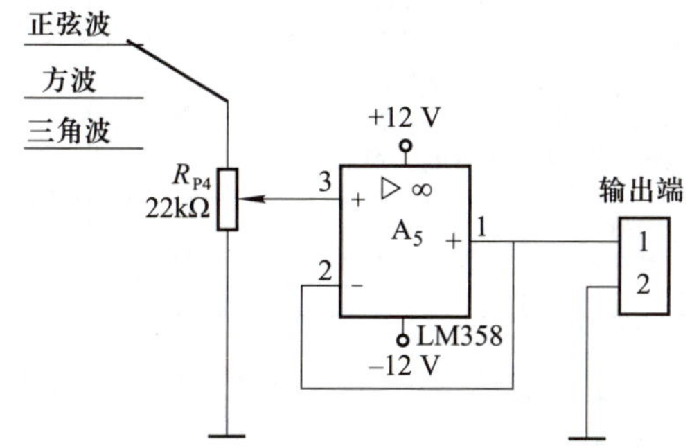

图 3-28　放大输出电路

2. 分析计算

(1) 在正弦波信号发生器电路中,当调节双联电位器 R_{P1}, R_{P2}(50 kΩ)到阻值为最大时,切换开关 S_1, S_2 分别接通电容 C_1, C_3,计算振荡信号的频率为________,切换开关 S_1, S_2 分别接通电容 C_2, C_4,计算振荡信号的频率为________。

(2) 三角波信号发生器电路调节双联电位器 R_{P6}(50 kΩ)到阻值为最大时,切换开关 S_4 接通电容 C_5,计算三角波电路输出信号的频率为________,切换开关 S_4 接通电容 C_6,计算三角波电路输出信号的频率为________。

3. 电路仿真

用 Multisim 软件分别对设计的正弦波信号发生器电路、方波信号发生器电路、三角波信号发生器电路和放大输出电路进行仿真,再对整体电路进行仿真。

记录仿真结果,正弦波信号发生器电路的两个频段分别是________和________,三角波信号发生器电路的两个频段分别是________和________。

三、交流分享

1. 小组里是怎样具体分工合作的?设计并仿真是否一次成功?

2. 正弦波信号发生器为何要分两个频段？频段参数主要与哪些元器件有关？

3. 三角波信号发生器两个频段是如何划分的？频段参数主要与哪些元器件有关？

四、评价总结

1. 首先由学生根据任务完成情况自己评价，然后由小组人员进行评价，记录于表 3-12 中。

表 3-12　学生自评和小组评价表

项目内容	配分	评　分　标　准	自评得分	小组评价得分
素养与规范	30 分	(1) 准备工作不到位，可酌情扣 5～10 分； (2) 着装不规范，可酌情扣 5～7 分； (3) 违反操作规程，产生不安全因素，酌情扣 10～20 分； (4) 迟到、早退、场地不清洁，每次扣 2～5 分		
数据计算	10 分	计算正弦波信号发生器输出信号的频率和三角波信号发生器输出信号的频率正确，否则每项酌情扣 3～5 分		
电路仿真	30 分	规定时间内完成整体电路的设计与仿真，能观察到三种波形，否则每项酌情扣 1～5 分		
仿真调试	30 分	(1) 正确接通开关，调节元器件，测得正弦波信号发生器的两个频段，并记录完整，否则每项酌情扣 10～15 分； (2) 正确接通开关，调节元器件，测得三角波信号发生器的两个频段，并记录完整，否则每项酌情扣 10～15 分		
总分				
自评人签名：		年　月　日	组评人员签名：	

2. 由指导教师根据任务完成整体情况，并结合学生自评和小组评价进行综合评分，将评价意见与评分值记录于表 3-13 中。

表 3-13　教师评价表

教师总体评价意见：	
教师评分(按 100 分计)	
总评分 = 自评得分 × 0.3 + 小组评价得分 × 0.3 + 教师评分 × 0.4	

项目小结

1. 信号发生电路通常称为自激振荡电路，用于产生一定频率和幅度的正弦波和非正弦波信号，因此，它分为正弦波振荡电路和非正弦波发生电路。

2. 正弦波振荡电路一般包括四个组成部分：放大电路、选频网络、反馈网络和稳幅环节。

3. 任何一个具有正反馈的放大器都必须满足一定的条件才能自激振荡。正弦波振荡器的相位平衡条件为 $\varphi_A+\varphi_F=2n\pi(n=0, 1, 2, \cdots)$，振幅平衡条件为 $|\dot{A}\dot{F}|=1$，起振时，振幅条件为 $|\dot{A}\dot{F}|>1$。

4. 正弦波振荡电路分为 *RC* 正弦波振荡电路、*LC* 正弦波振荡电路和石英晶体正弦波振荡电路。

RC 正弦波振荡电路适用于低频振荡，振荡频率一般在 1 MHz 以下，常采用 *RC* 桥式振荡电路，*RC* 桥式振荡电路用 *RC* 串并联网络作为选频网络，其振荡频率为 $f_0=1/(2\pi RC)$，为了满足振荡条件，要求 *RC* 桥式振荡电路中的放大器应满足下列条件：同相放大，$A_u\geqslant3$；高输入阻抗、低输出阻抗；采用非线性元器件构成负反馈，使放大器的增益能自动随输出电压的增大（或减小）而下降（或增大）。

LC 正弦波振荡电路的选频网络由 *LC* 并联谐振回路构成，可以产生较高频率的正弦波信号，主要类型包括变压器反馈式、电感反馈式和电容反馈式等，其振荡频率近似等于 *LC* 并联谐振回路的谐振频率。其中，电容反馈式振荡电路工作频率高，振荡波形好。

石英晶体正弦波振荡电路利用高 *Q* 值的石英晶体谐振器作为选频网络，其频率稳定性很高，一般可达 $10^{-6}\sim10^{-8}$ 数量级。石英晶体正弦波振荡电路有串联型和并联型，前者石英晶体作为一个反馈元件，工作在串联谐振状态；后者石英晶体作为一个电感元件，与回路中其他元器件形成并联谐振。

5. 非正弦波发生电路中的集成运放一般工作在非线性区。本项目介绍了矩形波、三角波、锯齿波发生电路组成及工作原理，它们没有选频网络，通常由滞回比较器、积分电路等组成，主要参数是振荡幅值和振荡频率。由于滞回比较器引入了正反馈，加速了输出电压的变化，积分电路使比较器的输出电压周期性地在高低电平间变化，从而使电路产生振荡。

自测题

文本：项目三自测题答案

一、填空题

1. 正弦波振荡电路的相位平衡条件是________；振幅平衡条件是________。

2. 正弦波振荡电路的振幅平衡条件是指振荡电路已进入稳态振荡而言的，欲使振荡电路在接通电源后自行起振，或者说能够自励，起振时必须满足________的条件。

3. 正弦波振荡电路只在一个频率下满足相位平衡条件，这个频率就是振荡频率 f_0，这就要求在 AF 环路中包含一个________网络。

4. 正弦波振荡电路一般由________、________、________和________四部分所组成。

5. 根据选频网络所采用的元器件不同，正弦波振荡电路可分为________、________和________。

6. RC 桥式正弦波振荡电路用________网络选频，当这种电路产生正弦波振荡时，该选频网络的反馈系数(即传输系数)$|\dot{F}|=$________，$\varphi_F=$________。

7. RC 桥式正弦波振荡电路由两部分电路组成，即 RC 串并联选频网络和________。

8. 滞回比较器中引入了正反馈，它有________个门限电压。

二、选择题

1. 信号发生电路的作用是在(　　)情况下，产生一定频率和幅度的正弦或非正弦信号。

A. 外加输入信号　　B. 没有输入信号

C. 稳幅电路参数　　D. 没有反馈信号

2. 在自激振荡形成的过程中，振荡建立初期，必须使反馈信号(　　)原输入信号，使振荡幅度逐渐增大；当振荡建立后，必须使反馈信号(　　)原输入信号，使建立的振荡以稳定的幅度维持下去。

A. 大于　　B. 小于　　C. 等于　　D. 不确定

3. RC 串并联网络具有选频特性，当输入信号频率为谐振频率时，输出幅度最大，且输出电压与输入电压(　　)。

A. 同相　　B. 反相　　C. 正交　　D. 以上都不对

4. 在 RC 串并联桥式振荡电路中，起振时要求放大器(　　)，稳幅振荡时要求放大器(　　)。

A. $A_u>1$　　B. $A_u>3$　　C. $A_u=3$　　D. $A_u<3$

5. 正弦波振荡电路中振荡频率主要由(　　)决定。

A. 放大倍数　　B. 反馈网络参数

C. 直流电源电压　　D. 选频网络参数

6. 常用正弦波振荡电路中，频率稳定度最高的是(　　)正弦波振荡电路。

A. RC 桥式　　B. 电感三点式　　C. 电容三点式　　D. 石英晶体

3

三、判断题

1. 信号发生电路用于产生一定频率和幅度的交流输出信号，所以其工作时不需要接入直流电源。 (　　)

2. 在正弦波振荡电路中，只允许存在正反馈，不允许有负反馈。 (　　)

3. 只要电路满足正弦波振荡的振幅平衡条件，电路就一定能振荡。 (　　)

4. 只要电路满足相位平衡条件，且 $|\dot{A}\dot{F}|>1$，就一定能产生自激振荡。 (　　)

5. RC 桥式振荡电路中，RC 串并联网络既是选频网络，又是正反馈网络。 (　　)

6. RC 桥式振荡电路用 RC 串并联网络作选频网络；LC 振荡电路用 LC 并联谐振回路作选频网络；石英晶体振荡电路用石英晶体谐振器作选频网络。 (　　)

7. 石英晶体振荡电路中，核心元件是石英晶体。石英晶体是利用压电谐振现象工作的。 (　　)

8. 石英晶体有两个谐振频率，且两者数值非常接近。 (　　)

习题

1. 某音频信号发生器的电路如图 3-29 所示。

调节 R_P，当 R_P 为 1 kΩ 时，对应的电路振荡频率为________；当 R_P 为 10 kΩ 时，对应的电路振荡频率为________。

图 3-29　习题 1 题图

2. 电路如图 3-30 所示。

(1) 正确连接 A, B, P, N 四点，使之成为 RC 桥式振荡电路；________和________

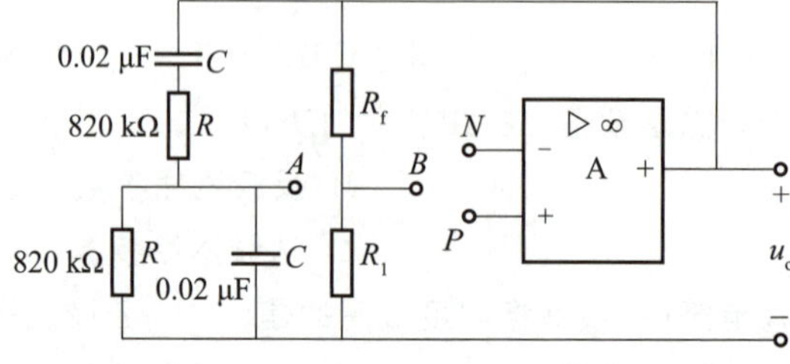

图 3-30　习题 2 题图

相连，________和________相连。

(2) 电路的频率 $f_0 =$ ________________。

(3) 若 $R_1 = 2\ \text{k}\Omega$，R_f 的最小值应该为________________。

3. RC 桥式正弦波振荡电路如图 3-31 所示，已知 $R = 8.2\ \text{k}\Omega$，$C = 0.01\ \mu\text{F}$，$R_1 = 4.3\ \text{k}\Omega$，$R_P = 22\ \text{k}\Omega$，$R_2 = 6.2\ \text{k}\Omega$。

(1) 标出运放的输入端极性。

(2) 振荡频率 $f_0 =$ ________________。

(3) 半导体二极管 VD_1 和 VD_2 的作用是________________。

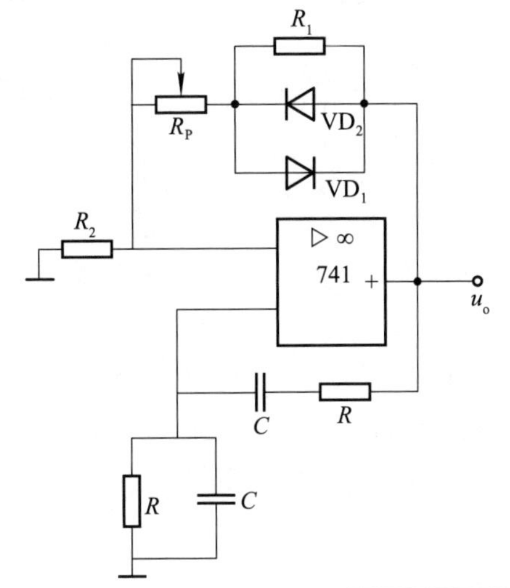

图 3-31　习题 3 题图

4. 试用相位平衡条件判断图 3-32 所示两个电路是否有可能产生正弦波振荡。如可能振荡，指出该振荡电路属于什么类型(如变压器反馈式、电感三点式、电容三点式等)，并估算其振荡频率。已知这两个电路中的 $L = 0.5\ \text{mH}$，$C_1 = C_2 = 40\ \text{pF}$。

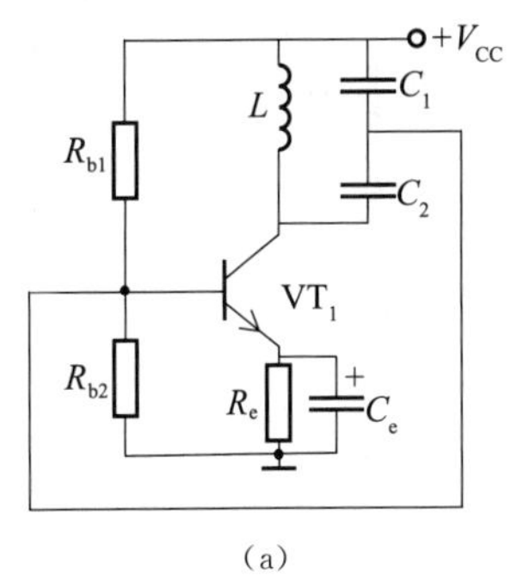

(a)

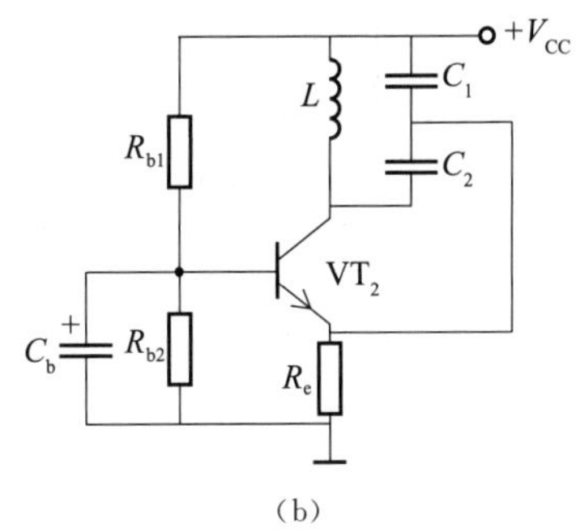

(b)

图 3-32　习题 4 题图

(1) 图 3-32(a)能否产生振荡？________，振荡类型为________________。

(2) 图 3-32(b)能否产生振荡？________，振荡类型为________________。

(3) 振荡频率 = ________。

5. 石英晶体振荡电路如图 3-33 所示，指出振荡电路的类型和石英晶体在电路中所起的作用，并估算图 3-33(b)振荡电路的振荡频率 f_0。

(1) 图 3-33(a)振荡电路类型为________,石英晶体在电路中呈________。

(2) 图 3-33(b)振荡电路类型为________,石英晶体在电路中呈________。

(3) 图 3-33(b)振荡电路的振荡频率 f_0 = ________。

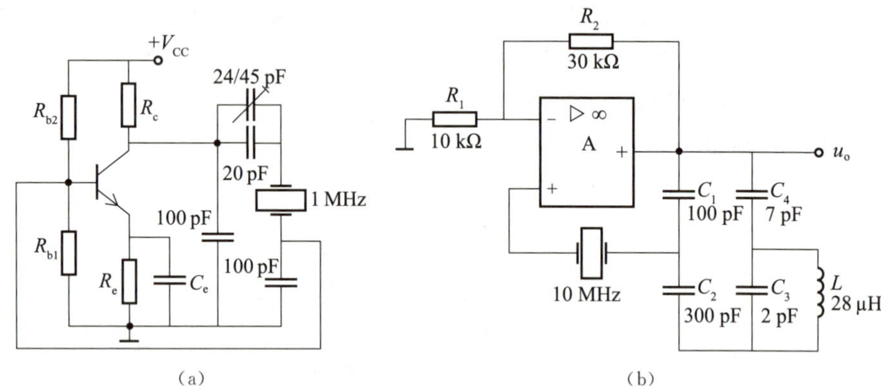

图 3-33 习题 5 题图

6. 分析如图 3-34 所示波形产生电路的工作原理,说明电路中各元器件的作用,写出振荡频率的表达式。

(1) 运放 A_1 及外围元器件组成________电路,功能是________。

(2) 运放 A_2 及外围元器件组成________电路,功能是________。

(3) 运放 A_3 及外围元器件组成________电路,功能是________。

(4) 振荡频率 = ________。

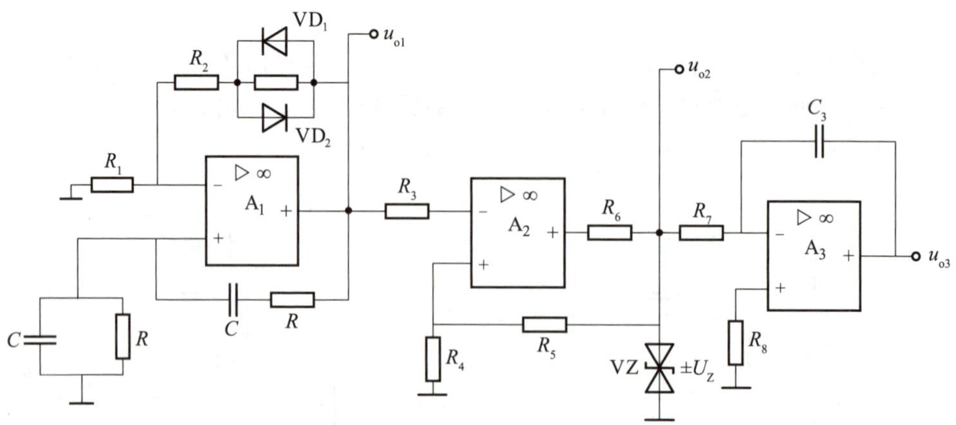

图 3-34 习题 6 题图

项目四 功率放大电路的安装与调试

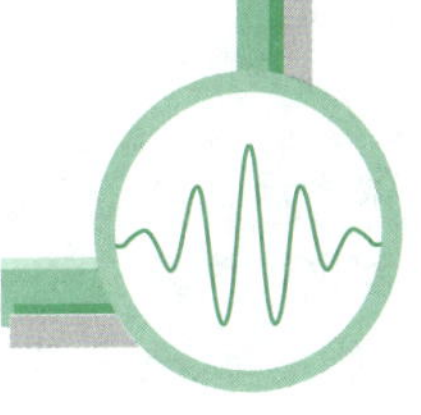

项目描述

电压放大电路均属于小信号放大电路，它们主要用于增强电压的幅度。实际上很多电子设备的输出要带动一定的负载，这就要求放大电路要向负载提供足够大的输出功率，如扬声器发声、继电器动作或仪表指针偏转等。此类电路称为功率放大电路，常常放在多级放大电路、集成运放的最后一级，是常用的电子电路之一。

项目目标

【知识目标】

☆ 掌握功率放大器的特点和分类。

☆ 掌握 OTL 和 OCL 的基本组成、工作原理和电路特性。

☆ 能正确估算功率放大电路的输出功率和效率。

【技能目标】

☆ 掌握低频功率放大器主要性能指标的测试方法。

☆ 能够安装和调试音频功率放大器。

【素质目标】

☆ 通过对功率放大电路设计要求的理解,树立质量意识和节能环保意识。

☆ 通过学习功率放大电路各元器件在电路中作用,培养学生团队协作精神。

☆ 通过低频功率放大器的装调训练,培养执着专注、精益求精、一丝不苟、追求卓越的工匠精神。

任务　功率放大电路的安装与调试

扩音器框图如图 4-1 所示。声音信号通过话筒接收，经电压放大后，再经过功率放大，获得足够大的电流和电压，使得执行器件扬声器振动发声。

图 4-1　扩音器框图

那么，功率放大电路与电压放大电路有什么不一样呢？

知识积累

一、功率放大器的特点和分类

1. 功率放大器的特点

功率放大器的主要功能是在保证信号不失真(或失真较小)的前提下获得尽可能大的信号输出功率。由于通常工作在大信号状态下，所以常用图解法进行分析。在功率放大器研究中需要关注的主要问题有：

(1) 要求输出功率 P_o 尽可能大

输出功率用输出电压有效值 U_o 和输出电流有效值 I_o 的乘积来表示，即

$$P_o = U_o I_o$$

为了获得大的功率输出，要求功放管的电压和电流都有足够大的输出幅度，因此，功放管往往在接近极限状态下工作。

(2) 效率 η 要高

所谓的效率是指输出功率与电源总功率的比值，即

$$\eta = \frac{P_o(\text{交流输出功率})}{P_{DC}(\text{直流电源供给的功率})} \times 100\%$$

(3) 正确处理输出功率与非线性失真之间的矛盾

同一功放管随着输出功率增大，非线性失真往往越严重，因此，应根据不同的应用场合，合理考虑对非线性失真的要求。

(4) 功放管的散热与保护问题

在功率放大器中，有相当大的功率消耗在功放管的集电结上，使结温和管壳温度升高。为了充分利用允许的管耗而使功放管输出足够大的功率，功放管的散热是一个很重要的问题。

4

此外，在功率放大器中，为了输出大的信号功率，功放管承受的电压要高，通过的电流要大，功放管损坏的可能性也就比较大，所以，功放管的保护问题也不容忽视。

2. 低频功率放大器的分类

按照功放管在一个信号周期内导通时间的不同，低频功率放大器可分为三类：甲类、乙类和甲乙类，如图 4-2 所示。

甲类：在信号的一个周期内，功放管始终导通，其导电角 $\theta=360°$。该类电路的主要优点是输出信号的非线性失真较小。主要缺点是直流电源在静态时的功耗较大，效率 η 较低，在理想情况下，甲类功放的最高效率只能达到 50%。

乙类：在信号的一个周期内，功放管只有半个周期导通，其导电角 $\theta=180°$。该类电路的主要优点是直流电源的静态功耗为零，效率 η 较高，在理想情况下，最高效率可达 78.5%。主要缺点是输出信号中会产生交越失真。

动画：
功放的类型和效率

甲乙类：在信号的一个周期内，功放管导通的时间略大于半个周期，其导电角 $180°<\theta<360°$。功放管的静态电流大于零，但非常小。这类电路保留了乙类功放的优点，且克服了乙类功放的交越失真，是最常用的低频功率放大器类型。

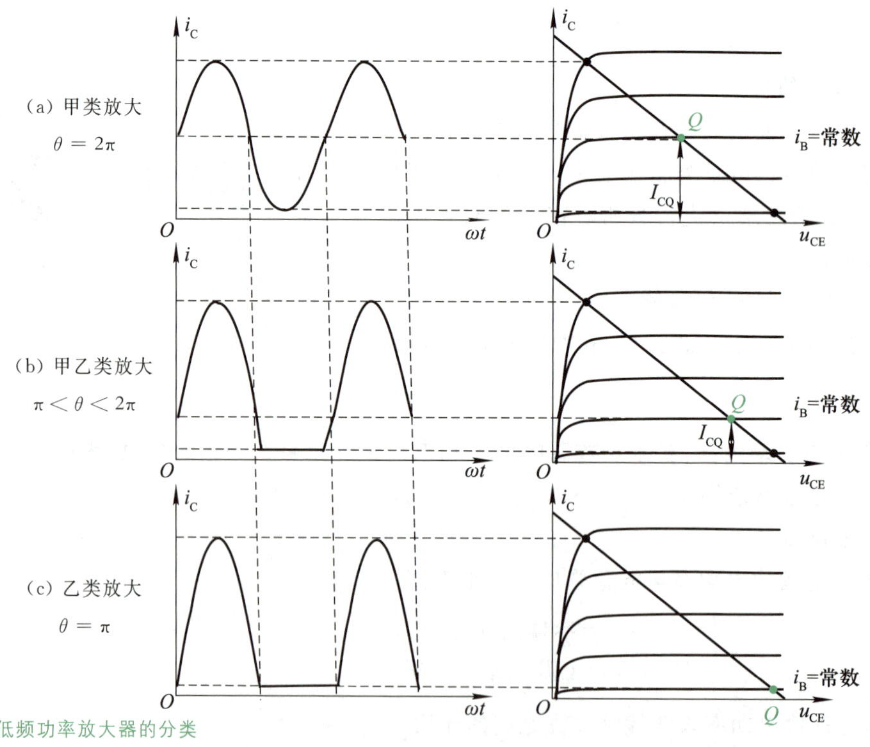

图 4-2　低频功率放大器的分类

二、乙类互补对称功率放大电路

1. 电路组成及工作原理

双电源构成的乙类互补对称功率放大电路原理图如图 4-3 所示，这类电路又称为无输出电容的功率放大电路，简称 OCL(output capacitorless)电路。VT_1 为 NPN 型管，VT_2 为 PNP 型管，两管参数对称。

(1) 静态分析

当输入信号 $u_i=0$ 时，$U_B=0$，$U_E=0$，偏置电压为零，两个三极管均处于截止状态，负载中没有电流通过，输出电压 $u_o=0$。

(2) 动态分析

① 在输入信号为正半周时，$u_i>0$，VT_1 导通而 VT_2 截止，VT_1 以射极输出器的形式将正半周信号传输给负载，在 R_L 上形成正半周的输出电压，$u_o>0$。

② 在输入信号为负半周时，$u_i<0$，VT_2 导通而 VT_1 截止，VT_2 以射极输出器的形式将负半周信号传输给负载，在 R_L 上形成负半周的输出电压，$u_o<0$。

可见在输入信号 u_i 的整个周期内，VT_1，VT_2 两管轮流交替地工作，互相补充，使负载获得完整的信号波形，故称互补对称电路。由于 VT_1，VT_2 都连接成共集电极接法，输出电阻较小。

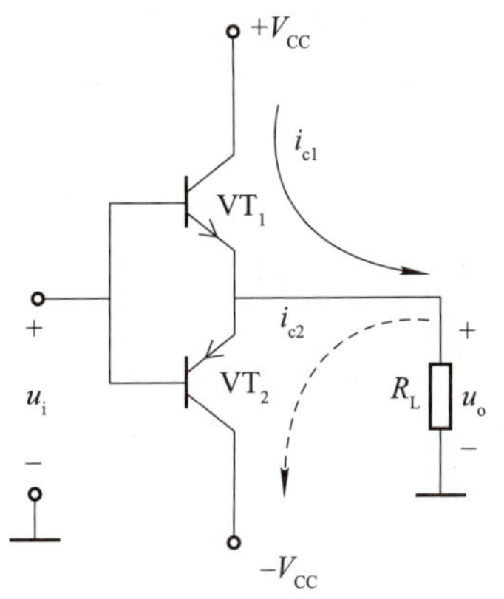

图 4-3 乙类互补对称功率放大电路原理图

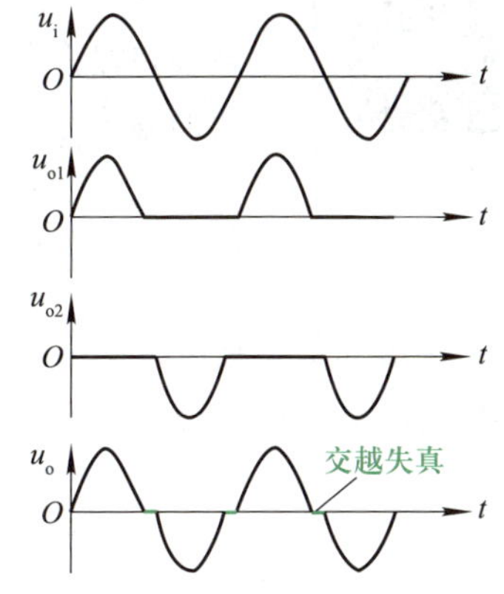

图 4-4 输出波形失真

2. 失真分析

实际的乙类互补对称功率放大电路，由于没有直流偏置，只有当输入信号 u_i 大于三极管的死区电压时，三极管才能导通。当输入信号 u_i 低于这个数值时，VT_1，VT_2 都截止，i_{c1} 和 i_{c2} 基本为零，负载 R_L 上无电流通过，出现一段死区。从工作波形可以看到，在波形过零的一个小区域内输出波形产生了失真，如图 4-4 所示，这种现象称为交越失真。产生交越失真是由于 VT_1，VT_2 发射结静态偏压为零，放大电路工作在乙类状态。当输入信号 u_i 小于三极管的发射结死区电压时，两个三极管都截止，在这一区域内输出电压为零，使波形失真。为减小交越失真，可给 VT_1，VT_2 发射结加适当的正向偏压，以便产生一个不大的静态偏流，使 VT_1，VT_2 导通时间稍微超过半个周期，即工作在甲乙类状态。

3. 分析计算

由于结构的对称，在此以正半周为例分析。乙类互补对称功率放大电路的正半周输出特性曲线如图 4-5 所示。

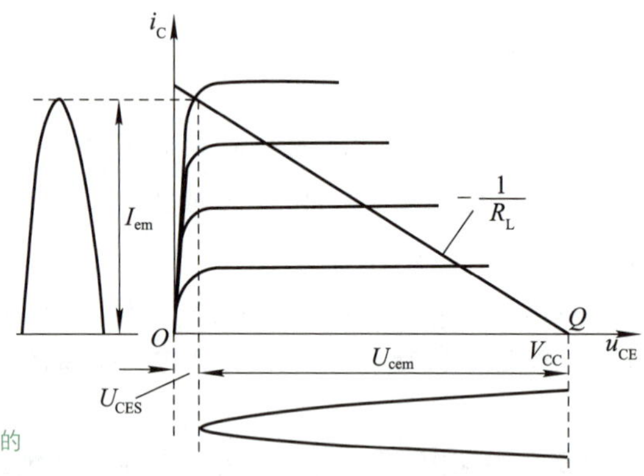

图 4-5 乙类互补对称功率放大电路的正半周输出特性曲线

(1) 输出功率 P_o

在输入正弦信号幅度足够的前提下，即能驱使工作点沿负载线在截止点与临界饱和点之间移动，如图 4-5 所示。设输出电压的幅值为 U_{om}，则输出功率 P_o 为

$$P_o = U_o I_o = \frac{U_{om}}{\sqrt{2}} \frac{I_{om}}{\sqrt{2}} = \frac{1}{2} U_{om} I_{om} = \frac{U_{om}^2}{2R_L}$$

乙类互补对称功率放大电路中的 VT_1，VT_2 可以看成工作在射极输出器状态，则 $A_u \approx 1$。

临界时，输出电压 $U_{om} = U_{im} = V_{CC} - U_{CES} \approx V_{CC}$ 时，可获得最大的输出功率为

$$P_{om} = \frac{U_{om}^2}{2R_L} \approx \frac{V_{CC}^2}{2R_L}$$

由上述对 P_o 的讨论可知，要提供放大器的输出功率，可以增大电源电压 V_{CC} 或降低负载阻抗 R_L，但必须正确选择功率放大三极管的参数和采取必要的散热措施，以保证其安全工作。

(2) 三极管的管耗 P_{VT}

乙类互补对称功率放大电路中的两管功耗是相等的，所以总功耗是单管的两倍。电路中的 VT_1 功耗表达式为

$$P_{VT_1} = \frac{1}{2\pi}\int_0^{\pi} u_{CE} i_C \mathrm{d}(\omega t) = \frac{1}{2\pi}\int_0^{\pi} (V_{CC} - u_o) \frac{u_o}{R_L} \mathrm{d}(\omega t)$$
$$= \frac{1}{R_L}\left(\frac{V_{CC}U_{om}}{\pi} - \frac{U_{om}^2}{4}\right)$$

电路中总的管耗表达式为

$$P_{VT} = P_{VT_1} + P_{VT_2} = \frac{2}{R_L}\left(\frac{V_{CC}U_{om}}{\pi} - \frac{U_{om}^2}{4}\right)$$

根据求导公式和求极大值的方法，求得，当 $U_{om}=\frac{2}{\pi}V_{CC}\approx0.64V_{CC}$ 时，三极管的功耗最大，其值为

$$P_{VT\max}=\frac{2V_{CC}^2}{\pi^2R_L}=\frac{4}{\pi^2}P_{om}\approx0.4P_{om}$$

每个三极管最大功耗为

$$P_{VT_1\max}=P_{VT_2\max}=\frac{1}{2}P_{VT\max}=0.2P_{om}$$

(3) 电源供给的功率 P_{DC}

电路中电源所提供的总功率应是输出功率和电路管耗的总和，其表达式为

$$P_{DC}=P_o+P_{VT}=\frac{U_{om}^2}{2R_L}+\frac{2}{R_L}\left(\frac{V_{CC}U_{om}}{\pi}-\frac{U_{om}^2}{4}\right)=\frac{2V_{CC}U_{om}}{\pi R_L}\qquad(4\text{-}1)$$

忽略 U_{CES}，使电路的最大输出电压和电源电压相等，将 $U_{om}\approx V_{CC}$ 代入式(4-1)得最大功率 P_{DC} 为

$$P_{DC}\approx\frac{2V_{CC}^2}{\pi R_L}$$

(4) 效率 η

$$\eta=\frac{P_o}{P_{DC}}=\frac{U_{om}^2}{2R_L}\cdot\frac{\pi R_L}{2V_{CC}U_{om}}=\frac{\pi U_{om}}{4V_{CC}}\qquad(4\text{-}2)$$

当 $U_{om}\approx V_{CC}$ 时，将其代入式(4-2)可得输出电压最大时电路的效率 $\eta\approx78.5\%$。

(5) 功率放大三极管的选择条件

由上可知功率放大三极管(简称功放管)的选择应满足以下基本条件：

① $P_{CM}>P_{VT_1\max}\approx0.2P_{om}$，即每个功放管的最大允许管耗 P_{CM} 必须大于实际工作时的 $P_{VT_1\max}$。

② 当 VT_2 导通时，$U_{CE2}\approx0$，此时 U_{CE1} 具有最大值，等于 $2V_{CC}$，因此，选择功放管时，应选用击穿电压 $|U_{(BR)CEO}|>2V_{CC}$ 的功放管。

③ 通过功放管的最大集电极电流为 $\frac{V_{CC}}{R_L}$，选择功放管的最大允许的集电极电流 I_{CM} 一般不宜低于此值。

三、甲乙类互补对称功率放大电路

1. 电路组成及工作原理

为了克服乙类互补对称功率放大电路的交越失真，需要给电路设置静态偏置，使之工作在甲乙类状态，如图 4-6 所示。VT_1，VT_2 组成互补对称输出级。静态时，VD_1，VD_2 导通产生的压降为 VT_1，VT_2 提供了一个适当的偏压，使之处于微导通状态，工作在甲乙类状态。但由于 VT_1，VT_2 对称，负载中仍无电流流过，U_E 仍为零。这样，即使动态输入信号 u_i 很小(VD_1 和 VD_2 的交流电阻也小)，基本上可线性地进行放大，克服交越失真，其分析计算同乙类互补对称功率放大电路。

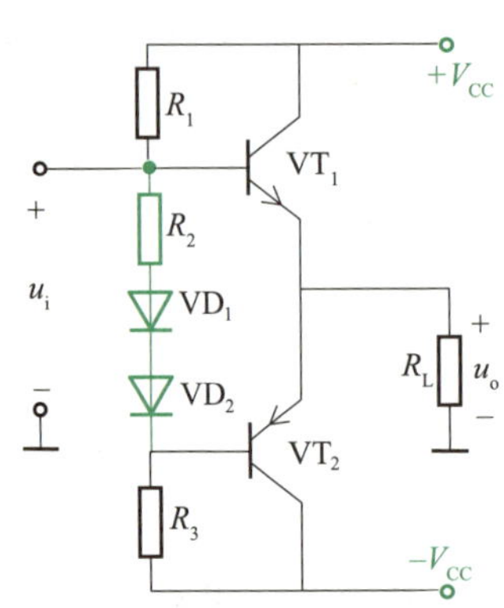

图 4-6 甲乙类功率放大电路

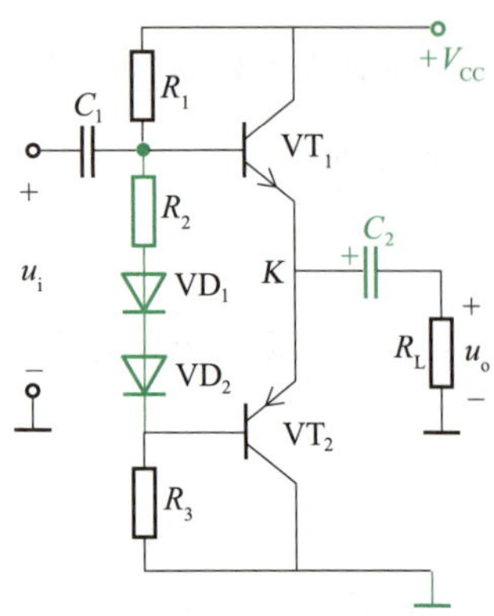

图 4-7 单电源甲乙类功率放大电路

2. 单电源甲乙类互补对称电路(OTL 电路)

双电源互补对称功率放大电路由于静态时输出电位为零,负载可以直接连接,不需要耦合电容,因而它具有低频响应好、输出功率大、便于集成化等优点,但需要双电源供电,使用起来有时会不方便。在实际应用中,为了简化电源,经常需要采用单电源供电,如图 4-7 所示,此时需在两个三极管发射极与负载之间接入一个大容量电容 C_2。这种电路通常又称无输出变压器的单电源供电功率放大电路,简称 OTL 电路。

在 $u_i=0$ 时,调节 R_1, R_2,使 U_{B2} 和 U_{B1} 达到所需大小,给 VT_1 和 VT_2 提供一个合适的偏置,从而使点 K 电位 $V_K=\frac{1}{2}V_{CC}$。

$u_i \neq 0$ 时,在信号的正半周,VT_1 导电,有电流通过负载 R_L,同时向 C_2 充电;在信号的负半周,VT_2 导电,则已充电的电容 C_2 起着双电源互补对称电路中电源 $-V_{CC}$ 的作用,通过负载 R_L 形成回路。只要选择时间常数足够大(比信号的最长周期还大得多),就可以认为用电容 C_2, V_{CC} 可代替原来的 $-V_{CC}$, V_{CC}。

采用单电源的互补对称电路,由于每个三极管的工作电压不是原来的 V_{CC},而是 $\frac{1}{2}V_{CC}$,即输出电压幅值 U_{om} 最大也只能达到约 $\frac{1}{2}V_{CC}$,所以前面导出的计算 P_o, P_{VT} 和 P_{DC} 的最大值公式,必须加以修正才能使用,要以 $\frac{1}{2}V_{CC}$ 代替原来公式中的 V_{CC}。

四、复合互补对称功率放大电路

互补对称功率放大电路中,要求两个功放管完全对称,这对于大功率管来说实现起来比较困难。实际工作中,常采用复合管的接法来实现互补。

1. 复合管的结构

复合管又称达林顿管,是由两个或两个以上三极管按照一定的方式连接而成的,图 4-8 所示为常见的复合管结构。

2. 复合管的特点

(1) 复合管的类型取决于 VT_1

由图 4-8 可以看出复合管的类型取决于 VT_1。例如,在图 4-8(b)中,VT_1 为 NPN 型,

VT_2 为 PNP 型，复合管等效为 NPN 型。

(2) 电流放大系数很大

复合管的电流放大系数近似为组成该复合管各三极管 β 的乘积，其值很大。由图 4-8(a)可得复合管的电流放大系数为

$$\beta=\frac{i_{c}}{i_{b}}=\frac{i_{c1}+i_{c2}}{i_{b1}}=\frac{\beta_1 i_{b1}+\beta_2 i_{b2}}{i_{b1}}=\frac{\beta_1 i_{b1}+\beta_2(1+\beta_1)i_{b1}}{i_{b1}}$$

$$=\beta_1+\beta_2+\beta_1\beta_2\approx\beta_1\beta_2$$

(a) NPN 型

(b) NPN 型

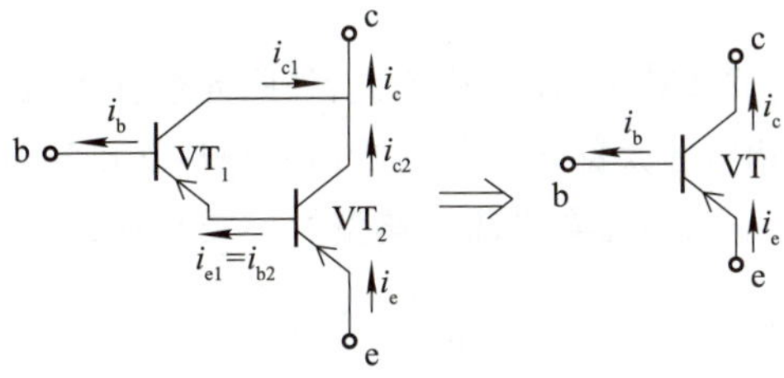

(c) PNP 型

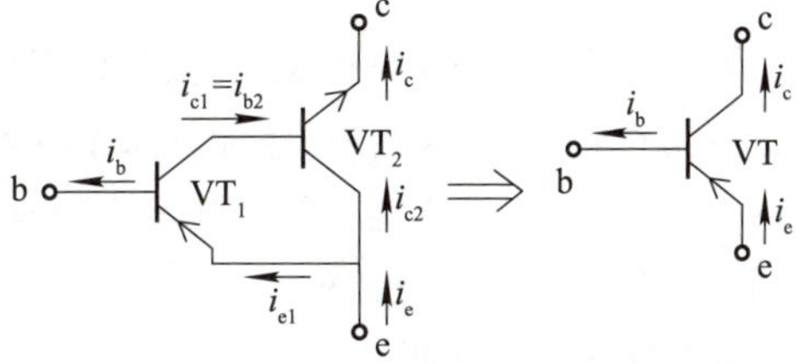

(d) PNP 型

图 4-8　常见的复合管结构

(3) 穿透电流大

由于复合管中第一个三极管的穿透电流会进入下一级三极管进行放大，使得总的穿透电流比单管穿透电流大得多，这是复合管的缺点。为了减小穿透电流的影响，常在两个三极管之间并接一个泄放电阻，如图 4-9 所示。泄放电阻 R 的接入将 VT_1 的穿透电流 I_{CEO1} 分流，R 越小，分流作用越大，复合管总的穿透电流越小。但是，R 的接入也会导致复合管的电流放大倍数下降。

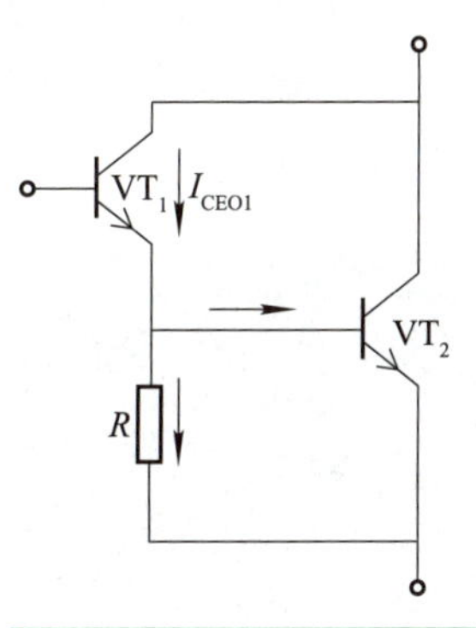

图 4-9　接有泄放电阻的复合管

3. 复合管构成的实用 OCL 功率放大电路

图 4-10 所示为复合管构成的实用 OCL 功率放大电路。运算放大器 A 对输入信号先进行适当放大，以驱动功放管工作，常称为前置放大级。R_1 和 R_3 构成负反馈电路，用来稳定电路的输出电压，也可以确定功放级的电压放大倍数。

VT_1～VT_4 组成 OCL 互补对称电路，其中，VT_1 和 VT_3 组成 NPN 型复合管，VT_2 和 VT_4 组成 PNP 型复合管。VD_1，VD_2 和 VD_3 为功放管的基极提供静态偏置电压，使其静

4

态时处于微导通状态。R_7 和 R_8 为泄放电阻，用来降低复合管的穿透电流。

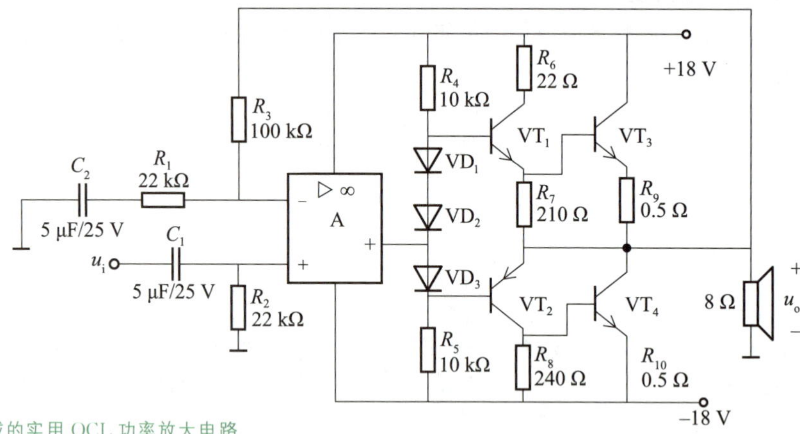

图 4-10　复合管构成的实用 OCL 功率放大电路

五、集成功率放大器

集成功率放大器（简称集成功放）使用方便，成本较低，输出功率大，外围元器件少，被广泛应用在收音机、录音机、直流伺服系统等的功率放大部分。目前国内外集成功放种类很多，但是大多数集成功放及其外围电路有其共同规律，学习几个典型的集成功放，对于应用新型集成功放是有益的。

1. LM1875 的应用

LM1875（图 4-11）是一款功放集成块，而且采用 TO-220 型 5 引脚单列直插式塑料封装结构，体积小巧，外围电路简单，且输出功率较大，内部有完善的过载过热保护功能。引脚 1 为信号正极输入，引脚 2 为信号负极输入，引脚 3 为接地（或负电源），引脚 4 为信号输出，引脚 5 为电源正极输入。

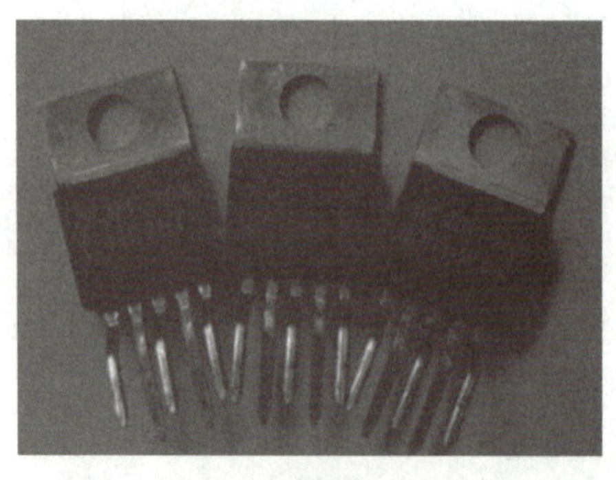

(a) 实物图

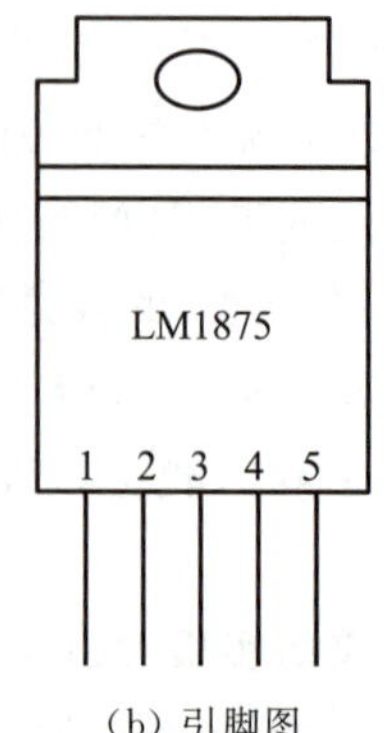

(b) 引脚图

图 4-11　LM1875

LM1875 在电源电压为 ±25 V，负载电阻 $R_L=4\ \Omega$ 时，输出功率为 20 W，广泛应用于汽车立体声收录机、中功率音响设备中。LM1875 最大不失真功率为 30 W，开环增益可达 90 dB，转换速率为 18 V/μs，静态电流为 50 mA。图 4-12 所示为 LM1875 双电源典型应用电路。输入信号由同相端输入，R_1，R_2，C_2 构成交流电压串联负反馈，因此，闭环电

压放大倍数为 $A_{uf}=1+\dfrac{R_1}{R_2}=21$。图 4-12 中电容 C_4，C_5，C_6，C_7 为电源去耦滤波，而电容 C_3 主要滤除高频噪声，构成扬声器补偿网络，可吸收扬声器的反电动势，防止电路振荡。

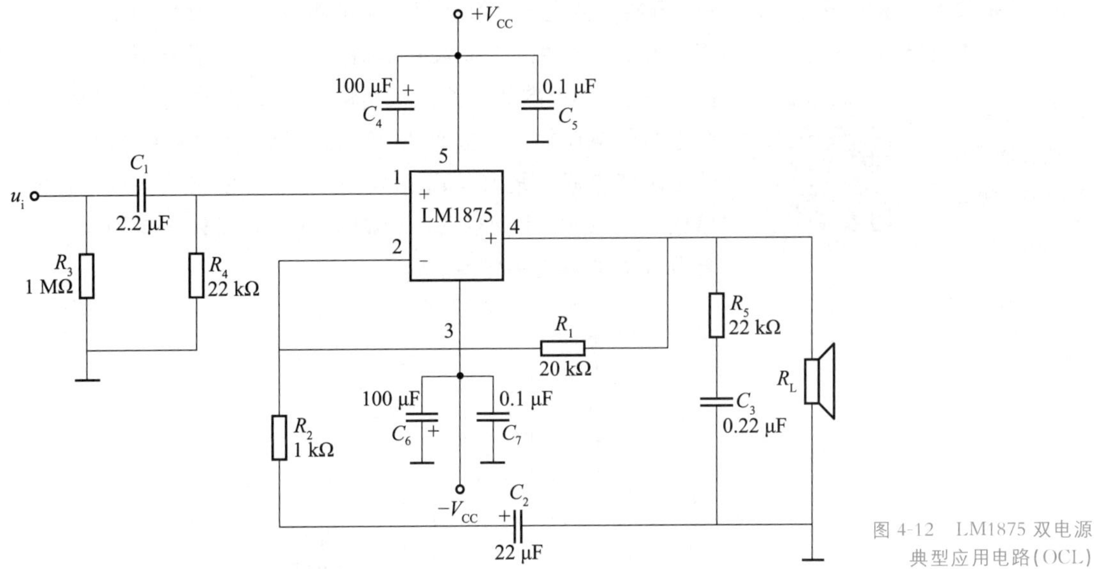

图 4-12 LM1875 双电源典型应用电路(OCL)

对仅有一组电源的中、小型录音机的音响系统，可采用单电源连接方式，如图 4-13 所示。由于采用单电源供电，故同相输入端用阻值相同的 R_3，R_4 组成分压电路，使点 K 电位为 $V_{CC}/2$，加至同相输入端。在静态时，同相输入端、反相输入端和输出端皆为 $V_{CC}/2$。其他元器件作用与双电源电路相同。

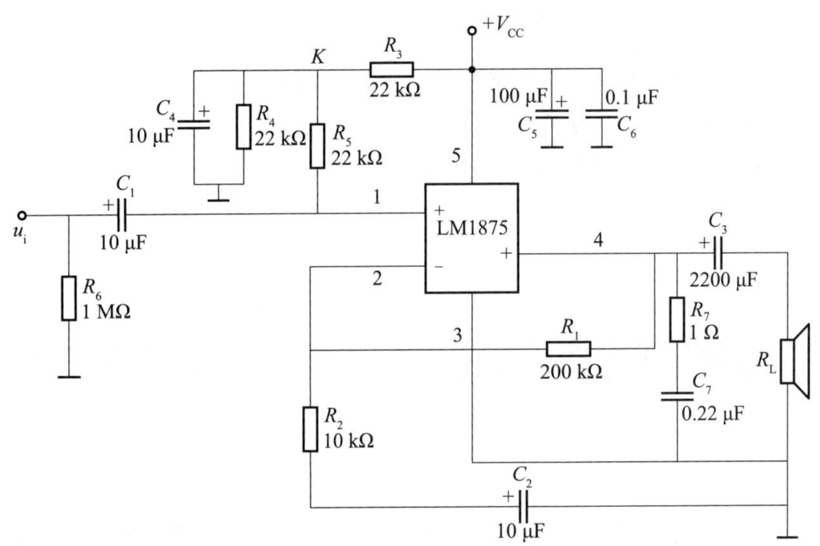

图 4-13 LM1875 单电源典型应用电路(OTL)

4

2. LM386 的应用

LM386 是一种低电压通用型集成功放，其典型应用参数为：直流电源电压范围 4～12 V；额定输出功率为 660 W；带宽 300 kHz（引脚 1，8 开路）；输入阻抗 50 kΩ。

如图 4-14 所示，引脚 5 外接电容 C_3 为功放输出电容，以便构成 OTL 电路，R_1，C_4 是频率补偿电路，用以抵消扬声器音圈电感在高频时产生的不良影响，改善功率放大电路的高频特性和防止高频自激。输入信号由 C_1 接入同相输入端引脚 3，反相输入端引脚 2 接地，故构成单端输入方式。引脚 1，8 开路时，负反馈最强，整个电路的电压放大倍数为 20 倍，在实际使用中在引脚 1，8 之间外接阻容串联电路 R_P 和 C_2，调节 R_P 即可使集成功放电压放大倍数在20～200 之间变化。引脚 7 与地之间外接电解电容 C_5，具有直流电源去耦作用。

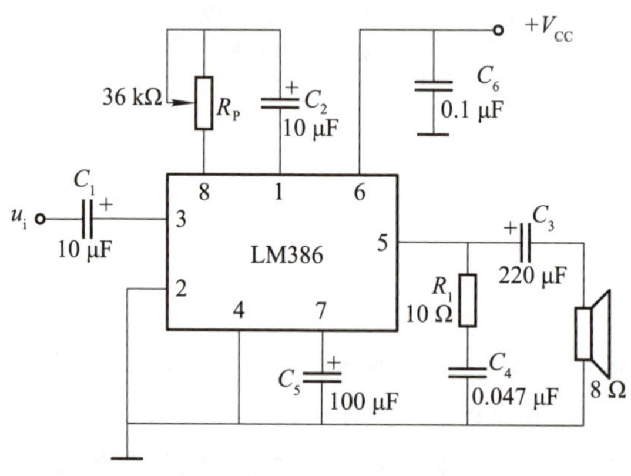

图 4-14　LM386 的应用电路

复习与讨论

1. 功率放大器分为哪三类？功率放大器和电压放大器相比，有何特点？

2. 什么是交越失真？如何消除交越失真？

3. OTL 电路与 OCL 电路有哪些主要区别？

4. 由于功率放大器中的功放管常处于接近极限工作状态，因此，在选择功放管时必须特别注意哪些参数？

任务实施　OTL 低频功率放大器的分析与调试

一、任务导入

在科学实验和生产实践中，常常要求电子设备或放大器的最后一级能带动一定的负载，这就要求放大器不但能输出一定的电压，而且能输出一定的电流，也就是要求放大器能输出一定的功率。通过本任务的实施过程，能够进一步理解 OTL 功率放大器的工作原理，学会 OTL 电路的调试方法。

二、工作过程

（一）准备

1. 根据原理图[图 4-15(a)]核对 OTL 低频功率放大器的电路板图[图 4-15(b)]。

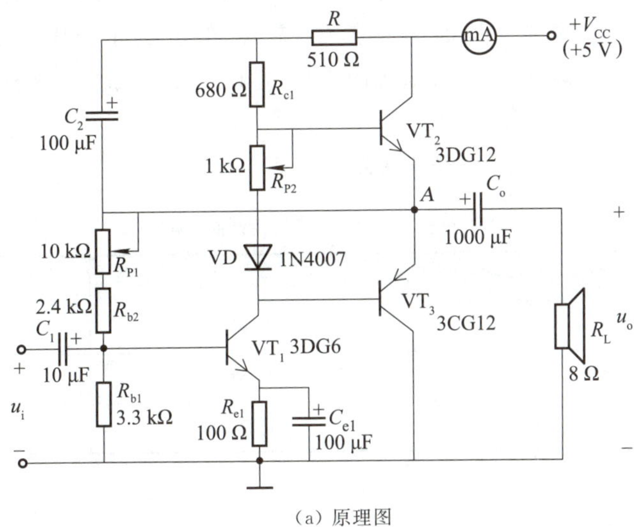

(a) 原理图

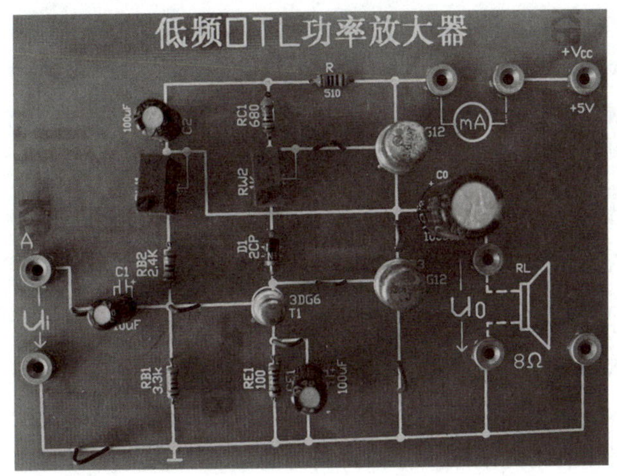

(b) 电路板图

图 4-15 OTL 低频功率放大器

完成如下填空：

OTL 低频功率放大器是由三极管________组成推动级（也称前置放大级），三极管________，________是一对参数对称的 NPN 型和 PNP 型三极管，它们组成互补推挽 OTL 功放电路。由于每个三极管都接成射极输出器形式，因而具有输出电阻低，负载能力强等优点，适合于作功率输出级。VT$_1$ 工作于________类状态，它的集电极电流 I_{C1} 由电位器 R_{P1} 进行调节。I_{C1} 的一部分流经电位器 R_{P2} 及二极管 VD，给 VT$_2$，VT$_3$ 提供偏压。调节 R_{P2}，可以使 VT_2，VT_3 得到合适的静态电流而工作于甲乙类状态，以克服________。静态时要求输出端中点 A 的电位 $V_A=\frac{1}{2}V_{CC}$，可以通过调节________来实现，又由于 R_{P1} 的一端接在点 A，因此在电路中引入交、直流电压并联负反馈，一方面能够稳定放大器的静态工作点，同时也改善了非线性失真。当输入正弦波交流信号 u_i 时，经 VT_1 放大、倒相后同时作用于 VT_2，VT_3 的基极，u_i 的负半周使 VT_2 导通（VT_3 截止），有电流通过负载 R_L，同时向电容 C_o 充电，在 u_i 的正半周，VT_3 导通（VT_2 截止），则已充好电的电容器 C_o 起着电源的作用，通过负载 R_L 放电，这样在 R_L 上就得到完整的正弦波。

2. 根据表 4-1 检查调试用设备是否到位。

表 4-1　OTL 低频功率放大器调试用设备检查表

设　备	是否齐全	设　备	是否齐全
直流稳压电源	是○　否○	数字交流毫伏表	是○　否○
函数信号发生器	是○　否○	万用表	是○　否○
示波器	是○　否○	直流毫安表	是○　否○

（二）实施

1. 静态测试

4

按图 4-15 连接电路，将输入信号旋钮旋至零（$u_i=0$），电源进线中串入直流毫安表，电位器 R_{P2} 置最小值，R_{P1} 置中间位置。接通 +5 V 电源，观察直流毫安表指示，同时用手触摸输出级三极管，若电流过大，或三极管温升显著，应立即断开电源检查原因（如 R_{P2} 开路、电路自激、输出级三极管性能劣化等）。如无异常现象，可开始调试。

(1) 调节输出端中点电位 V_A

调节电位器 R_{P1}，用万用表测量点 A 电位，使 $V_A=\frac{1}{2}V_{CC}$。

(2) 调整输出级静态电流及测试各级静态工作点

调节电位器 R_{P2}，使 VT_2，VT_3 的 $I_{C2}=I_{C3}=5\sim10$ mA。从减小交越失真角度而言，应适当加大输出级静态电流，但该电流过大，会使效率降低，所以一般以 5～10 mA 为宜。由于直流毫安表是串在电源进线中，因此，测得的是整个放大器的电流，但一般 VT_1 的集电极电流 I_{C1} 较小，从而可以把测得的总电流近似当作末级的静态电流。如要准确得到末级静态电流，则可从总电流中减去 I_{C1}。

调整输出级静态电流的另一方法是动态调试法。先使 $R_{P2}=0$，在输入端接入 $f=1$ kHz 的正弦波信号 u_i。逐渐加大输入信号的幅值，此时，输出波形应出现较严重的交越失真（注意：没有饱和和截止失真），然后缓慢增大 R_{P2}，当交越失真刚好消失时，停止调节 R_{P2}，恢复 $u_i=0$，此时直流毫安表读数即为输出级静态电流。一般数值也应在 5～10 mA，如果过大，则要检查电路。

输出级静态电流调好以后，测量各级静态工作点，记录于表 4-2 中。

表 4-2 静态测试记录表

$I_{C2}=I_{C3}=$ ________ mA, $V_A=2.5$ V

三极管	V_B/V	V_C/V	V_E/V
VT_1			
VT_2			
VT_3			

注意：

① 在调整 R_{P2} 时，一是要注意旋转方向，不要调得过大，更不能开路，以免损坏输出级三极管。

② 输出级三极管静态电流调好，如无特殊情况，不得随意旋动 R_{P2} 的位置。

③ 在整个测试过程中，电路不应有自激现象。

2. 动态测试

输入端接 $f=1$ kHz 的正弦波信号 u_i，输出端用示波器观察输出电压 u_o 波形。逐渐增大 u_i，使输出电压达到最大不失真输出，用数字交流毫伏表测出 U_i、负载 R_L 上的电压 U_o 及电源供给电流 I_{CC}，记录于表 4-3 中，并计算各性能指标。

表 4-3 动态测试记录表

测量值			计算值			
U_i	U_o	I_{CC}	A_u	P_o	P_{DC}	η

3. 试听

输入信号改为录音机输出，输出端接试听音箱及示波器。开机试听，并观察语言和音乐信号的输出波形。

三、交流分享

1. 整理测试数据，计算静态工作点、最大不失真输出功率 P_{om}、效率 η 等，并与理论值进行比较。

2. 讨论任务实施中发生的问题及解决办法。

四、评价总结

1. 首先由学生根据任务完成情况自己进行评价，然后由小组人员进行评价，记录于表 4-4 中。

表 4-4　学生自评和小组评价表

项目内容	配分	评　分　标　准	自评得分	小组评价得分
素养与规范	30 分	(1) 准备工作不到位，可酌情扣 5～10 分； (2) 着装不规范，可酌情扣 5～7 分； (3) 违反操作规程，产生不安全因素，酌情扣 10～20 分； (4) 迟到、早退、场地不清洁，每次扣 2～5 分		
电路调试	30 分	(1) 合理操作仪器仪表，测得正确静态工作点数据，得满分； (2) 出现数据错误等问题，每处扣 5～7 分		
性能测试	40 分	能正确进行动态测试，并得到放大倍数和输出功率等性能指标，可得满分，否则每项酌情扣 3～10 分		
总分				
自评人签名：　年　月　日　组评人员签名：				

2. 由指导教师根据任务完成整体情况，并结合学生自评和小组评价进行综合评分，将评价意见与评分值记录于表 4-5 中。

表 4-5　教师评价表

教师总体评价意见：	
教师评分(按 100 分计)	
总评分 ＝ 自评得分 × 0.3 ＋ 小组评价得分 × 0.3 ＋ 教师评分 × 0.4	

拓展训练　音频功率放大器的安装与调试

一、训练导入

集成功率放大器具有体积小、价格低、电源电压适应范围广、装调方便等一系列优点，因而在音箱设备、仪器仪表等众多领域中获得广泛应用。集成功放器件的品种很多，适用于不同场合，本拓展训练通过完成通用集成功放 LM386 的安装与调试，帮助学生熟悉集成功放的功能及其应用。

二、工作过程

（一）准备

1. 完成本拓展训练所需设备、工具与器材明细表，见表 4-6。

表 4-6　音频功率放大器的安装与调试所需设备、工具与器材明细表

序号	名称	位号	型号规格	数量
1	三极管	VT	3DG12 或(9013)	1
2	电位器	R_P	100 kΩ	1
3	电阻器	R_1	1 MΩ	1
4	电阻器	R_2	4.7 kΩ	1
5	电容器	C_1	1 μF	1
6	电容器	C_2	10 μF	1
7	电容器	C_3	100 μF	1
8	电容器	C_4	0.1 μF	2
9	集成运放	U_1	LM386	1
10	万用表		MF-47 型	1
11	电烙铁		15～25 W	1
12	焊接材料		焊锡丝、烙铁架等	1
13	电子实训通用工具		尖嘴钳、剥线钳等	1
14	万能板			1
15	直流稳压电源		0～15 V 连续可调	1
16	函数信号发生器			1
17	示波器			1
18	数字交流毫伏表			1

2. 电路读图：图 4-16 所示为 LM386 音频功率放大电路，电路中各元器件的参考值已标注，u_i 经电容 C_1 后加到三极管的基极，从集电极输出的信号经 C_2 送至 LM386 的引脚 3，即同相输入端，LM386 的引脚 2 接地，引脚 6 接电源，输出经电容 C_3 送至负载，电路中改变 R_P 的大小可改变扬声器声音的大小。

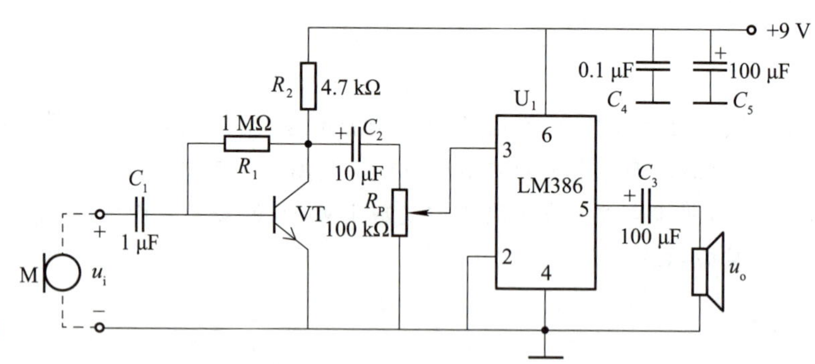

图 4-16 LM386 音频功率放大电路

（二）实施

1. 元器件的测量与电路装配

步骤①：对所有元器件进行检测。

步骤②：装配与焊接。

4

2. 电路调整与测试

(1) 经检查接线没有错误后，接通 9 V 直流电源。用万用表直流电压挡，测量三极管的直流工作点电压以及集成功放输出端对地电压，分析是否符合要求，如不符合要求，应切断直流电源进行检查，找出原因。然后再次接通直流电源进行测试。

(2) 从信号源取出一频率为 1 000 Hz，大小约 10 mV 的音频电压信号，送至电路输入端，输出端的扬声器中即有声音发出。改变 R_P 的大小，声音的强弱将会跟随变化。

(3) 用示波器观察输出波形为正弦波后，再用数字交流毫伏表测量放大电路的输出电压，并计算电压增益 $A_u = U_o / U_i$。另外，测出最大不失真输出电压后，计算最大不失真输出功率，并与理论估算值相比较。

三、交流分享

(1) 分享在电路的安装与调试过程中出现的问题，分析故障原因，交流排故过程。

(2) 简述本电路中各电容分别起到的作用。

四、评价总结

1. 首先由学生根据任务完成情况自己作出评价，然后由小组人员进行评价，记录于表 4-7 中。

表 4-7　学生自评和小组评价表

项目内容	配分	评　分　标　准	自评得分	小组评价得分
素养与规范	30 分	(1) 准备工作不到位，可酌情扣 5～10 分； (2) 着装不规范，可酌情扣 5～7 分； (3) 违反操作规程，产生不安全因素，酌情扣 10～20 分； (4) 迟到、早退、场地不清洁，每次扣 2～5 分		
安装工艺	20 分	规定时间内元器件成形和插装正确，引脚及剪切整齐，焊点质量高，工艺美观，可得满分，否则每项酌情扣 1～5 分		
电路调试	20 分	(1) 合理选择仪器仪表，一次通电调试成功，得满分； (2) 通电调试时发现接线错误等，每处扣 5～7 分		
数据测试	30 分	能正确使用仪器仪表调试，测试数据与理论计算值误差在 10% 以内，且记录完整，可得满分，否则每项酌情扣 3～10 分		
总分				
自评人签名：　　　年　月　日　组评人员签名：				

2. 由指导教师根据任务完成整体情况，并结合学生自评和小组评价进行综合评分，将评价意见与评分值记录于表 4-8 中。

表 4-8　教师评价表

教师总体评价意见：	
教师评分(按 100 分计)	
总评分 = 自评得分 × 0.3 + 小组评价得分 × 0.3 + 教师评分 × 0.4	

项目小结

1. 功率放大电路作为多级放大器、运放的输出级，需要输出足够大的功率推动负载工作。要求功率放大器输出电压和电流的幅度都很大、效率高、非线性失真小，并保证功放管可以安全、可靠地工作。

2. 与甲类功率放大电路相比，乙类互补对称功率放大电路具有效率高的优点，在理想情况下，其最大效率可达 78.5%。但由于三极管输入特性存在死区电压，乙类互补对称功率放大电路会产生交越失真，克服交越失真的方法是采用甲乙类互补对称电路。

3. 互补对称的功率放大电路有 OCL 和 OTL 两类，前者为双电源供电，后者为单电源供电。在求输出功率、效率、管耗和电源供给功率等参数时，应注意 OCL 和 OTL 电路的不同。

4. 集成功率放大器具有输出功率大、外围连接元器件少、使用方便等优点。本项目介绍了几种集成功率放大器，包括 LM1875 集成块、LM386 集成块，分析了其引脚作用及相关应用电路。在拓展训练部分，以 LM386 集成块为核心安装与调试简易音频放大电路。

自测题

文本：项目四自测题答案

一、选择题

1. 甲类功率放大电路效率低是因为(　　)。

A. 只有一个功放管　　B. 静态电流过大

C. 管压降过大　　D. 以上都不对

2. 功率放大电路最重要的指标是(　　)。

A. 输出功率和效率　　B. 输出电压的幅度

C. 电压放大倍数　　D. 以上都不对

3. 在下列功率放大电路中，效率最高的是(　　)。

A. 甲类　　B. 乙类　　C. 甲乙类　　D. 丙类

4. 在乙类双电源互补对称功率放大电路中，出现交越失真的原因是(　　)。

A. 两个互补三极管不对称　　B. 输入信号过大

C. 输入信号过小　　D. 两个三极管的发射结偏置为零

5. 要使功率放大电路输出功率大，效率高，还要不产生交越失真，三极管应工作在(　　)状态。

A. 甲类　　B. 乙类　　C. 甲乙类　　D. 丙类

6. OTL 互补对称功率放大电路是指(　　)电路。

A. 无输出变压器功率放大　　B. 无输出电容功率放大

C. 无输出变压器且无输出电容功率放大　　D. 以上都不对

7. 互补对称功率放大电路有 OCL 和 OTL 两种，OCL 电路采用(　　)供电，OTL 电路采用(　　)供电。

A. 单电源　　B. 双电源　　C. 大电容　　D. 以上都不对

8. 若图 4-17 所示电路中三极管饱和管压降的数值为 U_{CES}，则最大不失真输出功率 P_{omax}=(　　)。

A. $\dfrac{(V_{CC}-U_{CES})^2}{2R_L}$　　B. $\dfrac{\left(\frac{1}{2}V_{CC}-U_{CES}\right)^2}{R_L}$　　C. $\dfrac{\left(\frac{1}{2}V_{CC}-U_{CES}\right)^2}{2R_L}$　　D. 以上都不对

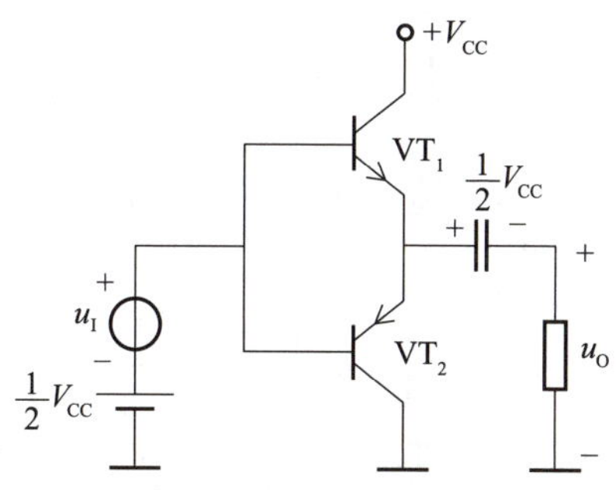

图 4-17　选择题 8 题图

9. 在 OCL(无输出电容器)乙类功率放大电路中,若最大输出功率为 1 W,则电路中单个功放管的集电极最大功耗约为(　　)。

A. 1 W　　B. 0.5 W　　C. 0.2 W　　D. 0.1 W

10. 给乙类互补对称功率放大电路中的功放管设置适当的静态偏置,使其工作于甲乙类,目的是(　　)。

A. 消除饱和失真　　B. 提高放大倍数　　C. 消除交越失真　　D. 以上都不对

二、判断题

1. 在功率放大电路中,输出功率愈大,功放管的功耗愈大。(　　)

2. 功率放大电路的最大输出功率是指在基本不失真情况下,负载上可能获得的最大交流功率。(　　)

3. 当 OCL 电路的最大输出功率为 1 W 时,功放管的集电极最大耗散功率应大于 1 W。(　　)

4. 功率放大电路与电压放大电路的共同点如下:

(1) 都使输出电压大于输入电压。(　　)

(2) 都使输出电流大于输入电流。(　　)

(3) 都使输出功率大于信号源提供的输入功率。(　　)

5. 功率放大电路与电压放大电路的区别如下:

(1) 前者比后者电源电压高。(　　)

(2) 前者比后者电压放大倍数数值大。(　　)

(3) 前者比后者效率高。(　　)

(4) 在电源电压相同的情况下,前者比后者的最大不失真输出电压大。(　　)

6. 功率放大电路与电流放大电路的区别如下:

(1) 前者比后者电流放大倍数大。(　　)

(2) 前者比后者效率高。(　　)

(3) 在电源电压相同的情况下,前者比后者的输出功率大。(　　)

习题

1. 已知电路如图 4-18 所示,VT_1 和 VT_2 的饱和管压降 $U_{CES}=3$ V, $V_{CC}=15$ V, $R_L=8\Omega$。选择正确答案填入空内。

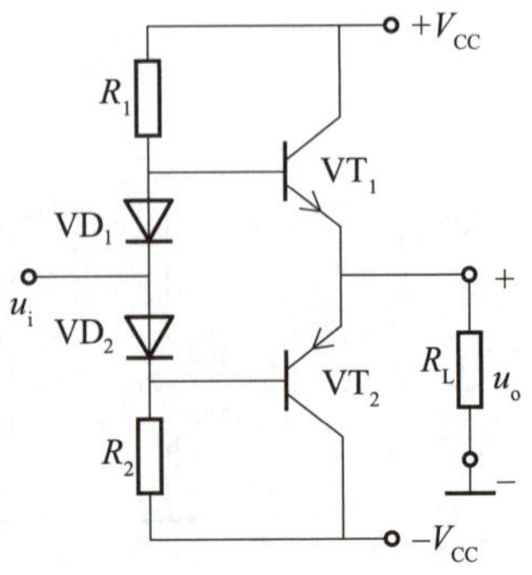

图 4-18　习题 1 题图

(1) 电路中 VD_1 和 VD_2 的作用是消除________。

A. 饱和失真　　B. 截止失真　　C. 交越失真　　D. 以上都不对

(2) 静态时,三极管发射极电位 V_{EQ}________。

A. >0 V　　B. $=0$ V　　C. <0 V　　D. 以上都不对

(3) 最大输出功率 P_{omax}________。

A. ≈ 28 W　　B. $=18$ W　　C. $=9$ W　　D. 以上都不对

(4) 当输入为正弦波时,若 R_1 虚焊,即开路,则输出电压________。

A. 为正弦波　　B. 仅有正半波　　C. 仅有负半波　　D. 以上都不对

(5) 若 VD_1 虚焊,则 VT_1________。

A. 可能因功耗过大烧坏　　B. 始终饱和

C. 始终截止　　D. 以上都不对

2. 功率放大电路如图 4-19 所示,已知 $V_{CC}=10$ V, $R_L=4\ \Omega$。

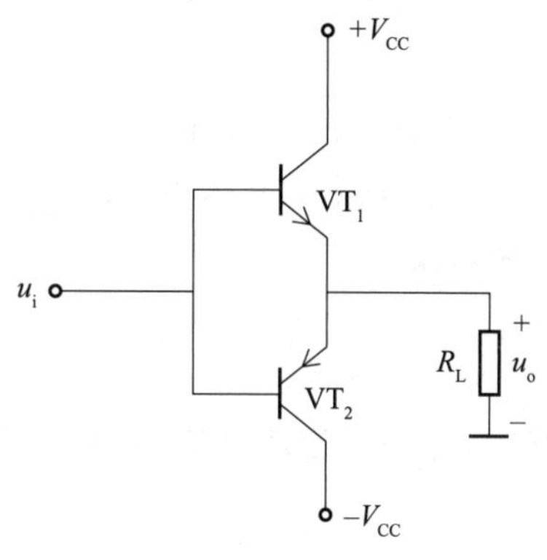

图 4-19　习题 2 题图

(1) 说明电路名称及工作方式:________________________________

(2) 求理想情况下负载获得的最大不失真输出功率,每个三极管的最大管耗。

$P_{omax}=$

$P_{VTmax}=$

(3) 若 $U_{CES}=2$ V, 求电路的最大不失真输出功率。

$P_{om}=$

(4) 现输入电压的有效值 $U_i=6$ V, 则输出功率为多少? 电源提供的功率为多少? 效率为多少?

$P_o=$

$P_{DC}=$

$\eta=$

3. 某 OCL 电路如图 4-20 所示，已知 $V_{CC}=12$ V，$R_L=8\ \Omega$。

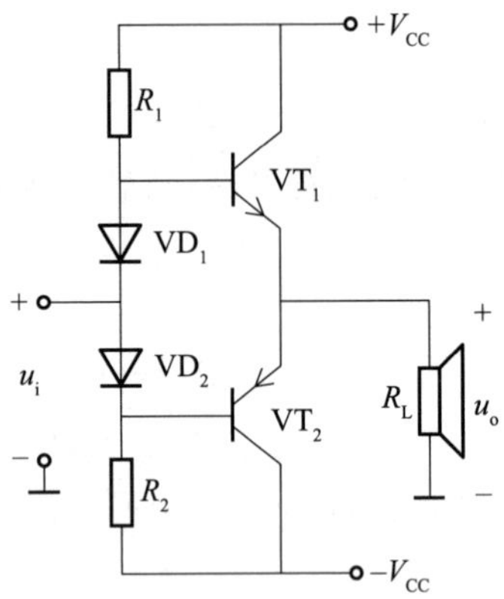

图 4-20　习题 3 题图

(1) 说明电路的工作方式及 VD_1，VD_2 的作用。

工作方式是________；VD_1，VD_2 的作用是________。

(2) 求理想情况下最大不失真输出功率。

$P_{om}=$

(3) 若三极管 $U_{CES}=2$ V，输入信号幅度足够大，求电路的最大不失真输出功率及效率。

$P_{om}=$

$\eta=$

(4) 若加入 $u_i=6\sin\omega t$ V，则负载实际获得的输出功率为多少？电源提供的功率为多少？效率为多少？

$P_o=$

$P_{DC}=$

$\eta=$

4. 在图 4-21 所示电路中，测量时发现输出波形存在交越失真，应如何调节？

____

如果点 A 电位大于 0 V，又应如何调节？

____

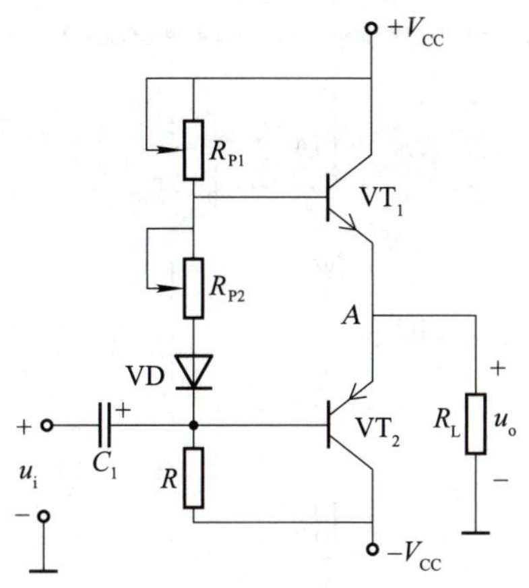

图 4-21　习题 4 题图

5. 电路如图 4-22 所示，已知三极管为互补对称管，$U_{CES}=1$ V。

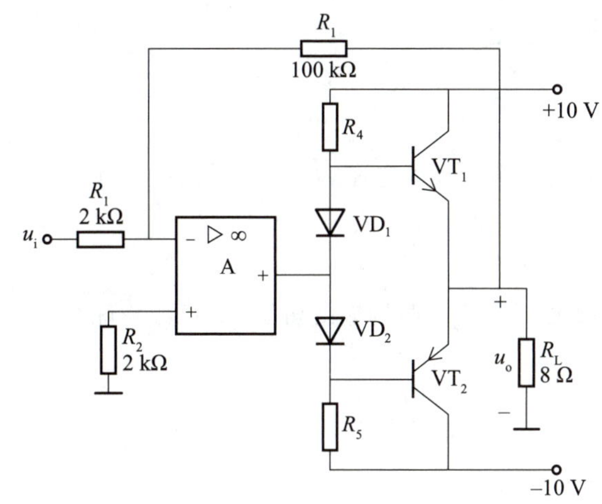

图 4-22　习题 5 题图

试求：

(1) 电路的电压放大倍数。

$A_u=$

(2) 最大不失真输出功率 P_{omax}。

$P_{omax}=$

(3) 每个三极管的最大管耗 P_{VTmax}。

$P_{VTmax}=$

6. 在图 4-23 所示电路中，已知 $V_{CC}=18$ V，$R_L=4\ \Omega$，C_2 容量足够大，三极管 VT$_1$，VT$_2$ 对称，$U_{CES}=1$ V。

4

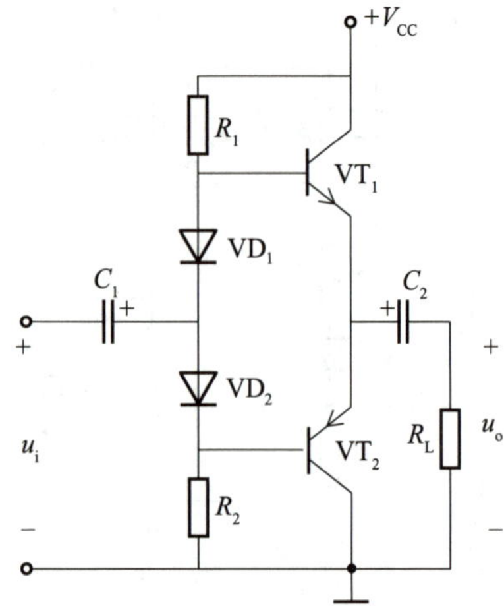

图 4-23 习题 6 题图

试求：

(1) 最大不失真输出功率 P_{omax}。

$P_{omax}=$

(2) 每个三极管承受的最大反向电压。

$U_{BR(CEO)}=$

(3) 输入电压有效值 $U_i=5$ V 时的输出功率 P_o(U_{BEQ}忽略)。

$P_o=$

项目五 直流稳压电源的分析与装调

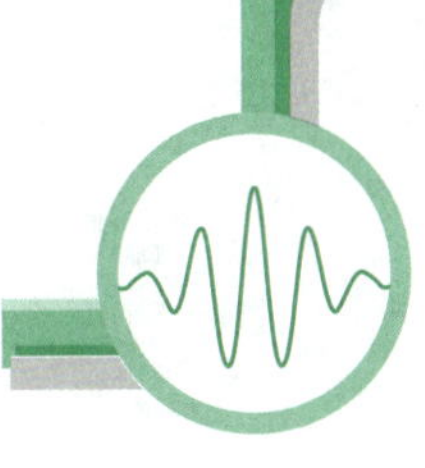

项目描述

精密仪器和家用电器需要稳定的直流电压。功率较小的直流电源大多采用 220 V，50 Hz 的单相交流电供电，经过电源变压器、整流滤波后的电压还会随电网电压、负载及温度的变化而变化，因此，在整流滤波电路之后，还需接稳压电路。

电源变压器一般为降压变压器，用来将单相交流电变换为整流电路所需的交流电，但在开关电源中也可不用降压变压器。整流电路由二极管组成，利用二极管的单向导电性将交流电变成脉动直流电，常用的有半波整流电路和桥式整流电路。滤波电路通常由电容、电感等储能元件构成，用来滤除整流后单向脉动电压中的交流成分，使之成为平滑的直流电压。稳压电路大多采用集成稳压器，集成稳压器主要有线性稳压器和开关稳压器两大类，当电网电压、负载及温度变化时，用来维持输出稳定的直流电压。

本项目包含分立元件整流滤波稳压电路的分析与调试、三端稳压器的分析与调试两个任务。

项目目标

【知识目标】

☆ 了解直流稳压电源电路的组成及主要性能指标。

☆ 掌握单相整流电路的工作原理，理解电容滤波的特点。

☆ 掌握串联型稳压电路的组成、工作原理及电路参数的计算。

☆ 熟悉固定输出三端集成稳压器的应用。

☆ 能理解开关型稳压电路的工作情况及特点。

【技能目标】

☆ 能正确安装与调试小功率直流稳压电源。

☆ 能正确使用仪器仪表观察电路波形，并测试其性能指标。

【素质目标】

☆ 实操中能增强安全意识，培养实事求是、一丝不苟的工作作风。

☆ 稳压电路装调过程中能相互协作，加强沟通，培养良好的团队合作精神和竞争意识，初步形成解决生产现场实际问题的能力，逐步培养学生工程应用的概念。

☆ 能自己设计相关表格，正确记录实验数据并学会分析计算，激发学习兴趣，鼓励学生树立职业梦想。

任务一　分立元件整流滤波稳压电路的分析与调试

精密仪器和家用电器需要稳定的直流电压。一般直流稳压电源由变压器、整流电路、滤波电路和稳压电路等四个部分组成。本任务主要学习掌握由分立元件组成的整流滤波稳压电路。

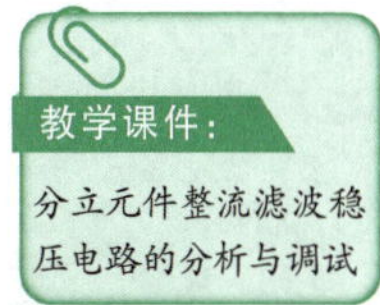

知识积累

一、直流稳压电源概述

直流稳压电源的原理框图如图 5-1 所示，它表示把交流电变换为直流电的过程。图中各环节的功能如下：

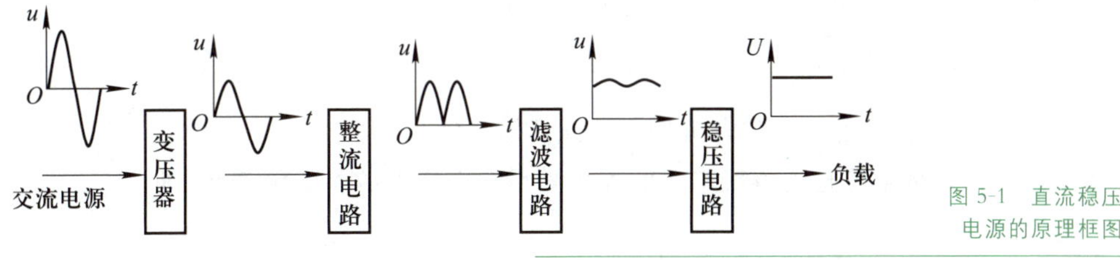

图 5-1　直流稳压电源的原理框图

① 变压器：将交流电源电压转换为符合整流需要的电压。

② 整流电路：将交流电压转换为单向脉动电压。

③ 滤波电路：减小整流电压的脉动程度，以适合负载的需要。

④ 稳压电路：克服电网波动或负载变化引起的输出电压的变化，从而使输出电压保持稳定。

5

二、整流滤波电路

1. 单相整流和滤波电路

常见的整流电路有单相半波、全波、桥式和倍压整流电路。本任务主要研究单相半波和单相桥式整流电路。

(1) 单相半波整流电路

① 工作原理

图 5-2 所示为单相半波整流电路，设变压器二次电压为

$$u_2=\sqrt{2}U_2\sin\omega t$$

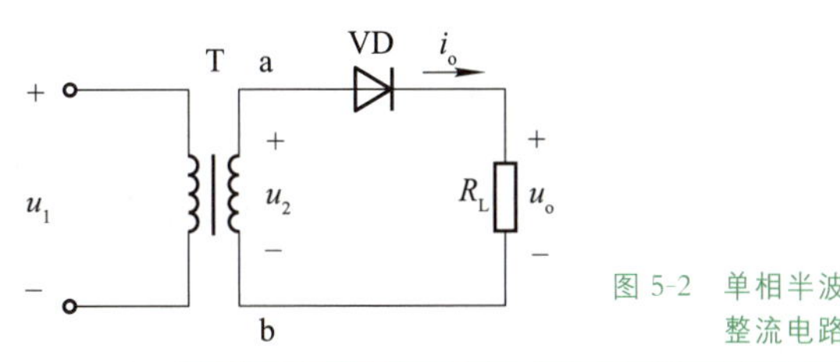

图 5-2　单相半波整流电路

微课：
整流电路

在变压器二次电压 u_2 的正半周时($u_2>0$)，二极管因承受正向电压而导通，这时负载电阻 R_L 上的电压为 $u_o=u_2$，通过的电流为 $i_o=\frac{u_2}{R_L}$。在电压 u_2 的负半周($u_2\leqslant 0$)，二极管因承受反向电压而截止，$u_o=0$，$i_o=0$，其波形如图 5-3 所示。

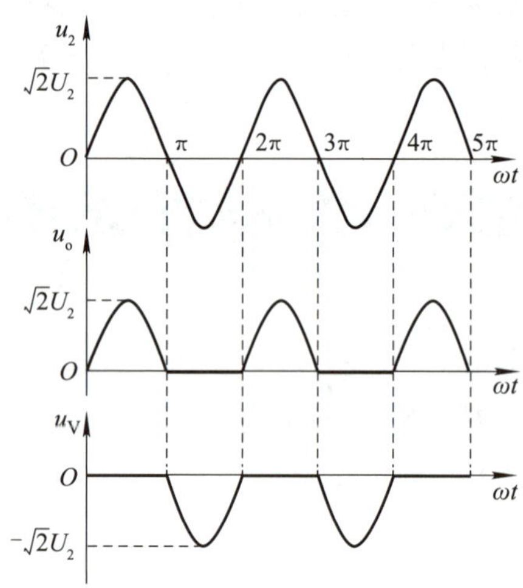

图 5-3 单相半波整流电路输出波形

② 负载上电压和电流的平均值计算

单相半波整流负载电压的大小常用一个周期的平均值表示，即

$$U_o=\frac{1}{2\pi}\int_0^{\pi}\sqrt{2}U_2\sin\omega t\,\mathrm{d}(\omega t)=\frac{\sqrt{2}}{\pi}U_2\approx 0.45U_2$$

负载上电流的平均值为

$$I_o=\frac{U_o}{R_L}=0.45\frac{U_2}{R_L}$$

③ 整流二极管参数选择

在单相半波整流电路中，流过二极管的电流 I_D 与流过负载的电流 I_o 是相同的，即

$$I_D=I_o=0.45\frac{U_2}{R_L}$$

二极管截止时承受的最高反向电压为

$$U_{RM}=\sqrt{2}U_2$$

整流二极管的选择应按如下原则：

(a) 二极管的最大整流电流 I_F 应大于二极管的工作电流 I_D，即

$$I_F>I_D=I_o$$

(b) 二极管的最高反向工作电压 U_{RM} 应大于二极管截止时承受的最高反向电压，即

$$U_{RM} > \sqrt{2}U_2$$

根据上述原则查询相关手册，选择合适的二极管。

例 5-1 单相半波整流电路如图 5-2 所示。已知负载电阻 $R_L=750\ \Omega$，变压器二次电压 $U_2=20\ \text{V}$，试求 U_o，I_o，并选择二极管。

解：输出电压的平均值为

$$U_o \approx 0.45U_2=0.45\times 20\ \text{V}=9\ \text{V}$$

负载电阻 R_L 的电流平均值为

$$I_o=\frac{U_o}{R_L}=\frac{9}{750}\text{A}=12\ \text{mA}$$

整流二极管的电流平均值为

$$I_D=I_o=12\ \text{mA}$$

二极管承受的最高反向电压为

$$U_{RM}=\sqrt{2}U_2=\sqrt{2}\times 20\approx 28.3\ \text{V}$$

查半导体手册，可以选用型号为 2AP4 的二极管，其最大整流电流为16 mA，最高反向工作电压为 50 V（为了使用安全，二极管的反向工作峰值电压要选得比 U_{RM} 大一倍为宜）。

(2) 单相桥式整流电路

单相半波整流电路的缺点是只利用了交流电的半个周期，同时整流电压的脉动较大。为了克服这些缺点，常采用全波整流电路，最常用的是单相桥式整流电路。

动画：
单相桥式整流电路

① 电路组成及工作原理

单相桥式整流电路如图 5-4 所示。

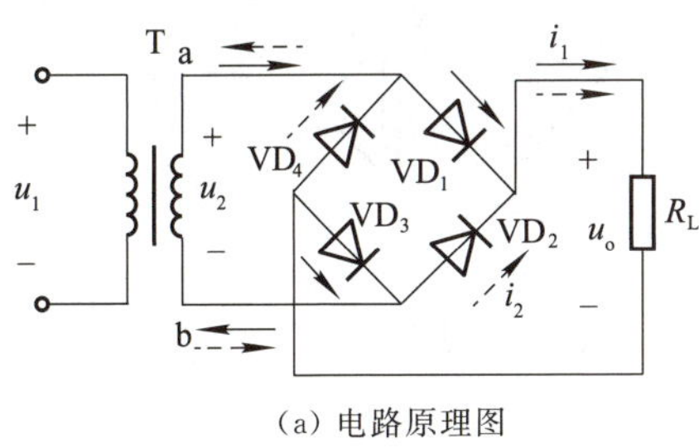

(a) 电路原理图

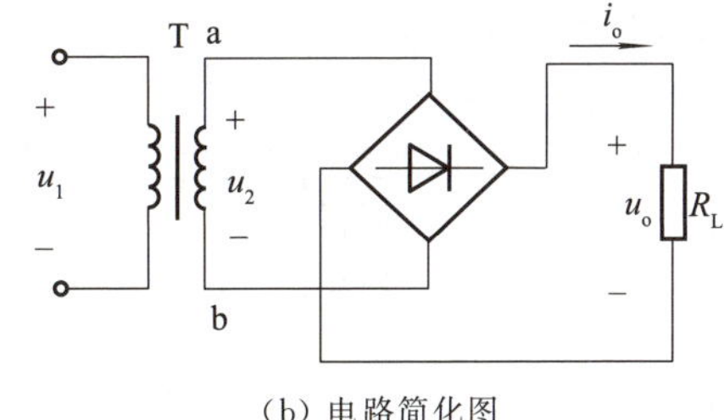

(b) 电路简化图

图 5-4 单相桥式整流电路

当 u_2 为正半周时，a 端电位高于 b 端电位，整流二极管 VD_1，VD_3 导通，VD_2，VD_4 截止，电流 i_1 从 a 端→VD_1→R_L→VD_3→b 端。这时，负载电阻 R_L 上得到一个半波电压，如图 5-5 中的 $0\sim\pi$ 段所示。

当 u_2 为负半周时，a 端电位低于 b 端电位，整流二极管 VD_2，VD_4 导通，VD_1，VD_3 截止，电流 i_2 从 b 端→VD_2→R_L→VD_4→a 端。同样，在负载电阻 R_L 上得到一个半波电

图 5-5　单相桥式整流电路输出波形

压，如图 5-5 中的 $\pi \sim 2\pi$ 段所示。

这样在 u_2 的整个周期内，负载中都有单向脉动的电压输出。

② 负载上电压和电流的平均值计算

显然，桥式整流电路的整流电压的平均值 U_o 比半波整流时增加了一倍，即

$$U_o = 2 \times 0.45U_2 = 0.9U_2$$

同理

$$I_o = \frac{U_o}{R_L} = 0.9\frac{U_2}{R_L}$$

③ 整流二极管参数选择

每个二极管只有半个周期处于导通状态，所以流过每个二极管的电流为

$$I_V = 0.5I_o = 0.45\frac{U_2}{R_L}$$

二极管截止时承受的最高反向电压与单相半波整流电路相同，即

$$U_{RM} = \sqrt{2}U_2$$

由以上计算结果选择整流二极管。

由于单相桥式整流电路应用普遍，现在已生产出集成硅桥堆，就是用集成技术将 4 个二极管（PN 结）集成在一个硅片上，引出四根线，如图 5-6 所示。

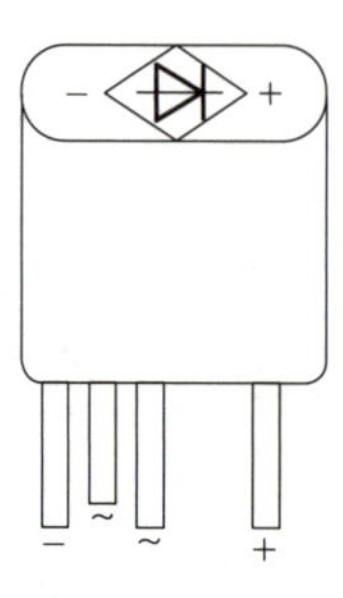

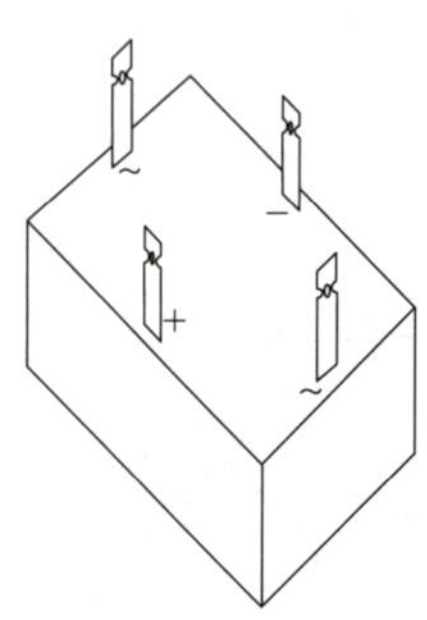

图 5-6　集成硅桥堆

例 5-2　试设计一台输出电压为 24 V，输出电流为 2 A 的直流电源，电路形式可以采用半波整流或桥式整流，试确定两种电路形式的变压器二次电压有效值，并选定相应的整流二极管。

解：(1) 当采用半波整流电路时，变压器二次电压有效值为

$$U_2 = \frac{U_o}{0.45} = \frac{24}{0.45}\text{V} \approx 53.3\text{ V}$$

整流二极管承受的最高反向电压为

$$U_{RM}=\sqrt{2}U_2\approx 1.41\times 53.3\ V\approx 75.2\ V$$

流过整流二极管的平均电流为

$$I_D=I_o=2\ A$$

因此，可以选用型号为 2CZ12D 的整流二极管，其最大整流电流为 3 A，最高反向工作电压为 200 V。

(2) 当采用桥式整流电路时，变压器二次电压有效值为

$$U_2=\frac{U_o}{0.9}=\frac{24}{0.9}V\approx 26.7\ V$$

整流二极管承受的最高反向电压为

$$U_{RM}=\sqrt{2}U_2\approx 1.41\times 26.7\ V\approx 37.6\ V$$

流过整流二极管的平均电流为

$$I_D=\frac{1}{2}I_o=1\ A$$

因此，可以选用 4 个型号为 1N5101 的二极管，其最大整流电流为 1.5 A，最高反向工作电压为 100 V。

(3) 滤波电路

整流电路虽然可以把交流电转换为直流电，但是所得到的输出电压是单向脉动电压。在某些设备或如电镀、蓄电池充电等场合中，这种电压的脉动是允许的。但是在大多数电子设备中，电路中都要加接滤波电路，以改变输出电压的脉动程度。下面介绍几种常用的滤波电路。

① 电容滤波电路（C 滤波器）

单相桥式整流电容滤波电路如图 5-7 所示，图中，滤波电容器并联在负载两端。

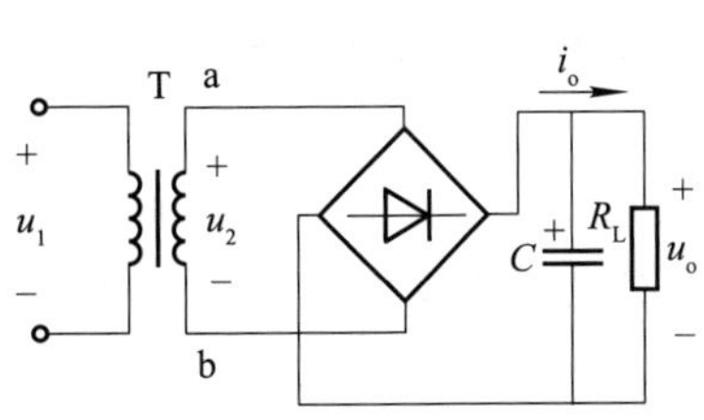

图 5-7　单相桥式整流电容滤波电路

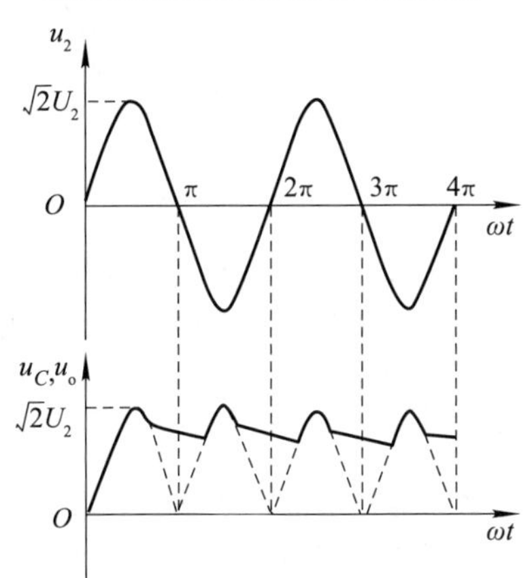

图 5-8　电容滤波电路的输出波形

5

电容滤波电路的输出波形如图 5-8 所示，由图 5-7 可知负载两端电压 u_o 与电容器两端电压 u_C 相同。设 $t=0$ 时电路电源接通，电路中电容器开始充电，由于桥式整流电路中二极管导通时的内阻很小，所以充电时间常数 τ_1 很小，充电速度很快，u_C 可跟随 u_2 变化。当 u_2 达到$\sqrt{2}U_2$ 时开始下降，u_C 由于放电也逐渐下降，当 $u_2 < u_C$ 时，电桥中二极管截止，电容器经负载 R_L 放电，这个回路的放电时间常数 τ_2 较大，所以 u_C 的下降比较缓慢。当下一个正弦半波来到，$u_2 > u_C$ 时，另一组二极管导通，对电容器 C 又开始充电，充到最大值后再次通过放电向 R_L 供电。如此反复就得到图 5-8 所示的波形。

可见，加了滤波电容后，输出电压的脉动大为减小，输出电压的脉动程度与电容器的放电时间常数 R_LC 有关系。R_LC 大一些，脉动就小一些，u_o 也就大一些。故滤波电容越大效果越好。为了获得较好的效果，通常选取

$$\tau = R_LC \geqslant (3 \sim 5)\frac{T}{2}$$

式中，T 为交流电压的周期。滤波电容 C 一般选择体积小、容量大的电解电容器。应注意，普通电解电容器有正、负极性，使用时正极必须接高电位端，如果接反会造成电解电容器的损坏。可以证明，若取 $R_LC = 4 \times \frac{T}{2} = 2T$，电容滤波后的输出电压平均值约为

半波整流滤波：　　　　$U_o \approx U_2$

桥式整流滤波：　　　　$U_o \approx 1.2U_2$

② 电感电容滤波电路（LC 滤波器）

为了减小输出电压的脉动程度，在滤波电容之前串接一个铁芯电感线圈 L，这样就组成了电感电容滤波器，如图 5-9 所示。

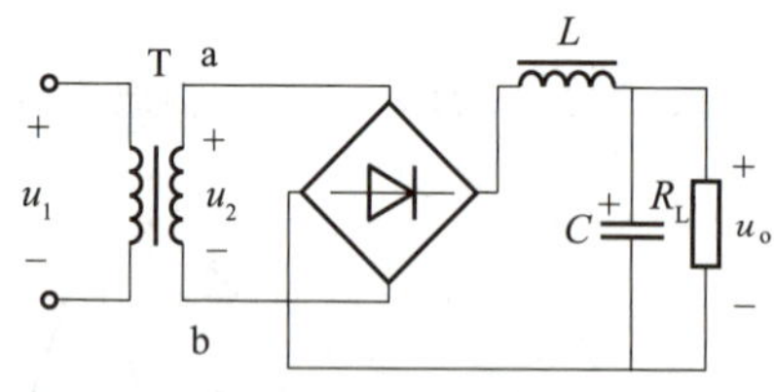

图 5-9　电感电容滤波电路

由于通过电感线圈的电流发生变化时，线圈中要产生自感电动势阻碍电流的变化，因而使负载电流和负载电压的脉动大为减小。负载电流愈大，电感愈大，滤波效果愈好。

三、硅稳压二极管稳压电路

经整流和滤波后的电压往往会随交流电源电压和负载的变化而变化，稳压电路的功能就是在整流滤波电路之后，向负载提供稳定的输出电压。

最简单的直流稳压电路是采用硅稳压二极管来稳定电压，如图 5-10 所示。

设 U_I 为整流滤波电路的输出电压，也是稳压电路的输入电压，其稳压过程如下：

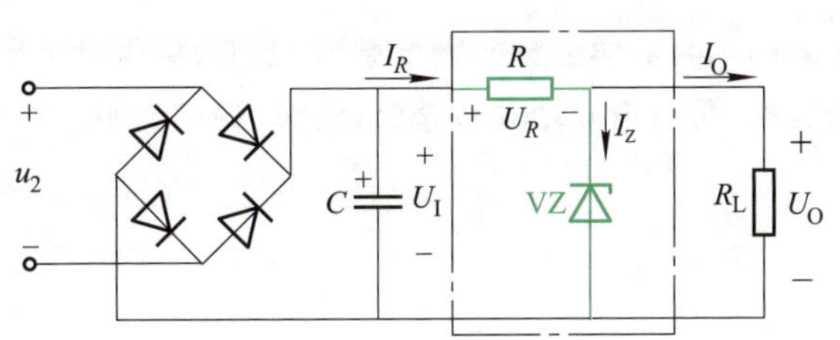

图 5-10　硅稳压二极管稳压电路

当电网波动而负载 R_L 不变时，若电网电压上升，则

$$U_I\uparrow \rightarrow U_O\uparrow \rightarrow I_Z\uparrow \rightarrow I_R\uparrow \rightarrow U_R\uparrow \rightarrow U_O\downarrow$$

当电网稳定而负载 R_L 变化时，若 R_L 减小，则

$$I_O\uparrow \rightarrow I_R\uparrow \rightarrow U_R\uparrow \rightarrow U_O\downarrow \rightarrow I_Z\downarrow \rightarrow I_R\downarrow \rightarrow U_R\downarrow \rightarrow U_O\uparrow$$

实际上，限流电阻 R 首先起限流作用，以保护稳压二极管；其次，当输入电压或负载电流变化时，通过该电阻上电压降的变化，取出误差信号以调节稳压二极管的工作电流，从而起到稳压作用。总之，无论是电网波动还是负载变化，负载两端电压经稳压二极管自动调节后都能维持稳定。

硅稳压二极管稳压电路使用的元器件少，线路简单，但稳定性差，输出电压受稳压二极管稳压值的限制，不能任意调节，输出功率小，一般适用于电压固定、负载电流较小的场合，常用作基准电压源。

选择稳压二极管时，一般取

$$\begin{cases} U_Z = U_O \\ I_{Z\max} = (1.5 \sim 3) I_{O\max} \\ U_I = (2 \sim 3) U_Z \end{cases}$$

复习与讨论

1. 半波整流和桥式整流有哪些不同？
2. 对滤波电容的要求有哪些？
3. 在桥式整流电容滤波电路中，二极管的导通时间为什么相比于桥式整流电路变短？
4. 在桥式整流电路中，如果其中有一个二极管接反，电路会出现什么后果？
5. 采用硅稳压二极管实现稳定电压，有什么缺点？
6. 稳压电路中稳压二极管接反了，有什么后果？

任务实施　分立元件整流、滤波、稳压电路的安装与调试

一、任务导入

分立元件构成的整流、滤波、稳压电路结构简单，经济方便，功率小，一般用于对电压

稳定性和纹波要求不高的场合。学会分析调试整流、滤波、稳压电路是电子工作者的基本技能。通过本任务的实施，可以更好地理解整流、滤波、稳压电路结构与工作原理。

二、工作过程

（一）准备

1. 准备整流电路，原理图如图 5-11(a)所示，准备整流滤波电路，原理图如图 5-11(b)所示。

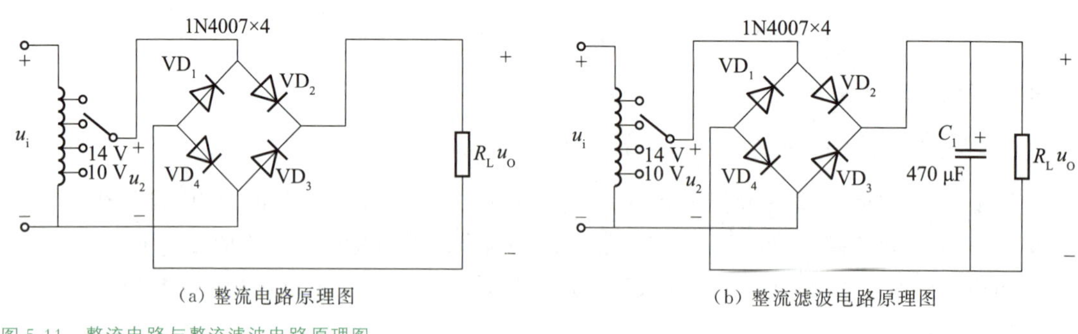

(a) 整流电路原理图　　(b) 整流滤波电路原理图

图 5-11　整流电路与整流滤波电路原理图

2. 准备整流滤波和稳压电路，原理图如图 5-12(a)所示，按照原理图核对图 5-12(b)所示整流滤波和稳压电路电路板。

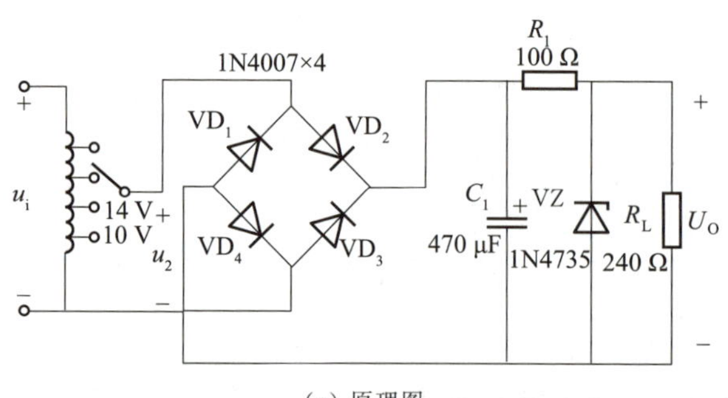

(a) 原理图

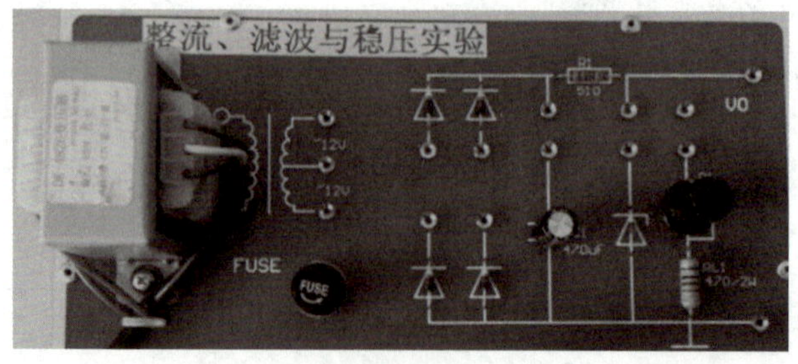

图 5-12　整流滤波和稳压电路　　(b) 电路板

回答如下问题：

当 u_2 正半周时，二极管________导通，二极管________截止。当 u_2 负半周时，二极管________导通，二极管________截止。整流后输出电压为________。整流滤波后输出电压为________。

3. 根据表 5-1 检查调试用设备是否到位

表 5-1 整流、滤波、稳压电路调试用设备检查表

设　备	是否齐全	设　备	是否齐全
变压器	是○　否○	数字交流毫伏表	是○　否○
示波器	是○　否○	万用表	是○　否○

（二）实施

1. 整流电路

(1) 按图 5-11(a)连接整流电路，取 $R_L=240\ \Omega$，将 220 V 交流电源和变压器的 220 V 输入端相连接，12 V 低压交流电源接入电路输入端。

(2) 打开电源开关，用万用表测 $u_O=$________，理论计算 $u_O=$________。

(3) 用示波器分别观察 u_2 和 u_O 的波形，并在图 5-13 中绘制输入波形图和整流输出波形图。

2. 滤波电路

(1) 按图 5-11(b)连接电路，取 $R_L=240\ \Omega$，$C=470\ \mu F$，将 12 V 低压交流电源接入电路输入端。

(2) 打开电源开关，用万用表测 $u_O=$________，理论计算 $u_O=$________。

(3) 用示波器分别观察 u_2 和 u_O 的波形，并在图 5-13 中绘制整流滤波输出波形图。

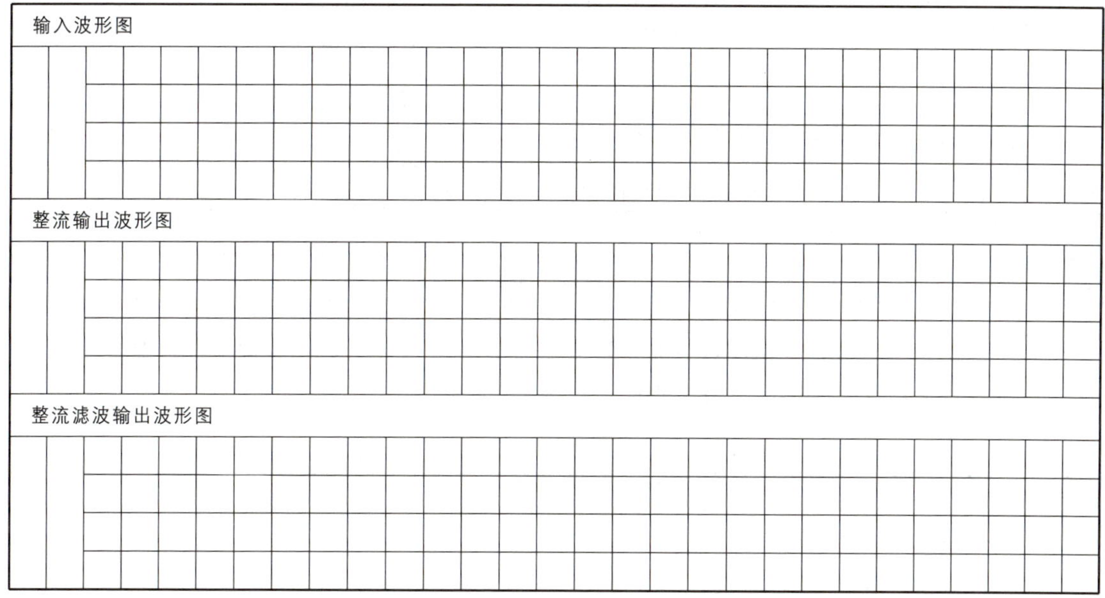

图 5-13 整流电路、整流滤波电路输入、输出波形图

3. 稳压二极管稳压电路

(1) 按图 5-12(a)连接好电路，取 $R_L=240\ \Omega$，$C=470\ \mu F$，将 12 V 低压交流电源接入

该电路输入端。

(2) 打开电源开关,用万用表测稳压二极管两端电压 $U_O=$________。

(3) 将 240 Ω 的电阻换成 120 Ω 和 1 kΩ 电位器的串联连接,改变电位器的阻值,再测量稳压管两端电压,电位器电阻调到最大时,$U_O=$________,电位器电阻调到零时,$U_O=$________。

三、交流分享

1. 简述整流、滤波电路的特点。
2. 根据稳压二极管两端电压变化情况,总结稳压二极管稳压电路的特性。

四、评价总结

1. 首先由学生根据任务完成情况自己进行评价,然后由小组人员进行评价,记录于表 5-2 中。

表 5-2　学生自评和小组评价表

项目内容	配分	评　分　标　准	自评得分	小组评价得分
素养与规范	30 分	(1) 准备工作不到位,可酌情扣 5～10 分; (2) 着装不规范,可酌情扣 5～7 分; (3) 违反操作规程,产生不安全因素,酌情扣 10～20 分; (4) 迟到、早退、场地不清洁,每次扣 2～5 分		
电路调试	30 分	(1) 合理选择仪器,完成整流电路电压的测量,并和理论计算电压值比较,且记录完整,得 15 分; (2) 完成整流滤波电路电压的测量,并和理论计算电压值比较,且记录完整,得 15 分; (3) 通电调试时发现接线错误等,每处扣 5～7 分		
性能测试	40 分	(1) 能用示波器完整清晰显示整流电路波形,并绘制波形,可得 20 分,否则每项酌情扣 3～10 分; (2) 能用示波器完整清晰显示整流滤波电路波形,并绘制波形,可得 20 分,否则每项酌情扣 3～10 分		
总分				
自评人签名:　　年　月　日　组评人员签名:				

2. 由指导教师根据任务完成整体情况,并结合学生自评和小组评价进行综合评分,将评价意见与评分值记录于表 5-3 中。

表 5-3　教师评价表

教师总体评价意见:	
教师评分(按 100 分计)	
总评分 = 自评得分 × 0.3 + 小组评价得分 × 0.3 + 教师评分 × 0.4	

5

任务二　三端稳压器的分析与调试

硅稳压二极管稳压电路使用的元器件少，线路简单，但稳定性能差，输出功率小，一般适用于电压固定、负载电流较小的场合，若需稳定性高、输出电流大的稳压电路，要采用线性稳压电路，它基本由调整电路、取样电路、基准电路及比较放大电路构成，把这些电路及保护电路集成在一片硅片上构成集成稳压电路，集成稳压电路性能稳定、工作安全可靠，给稳压电源的制作带来很大方便。

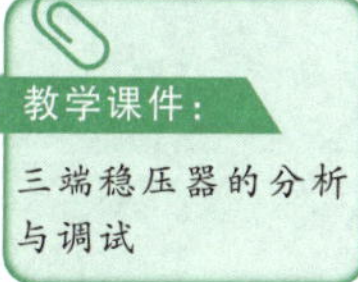

知识积累

一、串联型线性稳压电路

为扩大负载电流的变化范围，可利用三极管的电流放大作用，将稳压二极管稳压电路的输出电流放大后，再作为负载电流。电路采用射极输出形式，因而引入了电压负反馈，可以稳定输出电压。电路如图 5-14 所示。由于三极管 VT 与负载 R_L 相串联，而三极管 VT(也称调整管)工作在线性区，所以该电路称为串联型线性稳压电路。

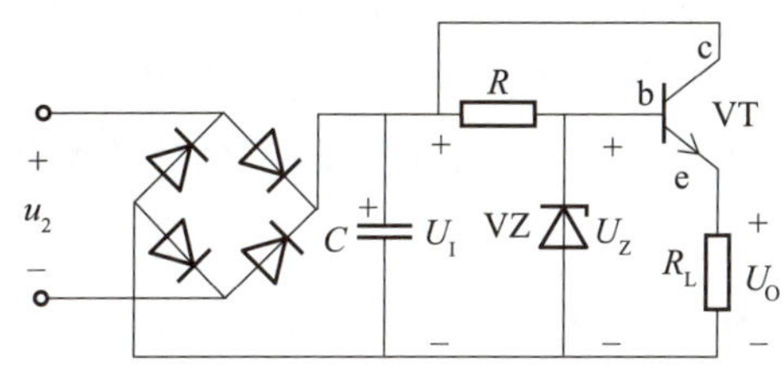

图 5-14　串联型线性稳压电路

设 U_I 为整流滤波电路的输出电压，即稳压电路的输入电压，当电网电压或负载电阻的变化使输出电压 U_O 升高时，其稳压过程如下：

$$U_O(U_E)\uparrow \xrightarrow{U_B=U_Z(\text{不变})} U_{BE}(U_B-U_E)\downarrow \rightarrow I_B\downarrow \rightarrow I_E\downarrow \rightarrow U_O(=I_ER_L)\downarrow$$

1. 电路组成

串联型线性稳压电路原理图如图 5-15 所示。

整个电路由四部分组成：

(1) 取样环节。由 R_1，R_P，R_2 组成的分压电路构成。它将输出电压 U_O 分出一部分作为取样电压 U_F 送到比较放大环节。

(2) 基准电压。由稳压二极管 VZ 和电阻 R_3 构成稳压电路，它为电路提供一个稳定的基准电压 U_Z，作为调整、比较的标准。

图 5-15 串联型线性稳压电路原理图

(3) 比较放大环节。由 VT_2 和 R_4 构成直流放大电路，其作用是将取样电压 U_F 与基准电压 U_Z 之差放大后去控制调整管 VT_1。

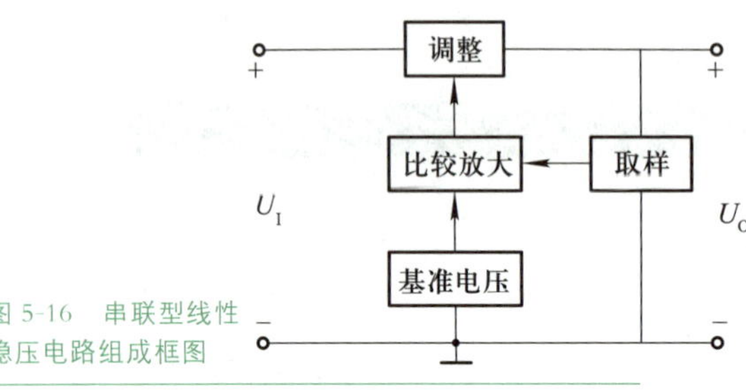

图 5-16 串联型线性稳压电路组成框图

(4) 调整环节。由工作在线性放大区的调整管 VT_1 组成，VT_1 的基极电流 I_{B1} 受比较放大电路输出的控制，它的改变又可使集电极电流 I_{C1} 和集电极和发射极之间电压 U_{CE1} 改变，从而达到自动调整稳定输出电压的目的。

串联型线性稳压电路组成框图如图 5-16 所示。

2. 工作原理

电路的工作原理如下：

当输入电压 U_I 或输出电流 I_O 变化引起输出电压 U_O 增加时，取样电压 U_F 相应增大，使 VT_2 的基极电流 I_{B2} 和集电极电流 I_{C2} 随之增加，VT_2 的集电极电位 U_{C2} 下降，因此 VT_1 的基极电流 I_{B1} 下降，I_{C1} 下降，U_{CE1} 增加，U_O 下降，从而使 U_O 保持基本稳定。这一自动调压过程可以表示如下：

5

$$U_O\uparrow \rightarrow U_F\uparrow \rightarrow I_{B2}\uparrow \rightarrow I_{C2}\uparrow \rightarrow U_{C2}\downarrow \rightarrow I_{B1}\downarrow \rightarrow I_{C1}\downarrow \rightarrow U_{CE1}\uparrow \rightarrow U_O\downarrow$$

同理，当 U_I 或 I_O 变化使 U_O 降低，调整过程相反，U_{CE1} 将减小，使 U_O 保持基本不变。从上述调整过程可以看出，该电路是依靠电压负反馈来稳定输出电压的。

3. 输出电压计算

图 5-15 所示稳压电源中电位器 R_P 串接在 R_1 和 R_2 之间，可以通过调节 R_P 改变输出电压的大小，流经 R_2 的电流要远远大于 I_{B2}。U_{BE2} 为 VT_2 发射结电压。

$$U_{B2}=\frac{R_b}{R_1+R_P+R_2}U_O$$

$$U_O=\frac{R_1+R_P+R_2}{R_b}U_{B2}=\frac{R_1+R_P+R_2}{R_b}(U_Z+U_{BE2})$$

用电位器 R_P 即可调节输出电压 U_O 的大小，但 U_O 必定大于或等于 U_Z。

当 R_P 调到最上端时，输出电压为最小值

$$U_{\mathrm{Omin}}=\frac{R_1+R_P+R_2}{R_P+R_2}(U_Z+U_{\mathrm{BE2}})$$

当 R_P 调到最下端时,输出电压为最大值

$$U_{\mathrm{Omax}}=\frac{R_1+R_P+R_2}{R_2}(U_Z+U_{\mathrm{BE2}})$$

设 VT_2 发射结电压 U_{BE2} 可以忽略,则

$$U_O=\frac{R_1+R_P+R_2}{R_b}U_Z$$

或

$$U_Z=\frac{R_b}{R_1+R_P+R_2}U_O$$

例 5-3 电路如图 5-15 所示,$R_1=560\ \Omega$,$R_2=680\ \Omega$,$R_P=1\ 000\ \Omega$,$U_Z=7\ \mathrm{V}$,$U_{\mathrm{BE}}=0.6\ \mathrm{V}$,求输出电压调整范围。若 R_P 调在中间,此时的输出电压为多少?

解: R_P 调至最上端时有

$$U_{\mathrm{Omin}}=\frac{R_1+R_P+R_2}{R_P+R_2}(U_Z+U_{\mathrm{BE2}})=\frac{560+1\ 000+680}{1\ 000+680}\times(7+0.6)\ \mathrm{V}\approx 10.1\ \mathrm{V}$$

R_P 调至最下端时有

$$U_{\mathrm{Omax}}=\frac{R_1+R_P+R_2}{R_2}(U_Z+U_{\mathrm{BE2}})=\frac{560+1\ 000+680}{680}\times(7+0.6)\ \mathrm{V}\approx 25\ \mathrm{V}$$

输出电压范围 10.1～25 V,若 R_P 调在中间,则 $U_O=14.4\ \mathrm{V}$。

4. 采用集成运放的串联型稳压电路

比较放大环节也可采用集成运放,如图 5-17 所示。

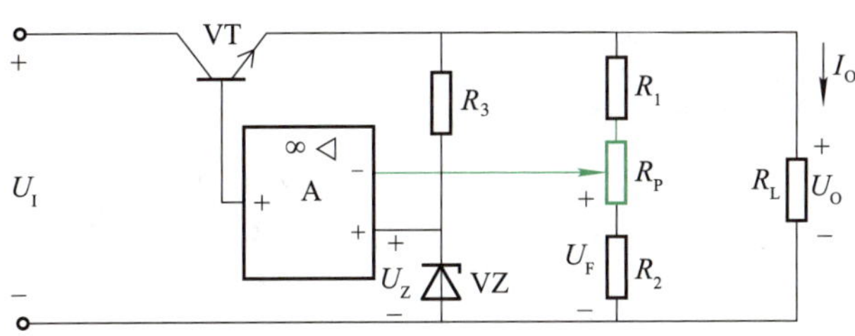

图 5-17 采用集成运放的串联型稳压电路

二、三端集成稳压器

由分立组件组成的直流稳压电路需要外接不少元器件,因而体积大,使用不便。集成

稳压器是将稳压电路的主要元器件甚至全部元器件制作在一块硅基片上的集成电路，因而具有体积小、使用方便、工作可靠等特点。

集成稳压器按输出电压是否可调分为固定式和可调式，按输出电压的正负极性分为正稳压器和负稳压器。

1. 三端固定输出集成稳压器

(1) 三端固定输出集成稳压器外形及引脚排列

三端固定输出集成稳压器通用产品有CW78××系列(正电源)和CW79××系列(负电源)。CW78××系列输出固定的正电压有5 V，6 V，8 V，9 V，12 V，15 V，18 V，24 V多种。CW79××系列输出固定的负电压，其参数与CW78××系列基本相同。

三端固定输出集成稳压器有三个接线端，即输入端、输出端和公共端。三端固定输出集成稳压器外形及引脚排列如图5-18所示。

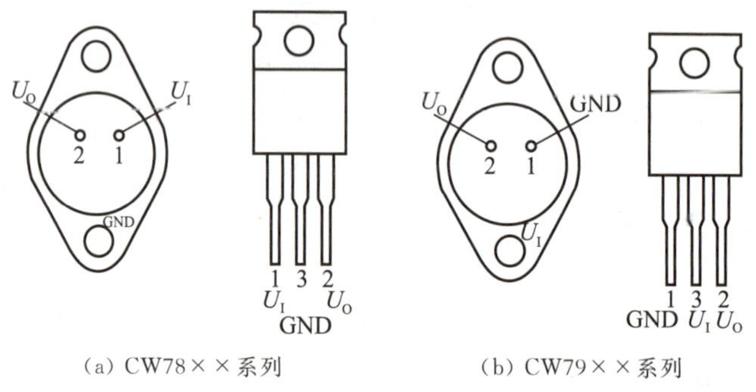

图5-18 三端固定输出集成稳压器外形及引脚排列

(2) 三端固定输出集成稳压器型号组成及其意义

三端固定输出集成稳压器型号组成及其意义如图5-19所示。

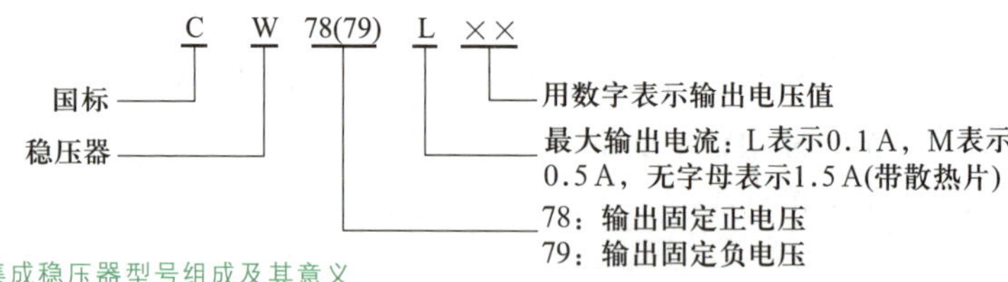

图5-19 三端固定输出集成稳压器型号组成及其意义

三端固定输出集成稳压器型号的意义如下：C表示国标(一般在资料和电路图中经常省略)；W表示稳压器；78表示输出固定正电压，79表示输出固定负电压；CW78或CW79后面所加的字母表示额定输出电流，如L表示0.1 A，M表示0.5 A，无字母表示1.5 A；最后的两位数字××表示输出电压值，如CW7805表示输出电压为+5 V。

2. 三端固定输出集成稳压器应用

(1) 固定输出稳压电路

图5-20所示为CW78××系列集成稳压器输出固定电压的稳压电路。图中，C_1 为滤波电容；C_2 用于旁路高频干扰信号，C_2 容量一般为0.1～1 μF；输出端的 C_3 用来改善负载瞬态响应，使瞬时增减负载电流时不致引起输出电压有较大的波动，削弱电路的高频噪

声，C_3 可选用 1 μF 电容。

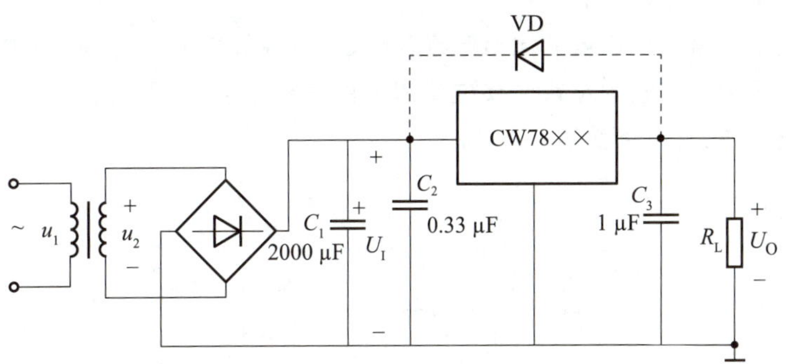

图 5-20　CW78××系列集成稳压器输出固定电压的稳压电路

CW79××系列集成稳压器输出固定负电压的稳压电路，其工作原理及电路的组成与 CW78××系列基本相同，实际中，可根据负载所需电压及电流的大小选择不同型号的集成稳压器。

若输出电压比较高，应在输入端与输出端之间跨接一个保护二极管 VD，如图 5-20 中的虚线所示。其作用是在输入端短路时，使输出通过二极管放电，以保护集成稳压器内部的调整管。输入直流电压 U_I 的值应至少比 U_O 高 3 V 以上。

(2) 提高输出电压的电路

如果实际需要的直流电压超过固定集成稳压器的电压数值，可外接一些元器件提高输出电压，如图 5-21 所示电路。图中，R_1，R_2 为外接电阻，R_1 两端的电压为集成稳压器的额定电压 U_{REF}，R_1 上流过的电流 $I_{R1}=U_{REF}/R_1$，集成稳压器的静态电流为 I_Q。

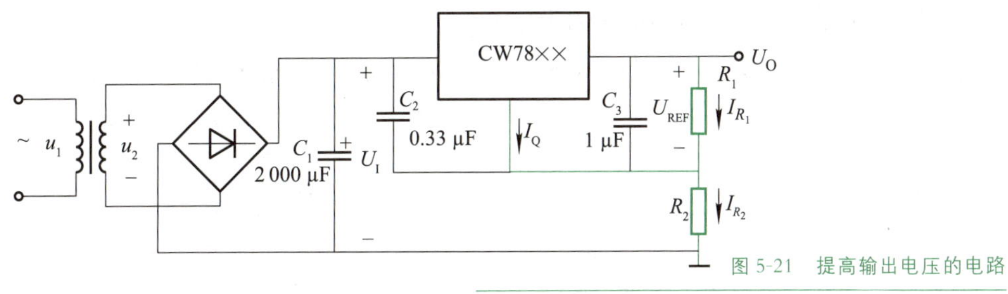

图 5-21　提高输出电压的电路

可以看出

$$I_{R_2}=I_{R_1}+I_Q$$

稳压电路的输出电压为

$$U_O=U_{REF}+I_{R_1}R_2+I_QR_2=U_{REF}+\frac{U_{REF}}{R_1}R_2+I_QR_2=\left(1+\frac{R_2}{R_1}\right)U_{REF}+I_QR_2$$

由于 I_Q 一般很小，$I_{R_2}\gg I_Q$，因此输出电压为

$$U_O\approx\left(1+\frac{R_2}{R_1}\right)U_{REF}$$

5

由此可以看出,改变外接电阻 R_1, R_2 可以提高输出电压。

(3) 扩大输出电流的电路

三端固定输出集成稳压器的输出电流有一定的限制,如 1.5 A, 0.5 A 或0.1 A。当负载所需电流大于现有三端固定输出集成稳压器的输出电流时,可以通过外接功率管的方法来扩大输出电流,其电路如图 5-22 所示。

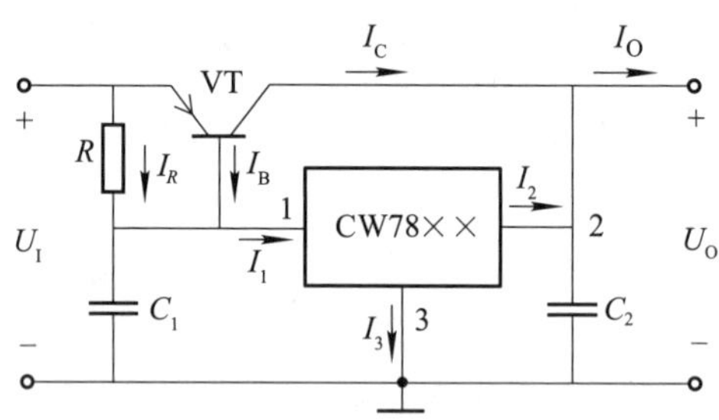

图 5-22　扩大输出电流的电路

图中,I_3 为稳压器公共端电流,其值很小,可以忽略不计,所以 $I_1 \approx I_2$,则可得

$$I_O = I_2 + I_C = I_2 + \beta(I_1 - I_R) \approx (1+\beta)I_2 + \beta\frac{U_{BE}}{R} \tag{5-1}$$

式中,β 为功率管的电流放大系数,I_C 为功率管的集电极电流。设 $\beta=10$, $U_{BE}=-0.3$ V, $R=0.5\,\Omega$, $I_2=1$ A,则可由式(5-1)计算出 $I_O=5$ A,可见,I_O 比 I_2 扩大了。电阻 R 的作用是使功率管在输出电流较大时才能导通,其阻值可按下式确定:

$$R = \frac{-U_{BE}}{I_1 - \dfrac{I_C}{\beta}}$$

(4) 输出正负对称电压的稳压电路

将 CW78××系列和 CW79××系列集成稳压器组成如图 5-23 所示的电路,可以输出正、负电压。

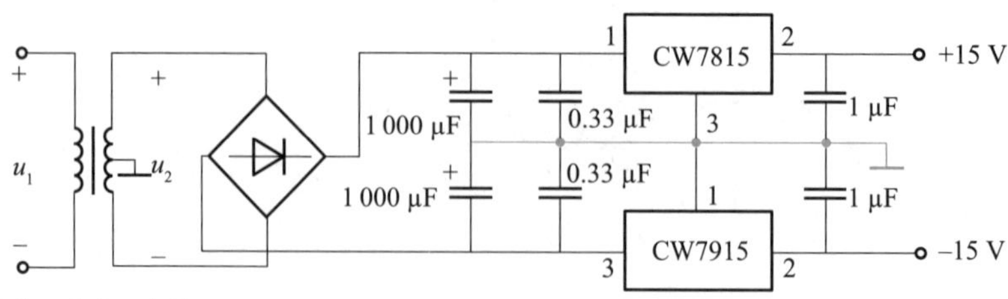

图 5-23　输出正负对称电压的稳压电路

3. 三端可调输出集成稳压器

三端可调输出集成稳压器是在三端固定输出集成稳压器的基础上发展起来的,集成块的输入电流几乎全部流到输出端,流到公共端的电流非常小,因此,可以用少量的外部元器件方便地组成精密可调的稳压电路,应用更为灵活。三端可调输出集成稳压器种类很多,常用的是 CW117/217/317 和 CW137/237/337 系列,前者输出连续可调正电压 1.25～

37 V，后者输出连续可调负电压 $-1.25\sim-37$ V，它们的基准电压 U_{REF} 为 1.25 V，可输出的额定电流最大为 1.5 A。图 5-24 所示为三端可调输出集成稳压器外形及引脚排列。

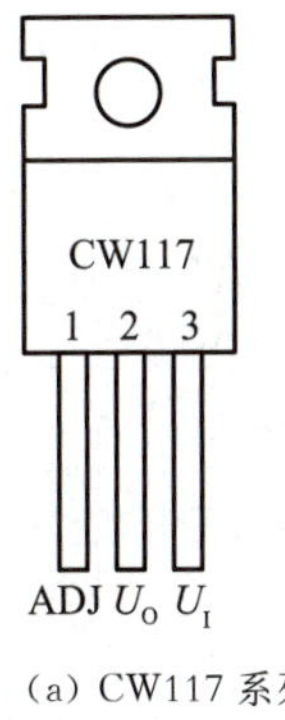

(a) CW117 系列

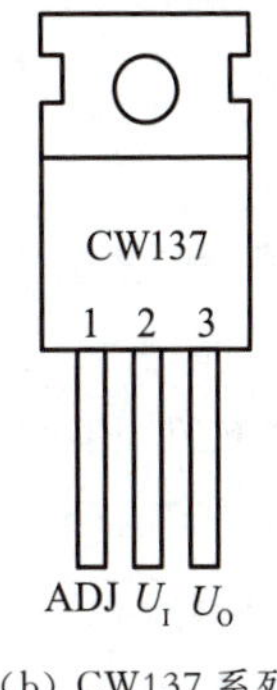

(b) CW137 系列

图 5-24 三端可调输出集成稳压器外形及引脚排列

图 5-25 所示为三端可调输出集成稳压器的基本应用电路。为防止输入端发生短路时，C_4 向稳压器反向放电而损坏，故在稳压器两端反向并联一个二极管 VD_1。VD_2 则是为防止因输出端发生短路，C_2 向调整端放电可能损坏稳压器而设置的。C_2 可减小输出电压的纹波。R_1，R_P 构成取样电路，可通过调节 R_P 来改变输出电压的大小。

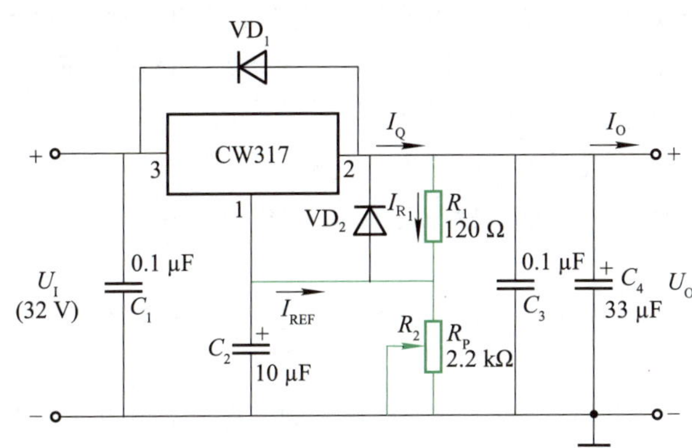

图 5-25 三端可调输出集成稳压器的基本应用电路

其输出电压的大小可表示为

$$U_O=\frac{U_{REF}}{R_1}(R_1+R_2)+I_{REF}R_2$$

由于基准电流 $I_{REF}\approx 50\ \mu A$，可以忽略，基准电压 $U_{REF}=1.25$ V，所以

$$U_O\approx 1.25\left(1+\frac{R_2}{R_1}\right)\text{V}$$

可见，当 $R_2=0$ 时，$U_O\approx 1.25$ V，当 $R_2=2.2$ kΩ 时，$U_O\approx 24.17$ V。

为保证电路在负载开路时能正常工作，R_1 的选取很重要。由于元器件参数具有一定的分散性，实际运用中可选取静态工作电流 $I_Q=10$ mA，于是 R_1 可确定为

$$R_1=\frac{U_{REF}}{I_Q}=\frac{1.25}{10\times10^{-3}}\ \Omega=125\ \Omega$$

取标称值 120 Ω。R_1 一般取值 120～240 Ω,此范围电阻值可保证稳压器在空载时也能正常工作。

三、开关型稳压电源

前面介绍的稳压电路,包括分立元件组成的串联型稳压电路以及集成稳压器电路均属于线性稳压电路,其中的调整管总是工作在线性放大区。这种电路的优点是结构简单,调整方便,输出电压脉动较小,但调整管消耗的功率较大,稳压电路效率低,一般只有30%～40%。开关型稳压电路克服了上述缺点,因而它的应用日益广泛。

1. 开关型稳压电源的特点及分类

开关型稳压电源的特点如下:

(1) 损耗小、效率高。开关型稳压电源的调整管工作在开关状态,因此管耗小、效率高,通常效率可达 80%～90%。

(2) 体积小、重量轻。开关型稳压电源发热小,因此,调整管只需加较小的散热片,同时由于一般开关型稳压电源直接采用 220 V 交流电源整流而不需要电源变压器,使得重量大为减轻,体积也随之减小。

(3) 稳压范围宽。开关型稳压电源在输入交流电源电压变化较大时,输出直流电压的波动一般小于 2%。如额定输入电压为 220 V 的开关型稳压电源,一般允许输入电压在 130～260 V 变化。

(4) 滤波电容小。一般开关型稳压电源的开关频率在 10～100 kHz 之间,开关频率高,所需滤波电容 C 和电感 L 的值就相对减小,有利于开关型稳压电源的成本降低,体积减小。

(5) 安全可靠。开关型稳压电源中一般具有多种保护电路,即使负载短路也能可靠保护。

开关型稳压电源的类型很多,按开关三极管的连接方式分有串联型和并联型;按稳压电路的启动方式分有他激式和自激式;按稳压电路的控制方式分有脉冲宽度调整方式和脉冲频率调整方式。

2. 开关型稳压电源结构框图

开关型稳压电源结构框图如图 5-26 所示。它由六部分组成,其中,取样电路、比较电路、基准电路,在组成及功能上都与普通的串联型稳压电路相同,不同的是增加了开关调整管、滤波器和开关时间控制器等,新增部分的功能如下:

(1) 开关调整管:在开关脉冲的作用下,使调整管工作在饱和或截止状态,输出断续的脉冲电压,如图 5-27 所示。开关调整管采用大功率管。$\frac{T_{on}}{T}$ 称占空比,用 q 表示,即在一个通断周期 T 内,脉冲持续导通时间 T_{on} 与周期 T 的比值,改变占空比的大小就可改变输出电压 U_O 的大小。

(2) 滤波器:把矩形脉冲转变成连续的平滑直流电压 U_O。

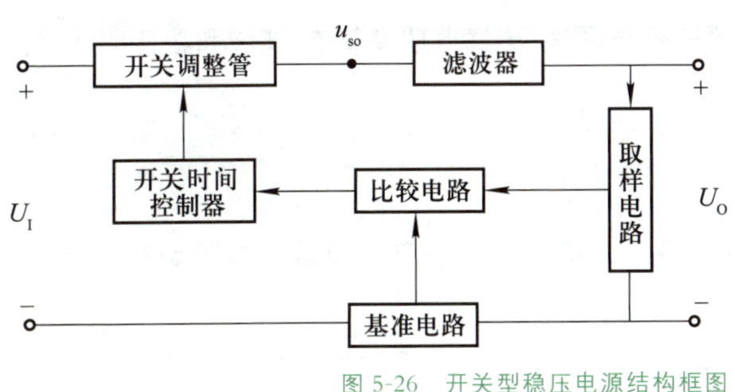

图 5-26　开关型稳压电源结构框图

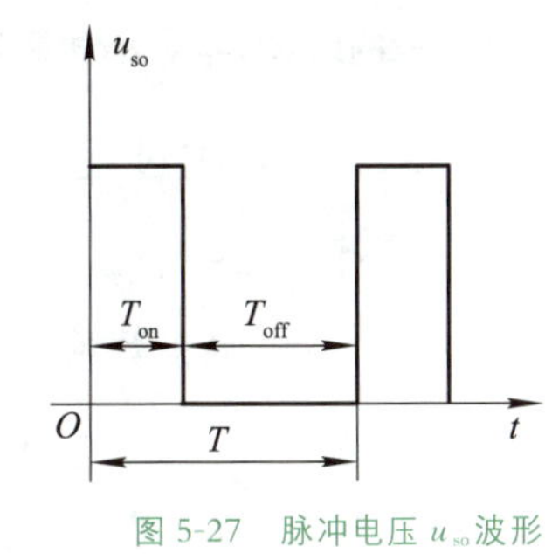

图 5-27　脉冲电压 u_{so} 波形

(3) 开关时间控制器：控制开关管导通时间长短，从而改变输出电压高低。

3. 串联型开关电路

串联型开关电路如图 5-28 所示，电路由开关管 VT、储能电路(包括电感 L、电容 C 和续流二极管 VD)及控制器组成。控制器可使 VT 处于开/关状态并可稳定输出电压。

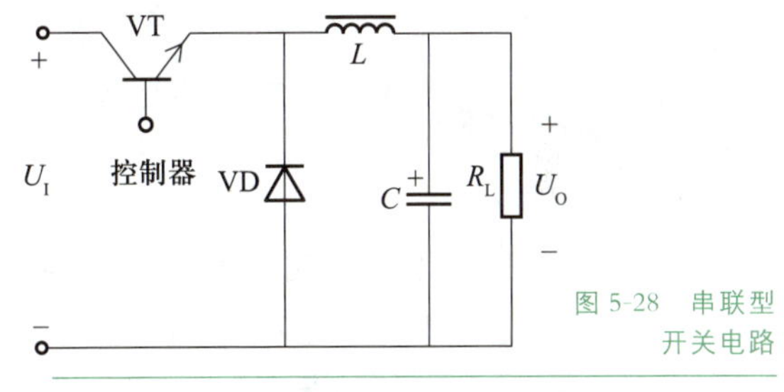

图 5-28　串联型开关电路

当 VT 饱和导通时，由于电感 L 的存在，流过 VT 的电流近似线性增加，线性增加的电流给负载 R_L 供电的同时也给 L 储能(L 上产生左“正”右“负”的感应电动势)，VD 截止。

当 VT 截止时，由于电感 L 中的电流不能突变(L 上产生左“负”右“正”的感应电动势)，VD 导通，于是储存在电感上的能量逐渐释放并提供给负载，使负载继续有电流通过，因而 VD 为续流二极管。LC 组成滤波电路，当 L 和 C 值取得足够大时，流过电感 L 的电流是连续的，并且大小变化不大，输出电压 U_O 也就基本平滑。

复习与讨论

1. 串联型稳压电路由哪几部分组成？各组成部分的作用是什么？

2. 何为线性稳压器？三端集成稳压器有何主要特点？

3. 下列几种情况，可选用什么型号的三端集成稳压器？

(1) $U_O = +15$ V，R_L 的最小值为 20 Ω。

(2) $U_O = -12$ V，输出电流 I_O 范围为 10～80 mA。

5

任务实施　桥式整流电容滤波三端稳压器稳压电路的安装与调试

一、任务导入

桥式整流电容滤波三端稳压器稳压电路简单、性能稳定、制作方便。本任务通过该电路的装调，学会小功率直流稳压电源的安装与调试，更好地理解整流、滤波和稳压的含义。

二、工作过程

（一）准备

1. 准备万能板，桥式整流电容滤波三端稳压器稳压电路原理图如图 5-29 所示。

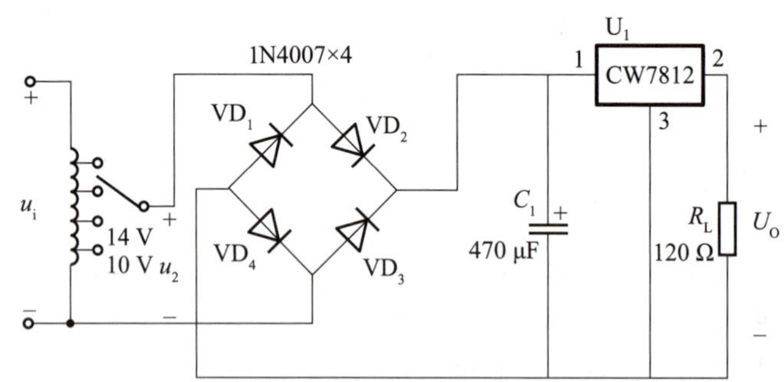

图 5-29　桥式整流电容滤波三端稳压器稳压电路原理图

2. 完成本任务所需设备、工具与器材明细表，见表 5-4。

表 5-4　桥式整流电容滤波三端稳压器稳压电路的安装与调试所需设备、工具与器材明细表

序号	名称	位号	型号、规格	数量
1	电阻器	R_L	120 Ω	1
2	电解电容器	C_1	470 μF/35 V	1
3	整流二极管	VD_1，VD_2，VD_3，VD_4	1N4007	4
4	集成稳压模块	U_1	CW7812	1
5	万用表		MF-47 型	1
6	电烙铁		15～25 W	1
7	焊接材料		焊锡丝、烙铁架等	1
8	电子电路装调通用工具		尖嘴钳、剥线钳等	1
9	万能板			1
10	自耦变压器			
11	示波器			

3. 对选用的 CW7812 系列三端稳压器，查阅产品手册，记录以下参数。

（1）输入电压范围：____________，最大输入电压：____________。

（2）输出额定电流：____________。

（3）电压调整率：____________。

（4）负载调整率：____________。

（5）输出阻抗：____________。

（二）实施

1. 桥式整流电路的连接测试

安装 4 个 1N4007 构成的桥式整流电路，交流输入电压选择 14 V 交流电源，取 R_L =

120 Ω 接入电路中，使用万用表和示波器测出此时 U_2 和 U_O 的值，记录于表 5-5 中，观察记录 u_2 和 U_O 波形。

2. 桥式整流电容滤波电路的连接测试

再安装电容 C_1，测出此时 U_O 的值，记录于表 5-5 中，观察记录 U_O 波形。

3. 桥式整流电容滤波三端稳压器稳压电路的连接测试

再接入三端稳压器 CW7812，测出此时 U_O 的值，记录于表 5-5 中，观察记录 U_O 波形。

表 5-5　桥式整流电容滤波三端稳压器稳压电路数据测试记录表

测试项目	整流		整流、滤波	整流、滤波、稳压
数据测量	U_2	U_O	U_O	U_O
波形观察				

4. 纹波电压的测试

交流电压经过整流、滤波和稳压后，输出直流电压，用示波器测量该电压的纹波电压，纹波电压的峰峰值=____________。

三、交流分享

1. 桥式整流电路中，若某二极管发生开路、短路或反接等情况，将会出现什么问题？
2. 整流电路测试时，若不接负载，用示波器测量输出电压会是怎样的波形？

四、评价总结

1. 首先由学生根据任务完成情况自己评价，然后由小组人员进行评价，记录于表 5-6 中。

表 5-6　学生自评和小组评价表

项目内容	配分	评　分　标　准	自评得分	小组评价得分
素养与规范	30 分	(1) 准备工作不到位，可酌情扣 5～10 分； (2) 着装不规范，可酌情扣 5～7 分； (3) 违反操作规程，产生不安全因素，酌情扣 10～20 分； (4) 迟到、早退、场地不清洁，每次扣 2～5 分		
安装工艺	20 分	规定时间内元器件成形和插装正确，引脚及剪切整齐，焊点质量高，工艺美观，可得满分，否则每项酌情扣 1～5 分		
电路调试	20 分	(1) 合理选择仪器仪表，一次通电调试成功，得满分； (2) 通电调试时发现接线错误等，每处扣 5～7 分		
数据测试	30 分	能正确使用仪器仪表测试输出电压、纹波，观测波形，实验测试数据与理论计算值误差在 10% 以内，一次性调试测量成功，且记录完整，可得满分，否则每项酌情扣 3～10 分		
总分				
自评人签名：　　年　月　日　组评人员签名：				

2. 由指导教师根据任务完成整体情况，并结合学生自评和小组评价进行综合评分，将评价意见与评分值记录于表 5-7 中。

表 5-7　教师评价表

教师总体评价意见：	
教师评分（按 100 分计）	
总评分 ＝ 自评得分 × 0.3 ＋ 小组评价得分 × 0.3 ＋ 教师评分 × 0.4	

拓展训练　双路直流稳压电源的安装与调试

一、训练导入

双路直流稳压电源能输出两路独立的正负直流电压，本拓展训练通过双路直流稳压电源的装调，进一步学会安装和调试集成稳压模块构成的双路直流稳压电源，更好地理解双路直流稳压电源的组成及工作原理，更好地理解直流稳压电源的性能指标并掌握测量的方法。

二、工作过程

（一）准备

1. 图 5-30 所示为双路直流稳压电源原理图。

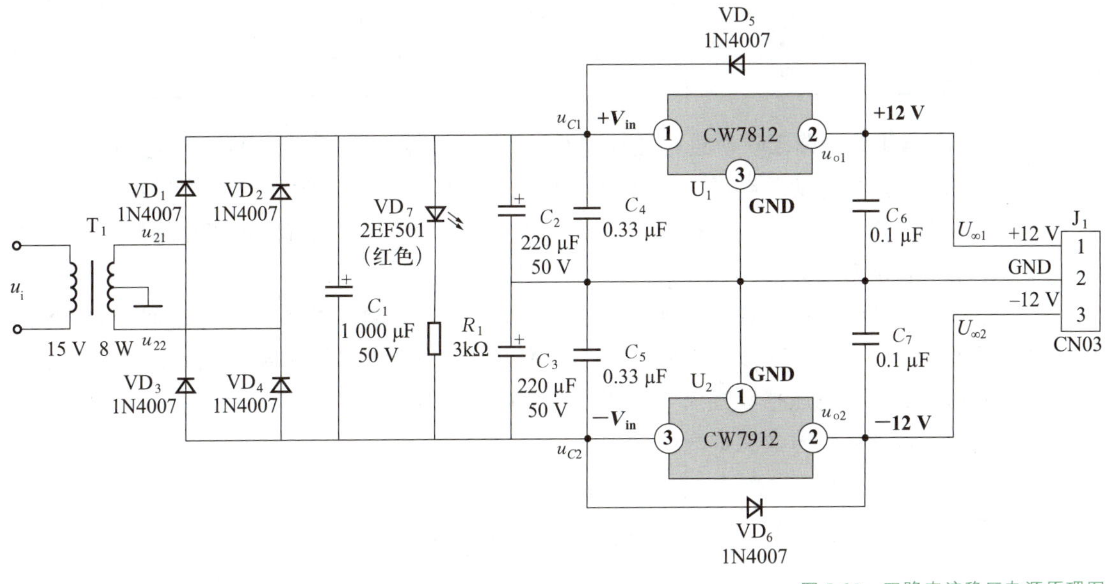

图 5-30　双路直流稳压电源原理图

稳压电源功能要求输出双路 12 V 电压，采用集成稳压模块 CW7812，CW7912。CW7812 的输入端电压应为 15～20 V 为宜，CW7912 的输入端电压应为－20～－15 V 为宜，所以选用双路 15 V 输出的变压器。整流管选用 1N4007 即可满足要求。

2. 完成本拓展训练所需设备、工具与器材明细表，见表 5-8。

（二）实施

1. 按焊接规范要求，对照原理图在万能板上焊接好电路。

2. 双路直流稳压电源的调试及空载时参数的测量：

5

表 5-8　双路直流稳压电源的安装与调试所需设备、工具与器材明细表

序号	名称	位号	型号、规格	数量
1	电阻器	R_1	3 kΩ	1
2	电容器	C_6，C_7	0.1 μF	2
3	电容器	C_4，C_5	0.33 μF	2
4	电解电容器	C_2，C_3	220 μF/50 V	2
5	电解电容器	C_1	1 000 μF/50 V	1
6	整流二极管	VD_1，VD_2，VD_3，VD_4，VD_5，VD_6	1N4007	6
7	发光二极管	VD_7	2EF501(红色)	1
8	集成稳压模块	U_1	CW7812	1
9	集成稳压模块	U_2	CW7912	1
10	插座	J_1	3 引脚插座	1
11	万用表		MF-47 型	1
12	电烙铁		15～25 W	1
13	焊接材料		焊锡丝、烙铁架等	1
14	电子实训通用工具		尖嘴钳、剥线钳等	1
15	万能板			1
16	示波器			1
17	直流数字电压表			1
18	变压器(双路 15 V 输出)			1

(1) 当确认电路无误时进行通电试验，观察电路有无冒烟、焦煳味、放电火花等异常现象，如果有，立即切断电源，查出原因。如无异常现象，用万用表的交流电压挡测量变压器一次电压为__________，双路二次电压为__________，用直流电压挡测量整流滤波后的直流输出电压为__________。

(2) 利用示波器观察变压器二次电压 u_{21}，u_{22}（变压器二次侧两端与地间）和整流滤波后的电压 u_{C1}（CW7812 输入端），u_{C2}（CW7912 输入端）及空载输出 $U_{\infty 1}$，$U_{\infty 2}$ 波形，并用万用表的交流电压挡和直流电压挡分别测量其大小。

根据以上测量方法完成表 5-9。

表 5-9　双路整流、滤波、稳压效果比较

参　数		直流挡测量	交流挡测量	波　形
CW7812 正电源	u_{21}	—		
	u_{C1}		—	
	$U_{\infty 1}$		—	

续　表

参　　数		直流挡测量	交流挡测量	波　　形
CW7912 负电源	u_{22}	—		
	u_{C2}		—	
	$U_{\infty 2}$		—	

3. 直流稳压性能指标的测量：

(1) 电流调整率的测量

分别在两个输出端(J_1 的 1，2 端和 2，3 端)接上负载 R_{L1} 和 R_{L2}，调节变压器一次电压 u_i 为 220 V，调节 R_{L1} 和 R_{L2}，使输出电流都为 1 A，测出输出电压值 $U_{O1}=$________，$U_{O2}=$________。然后再用电流调整率公式计算：

$$S_{I1}=\frac{U_{O1}-U_{\infty 1}}{U_{O1}}\times 100\%$$

$U_{\infty 1}$，$U_{\infty 2}$ 为实施步骤 2(2)测得的空载时输出直流电压值。同理，可以计算出 U_{O2} 的电流调整率 S_{I2}。

(2) 电压调整率的测量

在输出端(J_1 的 1，2 端)接上负载 R_{L1}，调节变压器一次电压 u_i 为 220 V，调节负载电阻 R_{L1}，使输出电流为 1 A，测出 $u_i=220$ V 时对应的输出电压 U_{O1}；然后调节自耦变压器，使输入电压 u_i 为 242 V，测出此时输出电压，记为 U'_{O1}；再调节自耦变压器，使输入电压 u_i 为 198 V，测出此时输出电压，记为 U''_{O1}。然后再用电压调整率公式计算：

$$S'_{U1}=\frac{U'_{O1}-U_{O1}}{U_{O1}}\times 100\%$$

$$S''_{U1}=\frac{U''_{O1}-U_{O1}}{U_{O1}}\times 100\%$$

在 S'_{U1} 和 S''_{U1} 中选出较大值作为电压调整率 S_{U1}。为提高测量精度，输出电压需用直流数字电压表测量。同理，可以测量出 U_{O2} 的电压调整率 S_{U2}。

根据以上测量方法完成表 5-10。

表 5-10　特性参数测量结果

特性参数	测量结果	特性参数	测量结果
U_{O1}		S_{I2}	
U_{O2}		S_{U1}	
S_{I1}		S_{U2}	

(3) 纹波电压的测量

稳压后输出的直流电压中，仍含有交流成分，纹波电压是指叠加在输出电压上的交流分量。纹波电压为非正弦量，常用其峰峰值 ΔU_{OPP} 来表示，一般为毫伏级。可用示波器进行测量。测量方法是将示波器 Y 轴输入耦合开关置于“AC”挡，选择适当 Y 轴灵敏度旋钮挡位，便可清晰观察到脉动波形，从波形图中读得峰峰值 ΔU_{OPP} = ________。

4. 注意事项：

(1) 焊接前要对照元器件清单清点元器件，判别各元器件的质量好坏。

(2) 安装万能板时，应注意晶体管的引脚和电容的极性不能焊错。

(3) 严格按正确的焊接步骤操作，遵照元器件引脚成形规范。

三、交流分享

(1) 在焊接印制电路板的过程中，应注意哪些问题？

(2) 分析电路中各电容器所起的作用。

(3) 若输出的电压 $U_{O1}=0$，而 U_{O2} 正常，试分析其原因。

四、评价总结

1. 首先由学生根据训练完成情况自己作出评价，然后由小组人员进行评价，记录于表 5-11 中。

表 5-11 学生自评和小组评价表

项目内容	配分	评 分 标 准	自评得分	小组评得分
素养与规范	30 分	(1) 准备工作不到位，可酌情扣 5～10 分； (2) 着装不规范，可酌情扣 5～7 分； (3) 违反操作规程，产生不安全因素，酌情扣 10～20 分； (4) 迟到、早退、场地不清洁，每次扣 2～5 分		
安装工艺	20 分	规定时间内元器件成形和插装正确，引脚及剪切整齐，焊点质量高，工艺美观，可得满分，否则每项酌情扣 1～5 分		
电路调试	20 分	(1) 合理选择仪器仪表，一次通电调试成功，得满分 (2) 通电调试时发现接线错误等，每处扣 5～7 分		
数据测试	30 分	能正确使用仪器仪表测量电压、观测波形，实验测试数据与理论计算值误差在 10%以内，一次性调试测量成功，且记录完整，可得满分，否则每项酌情扣 3～10 分		
总分				
自评人签名： 年 月 日 组评人员签名：				

2. 由指导教师根据任务完成整体情况，并结合学生自评和小组评价进行综合评分，将评价意见与评分值记录于表 5-12 中。

表 5-12 教师评价表

教师总体评价意见：	
教师评分(按 100 分计)	
总评分 = 自评得分 × 0.3 + 小组评价得分 × 0.3 + 教师评分 × 0.4	

项目小结

1. 在电子系统中，经常需要将交流电压转换为稳定的直流电压，一般小功率直流电源由电源变压器、整流滤波和稳压电路等部分组成。直流稳压电源要求输出电压不受电网、负载及温度变化的影响。

2. 在整流电路中，是利用二极管的单向导电性将交流电转变为脉动的直流电。常见的形式有：单相半波、单相全波、桥式整流电路等。为抑制输出直流电压中的纹波，通常在整流电路后接有滤波环节。

3. 为了保证输出电压不因电网电压、负载的变化而产生波动，可接入稳压电路，在小功率供电系统中，多采用串联稳压电路，串联稳压电路的调整管工作在线性放大区，利用控制调整管的管压降来调整输出电压。

4. 三端集成稳压器既有固定式和可调式，又有正电压和负电压输出，三端分别是输入端、输出端和公共端(或调整端)，使用方便，性能稳定。

5. 中大功率稳压电源一般采用开关稳压电路，开关稳压电源的调整管工作在开关状态，利用控制调整管导通与截止时间的比例来调整输出电压。开关稳压电源具有体积小、效率高、稳压范围宽的优点。但它高频泄漏较大，对周围电路有影响。

6. 进行直流稳压电源电路调整测试时，要注意人身和设备的安全。分清强电和弱电部分，强电部分严禁带电操作。通电之前对电路进行认真检查，电路接线正确，才可接通交流电源。

自测题

文本：项目五自测题答案

一、填空题

1. 小功率直流稳压电源一般由________、________、________和________组成。

2. 在直流稳压电源中，能够实现将脉动直流电变平滑的电路为______________；能够克服电网电压、负载及温度变化引起的输出电压的变化，使输出电压稳定的电路为______________。

3. 所谓滤波就是保留脉动直流电中的__________成分，尽可能滤除其中的__________成分。

4. 采用电容滤波，电容必须与负载________；采用电感滤波，电感必须与负载________。

5. 稳压电路的作用是使输出直流电压在______________或______________时也能保持稳定。

6. 电路中，用稳压二极管实现稳压时，稳压二极管必须与负载电阻________。

7. 桥式整流电容滤波电路，若输入交流电压有效值为 U_2，电路参数选择合适，则该电路的输出电压平均值约为________；当负载电阻开路时，输出电压平均值约为________；当滤波电容开路时，输出电压平均值约为________。

8. 稳压电路能够稳定输出电压，目前广泛采用集成稳压器。三端集成稳压器 CW78××系列输出________电压，CW79××系列输出________电压，此两系列输出的直流电压是________的，而 CW317 系列输出的直流电压是________的。

9. 单相桥式整流电路中，若输入交流电压有效值为 U_2，负载电流平均值为 I_O，则每个二极管承受的最大反向电压为________，流过每个二极管的平均电流为________。

10. 稳压电源的主要技术指标包括______________和______________。

11. 纹波电压是指______________________。

12. 串联型稳压电源输出电压调整范围是______________～______________。

13. CW78××系列三端集成稳压器各脚功能是：引脚①________，引脚②________，引脚③________。

14. 占空比是指______________。

15. 开关电源的类型按不同的控制方式可以划分为______________和______________。

二、选择题

1. 整流滤波得到的电压在负载变化时，是(　　)的。

A. 稳定　　B. 不稳定

C. 不一定　　D. 以上都不对

2. 稳压电路就是当电网电压波动、负载和温度发生变化时，使输出电压(　　)的电路。

A. 恒定　　B. 基本不变　　C. 按规律变化　　D. 以上都不对

5

3. 稳压电源的主要技术指标是(　　)。

A. 特性与质量指标　　B. 输出电流与电压

C. 稳压和温度系数　　D. 以上都不对

4. 将交流电转变成单向脉动直流电的电路称为(　　)电路。

A. 变压　　B. 整流　　C. 滤波　　D. 稳压

5. 桥式整流电容滤波电路中，输入交流电压有效值为 10 V，测得直流输出电压为 9 V，则说明电路中(　　)。

A. 滤波电容开路　　B. 滤波电容短路

C. 负载开路　　D. 负载短路

6. 在单相桥式整流电路中，如果任意一个二极管接反，则(　　)；如果任意一个二极管脱焊，则(　　)。

A. 将引起电源短路　　B. 将成为半波整流电路

C. 仍为桥式整流电路　　D. 以上都不对

7. 图 5-31 所示的桥式整流电路中正确的是(　　)

A.

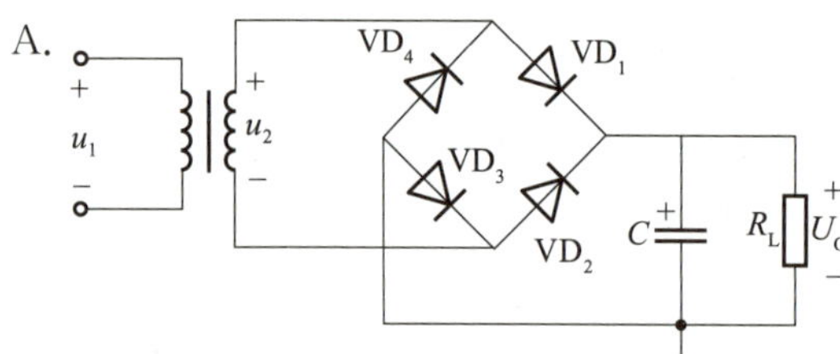

B.

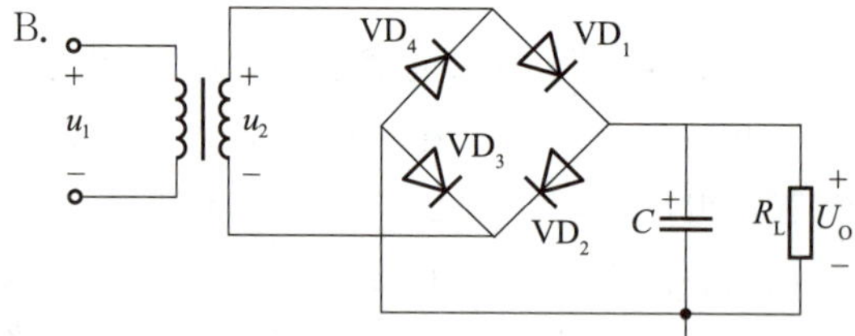

C.

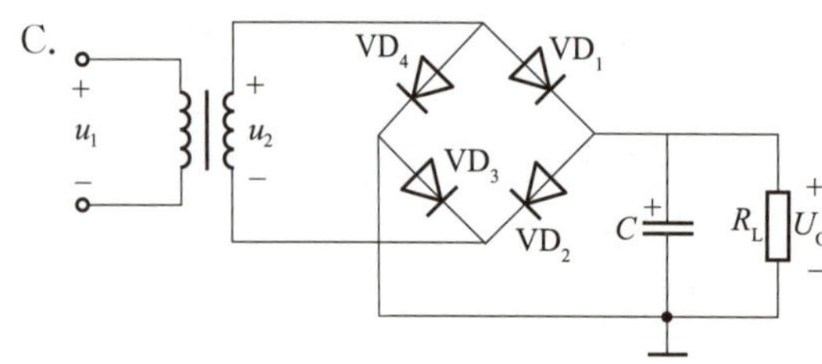

D.

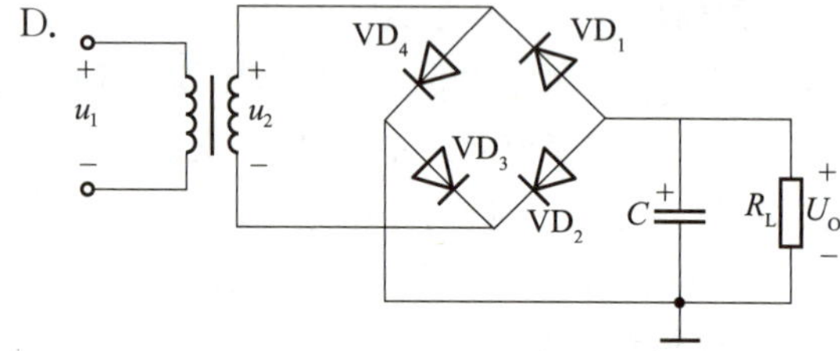

图 5-31　选择题 7 题图

8. 一个输出固定电压的直流电源电路如图 5-32 所示，若要求输出到负载 R_L 上的电压 U_O 为+15 V，则集成稳压器应选择(　　)。

A. CW7805　　B. CW7905　　C. CW7815　　D. CW7915

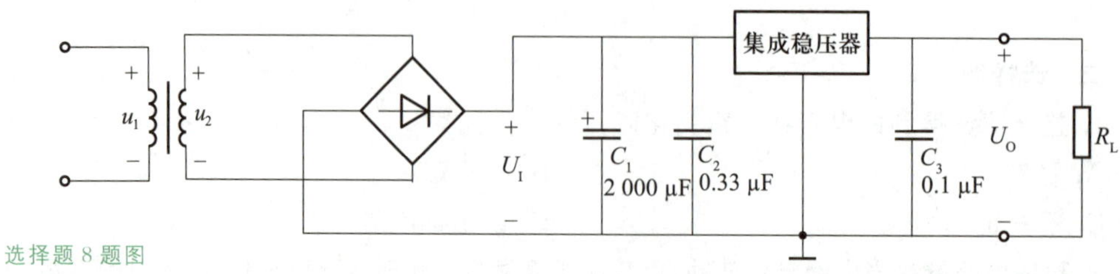

图 5-32　选择题 8 题图

9. 下列型号的三端集成稳压器中，属于可调输出集成稳压器的是(　　)。

A. CW7812　　B. CW7905　　C. CW317　　D. CW7912

10. W78××系列和W79××系列引脚对应关系应为(　　)。

A. 一致　　B. 引脚①与引脚③对调，引脚②不变

C. 引脚①、引脚②对调　　D. 以上都不对

11. 下列三端集成稳压器输出负电压并可调的是(　　)。

A. CW79××系列　　B. CW337 系列

C. CW317 系列　　D. 以上都不对

12. 电路如图 5-33 所示，已知 $U_2=20$ V，$R_L=47\ \Omega$，$C=1\ 000\ \mu$F。现用直流电压表测量输出电压 U_2，问出现下列几种情况时，U_o 各为多大?

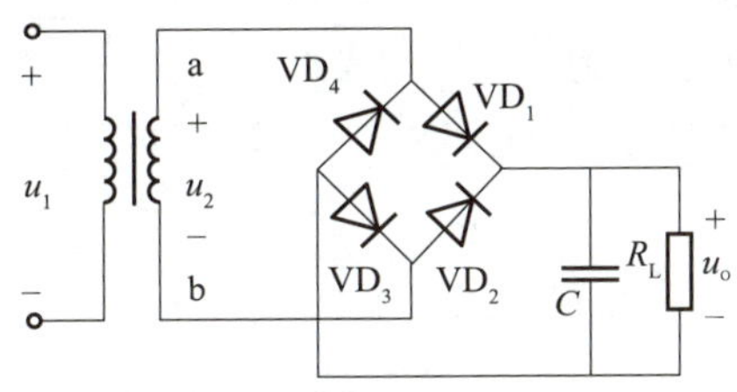

图 5-33　选择题 12 题图

(1) 正常工作时：$U_o\approx$(　　)。

(2) R_L 断开时：$U_o\approx$(　　)。

(3) C 断开时：$U_o\approx$(　　)。

(4) VD_2 断开时：$U_o\approx$(　　)。

A. 24 V　　B. 18 V　　C. 20 V　　D. 28 V

13. 串联型开关稳压电源中，(　　)。

A. 开关二极管截止时，续流二极管提供的电流方向和开关二极管导通时一样

B. 开关二极管和续流二极管同时导通

C. 开关二极管间断导通，续流二极管持续导通

D. 以上都不对

三、判断题

1. CW78××系列三端集成稳压器和CW79××系列三端集成稳压器的引脚排列是一样的。(　　)

2. 要使得三端集成稳压器CW78××能够正常工作，必须使其输入端电压 U_I 至少比输出端电压 U_O 高出 2.5～3 V。(　　)

3. 型号为CW117L的三端可调输出集成稳压器中，最后的字母L表明其最大输出电流为 0.1 A。(　　)

4. 直流稳压电源是一种能量转换电路，它将交流能量转变为直流能量。(　　)

5. 桥式整流电容滤波电路中，输出电压中的纹波大小与负载电阻有关，负载电阻增大，输出纹波电压也越大。(　　)

6. 串联型线性稳压电路中，调整管与负载串联，且工作在放大区。(　　)

5

习题

1. 220 V，50 Hz 的交流电压经降压变压器给桥式整流电容滤波电路供电，要求输出直流电压为 24 V，电流为 400 mA。

(1) 试选择整流二极管的型号。

(2) 确定滤波电容器的型号。

解：(1) 二极管的平均电流 $I_{(AV)}=$________；变压器二次电压有效值 $U_2=$________；

最大反向工作电压为 $U_{RM}=$________；查手册，确定整流二极管的型号为________。

(2) 滤波电容器 C 近似等于________；电容器耐压＝________；

确定选用电解电容器的型号为________________。

2. 桥式整流电路如 5-4 所示，若电路中二极管出现下述各种情况，电路会出现什么问题？

解：(1) VD_1 因虚焊而开路：____________________________。

(2) VD_2 被短路：____________________________。

(3) VD_3 极性接反：____________________________。

(4) VD_1，VD_2 极性都接反：____________________________。

(5) VD_1 开路，VD_2 短路：____________________________。

3. 图 5-34 为串联型直流稳压电源，已知 2CW13 稳压值 $U_Z=6$ V，各晶体管的 U_{BE} 取 0.3 V。

(1) 求输出电压的调节范围。

(2) 当电位器调到中间位置时，估算 A，B，C，D，E 各点电压值。

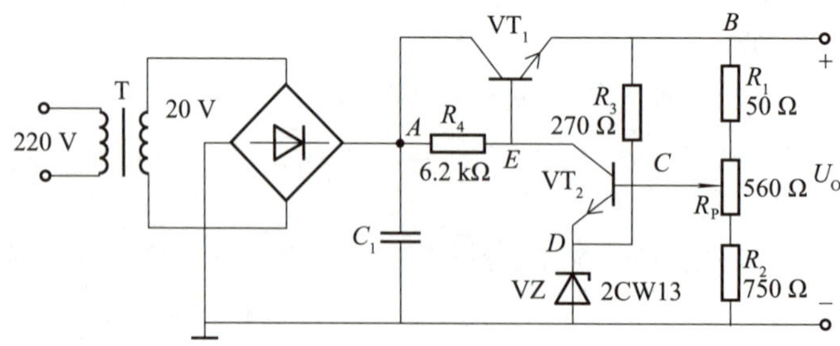

图 5-34　习题 3 题图

解：(1) $U_{Omin}=$

$U_{Omax}=$

(2) $U_A=$________；$U_B=$________；$U_C=$________；

$U_D=$________；$U_E=$________。

5

4. 一个输出固定电压的电路如图 5-35 所示。

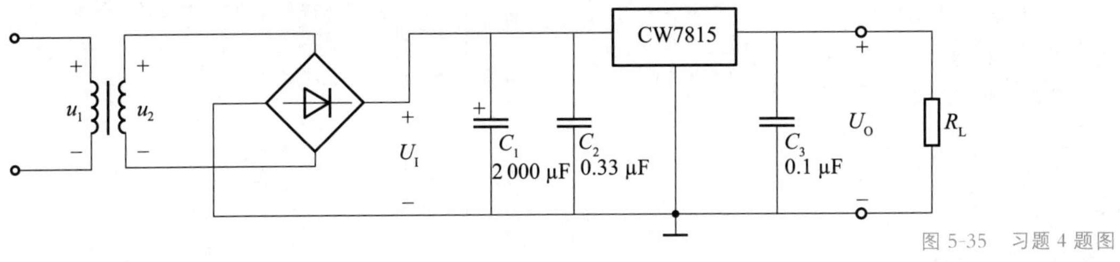

图 5-35 习题 4 题图

试回答下列问题：

(1) 输出电压 U_O＝________。

(2) 在图中标出三端集成稳压器的引出端编号。

(3) 三端集成稳压器的输入电压 U_I＝________(输入与输出间的压差为 5 V)。

(4) 变压器二次电压有效值 U_2＝________。

项目六 模拟电子技术综合应用

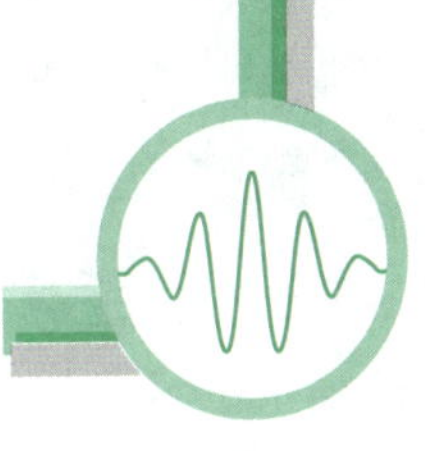

项目描述

实际工作中，要对电子设备和系统进行分析研究、维护使用或修理改进，首先需要看懂它的电路图，剖析电路组成，了解它的工作原理和主要功能，有时还要对其性能指标做出粗略的估算。因此，电子电路的读图以及在读图的基础上安装和调试一个完整的电子电路是从事电子技术的工程技术人员最基本而又非常重要的工作。

项目目标

【知识目标】

☆ 能读懂给定声光双控灯电路，进一步熟悉运算放大器的应用。

☆ 能理解收音机电路的基本组成、工作原理，读懂印制电路板的安装图。

☆ 掌握简单电子产品的整机工艺、装配、调试方法，了解产品质量要求。

【技能目标】

☆ 会安装与调试一个声光双控灯的电路。

☆ 会识别电子元器件，并安装与调试给定电路的收音机。

☆ 会编制简单电子产品的工艺文件，能按照行业规程要求撰写报告。

【素质目标】

☆ 通过对声光双控灯的装调训练，培养学生执着专注、精益求精、一丝不苟、追求卓越的工匠精神。

☆ 通过对收音机的装调训练，树立安全意识、质量意识和节能环保的意识。

☆ 通过分析安装过程中出现的故障并排除，培养学生发现问题、分析问题、解决问题的能力。

任务一　声光双控灯的安装与调试

目前，声光技术应用广泛，特别是公共场合，声光双控灯可减少人工开关电灯的麻烦，也避免了忘记关灯而造成的用电浪费，大大简化了照明线路的设计与安装。LED 工作环境温度为 −40～30 ℃，低温启动正常，响应速度快，高光效，低能耗，安全性高，运行成本低，所以安装与调试一个声光双控的 LED 照明电路有现实意义。

知识积累

一、读图的一般方法

熟练地读懂电子电路图，需要综合运用已经学过的电路知识，有时还需要一定的实际工作经验。由于实用的电子设备或系统，都在原理电路图的基础上，根据性能要求和实现的条件做了相应的改进，增加或减少一些元器件，改变或调整元器件的参数或布局。因此，初学者看实际的电路图往往感到错综复杂，不知如何入手。

但是无论多么复杂的电路都是由简单电路组合而成的。只要具有一定的电路知识，掌握读图的一般方法，按照基本的读图步骤，就可以逐步熟悉读图规律。经反复练习和实际经验的积累，必然会迅速提高电路图的读图能力。下面是读图的基本步骤：

1. 了解用途

读图之前，应首先了解所读电路用于何处、所起的作用。可根据它的使用场合，大概了解其主要功能及要达到的技术指标。这对于分析整个电路的工作原理、各部分功能以及性能指标均具有指导意义。

2. 分解电路

任何复杂的电路都是由简单的基本电路组成的。模拟电路一般可以分为输入电路、中间电路、输出电路、电源电路、附属电路等几大部分。分解电路就是将复杂电路分解为若干具有独立功能的基本电路。

分解前首先要对电路进行整体观察，找出电路的输入端和输出端。实际电路一般都是从输入端开始，按照信号的传递顺序对元器件分类进行有序编号，直到输出端。经过这样粗略的观察阅读，大致了解电路的组成、前后顺序。

然后，根据已学基本电路的理论知识，将所读电路分解为若干个具有独立功能的部分，并把每部分电路用框图表示。每一部分又可分解为若干个基本的单元电路。

3. 分析功能

运用所学的基本电路的理论知识，逐级分析每部分电路的工作原理和主要功能。如果某部分电路的组成仍比较复杂，可对电路进行简化。弄清楚基本功能和原理后，再分析次要环节。

实际电路中，往往会遇到新的电路类型，很难一下就弄明白其原理，这也是读图的难点和关键，需要查阅有关资料文献，运用对比分析的方法，弄清楚这些环节的原理。因此，应不断地扩充和更新自己的理论知识。

4. 统观整体

统观整体就是将各部分电路的功能进行综合，从而得到整个电路的功能。根据各部分电路之间的联系，把各部分框图连接起来，得到整个电路的框图。由整体框图可以分析出信号在各级电路中的传递和变化，分析整个电路的工作原理和功能。

5. 工程估算

有时为了作出定量的分析，需要对主要单元电路进行工程估算。运用学过的定量估算方法，着重计算影响电路性能的主要环节，定量求出相应的技术指标，了解电路的性能和质量。

当然，不同的电路设备读图分析的方法也有所不同，因而分析步骤应根据具体电路的不同灵活运用。另外，不同的读图水平和分析要求，所采用的读图步骤也不一样，千万不要生搬硬套，拘泥于上述方法。

二、声光双控灯电路的组成及工作原理

1. 系统框图

声光双控灯电路系统框图如图 6-1 所示。

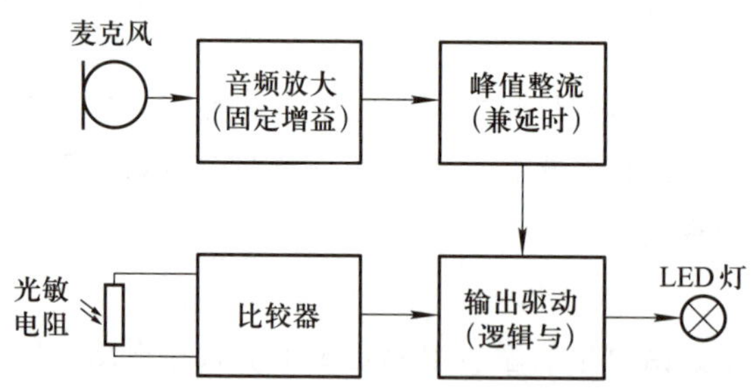

图 6-1 声光双控灯电路系统框图

2. 工作原理

音频放大器输出信号经过二极管峰值整流电路得到对应的直流电压，该电压为三极管提供基极偏置电流；另一方面电压比较器的输出电压作为三极管的集电极电源，当光敏电阻较小（白天）时，比较器输出低电平，LED 灯不亮，当光敏电阻较大（夜晚）时，比较器输出高电平。该电压与声音信号同时满足条件时驱动 LED 灯点亮，否则 LED 灯熄灭。其点亮时间主要取决于峰值整流的负载回路时间常数 $\tau=RC$。声光双控灯电路原理图如图 6-2 所示。

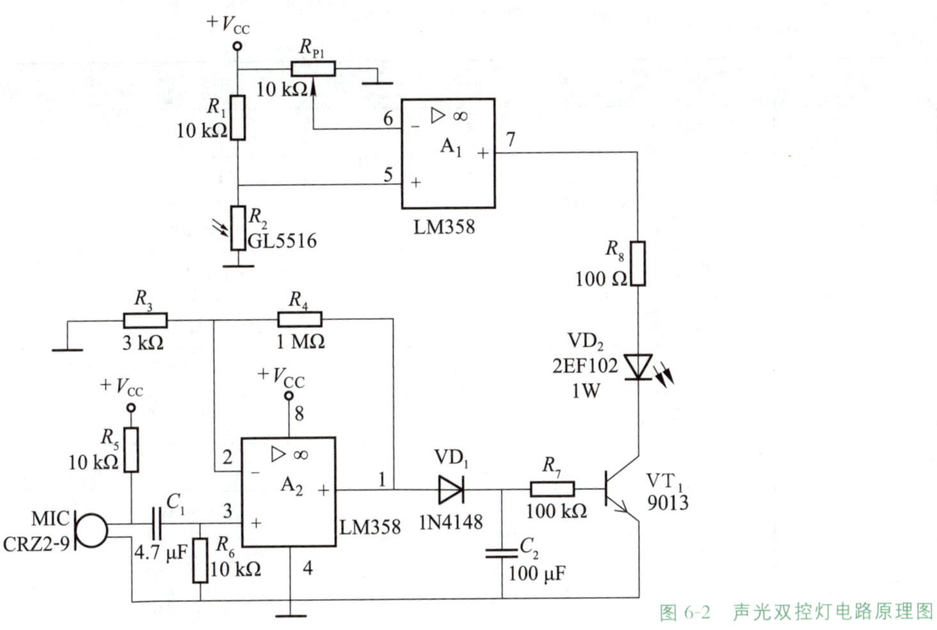

图 6-2　声光双控灯电路原理图

任务实施　声光双控灯的安装与调试

一、任务导入

小区楼道照明灯经常使用声光双控电路，白天楼道光线充足，电路不动作，照明灯处于熄灭状态，晚上楼道黑暗，行人只要使用声音即可控制照明灯打开，待行人路过后，照明灯可以自行熄灭。掌握声光双控灯的安装与调试，可以更好地理解光照、声音对照明灯进行双重控制的原理，给装调、维修声光双控电路打下基础。

二、工作过程

（一）准备

完成本任务所需设备、工具与器材明细表，见表 6-1。

表 6-1　声光双控灯的安装与调试所需设备、工具与器材明细表

序号	名　称	位号	型号规格	数量
1	三极管	VT_1	9013	1
2	电位器	R_{P1}	10 kΩ	1
3	电阻器	R_1，R_5，R_6	10 kΩ	3
4	光敏电阻器	R_2	GL5516	1
5	电阻器	R_3	3 kΩ	1
6	电阻器	R_4	1 MΩ	1
7	电阻器	R_7	100 kΩ	1

续 表

序号	名 称	位号	型号规格	数量
8	电阻器	R_8	100 Ω	1
9	电容器	C_1	4.7 μF	1
10	电容器	C_2	100 μF	1
11	集成运放	U_1	LM358	1
12	二极管	VD_1	1N4148	1
13	发光二极管	VD_2	2EF102	1
14	麦克风	MIC	CRZ2-9	1
15	万能板			1
16	电烙铁		15～25 W	1
17	焊接材料		焊锡丝、烙铁架等	1
18	电子实训通用工具		尖嘴钳、剥线钳等	1
19	万用表		MF－47 型	1
20	直流稳压电源			1
21	函数信号发生器			1
22	示波器			1

（二）实施

1. 安装完成电路板，用万用表分别测量光敏电阻的亮电阻和暗电阻并做记录。

2. 设麦克风处输入信号有效值为 20 mV（调试时可用函数信号发生器产生），根据集成运放外部元器件参数估算音频放大器的输出幅度，并估算峰值整流后的输出电压值。

3. 加上＋5 V 直流电压。将光敏电阻捂住，模拟夜晚时刻，暂时不接麦克风，利用函数信号发生器给电路输入 20 mV，1 kHz 的正弦信号，用示波器观察并记录输出波形与幅度，用万用表测量并记录 C_2 两端的输出直流电压，与步骤 2 估算值比较。调节比较器的门限设定电位器 R_{P1}，让此时的 LED 灯刚刚发光，放开光敏电阻或断开信号源则 LED 灯应该熄灭。

4. 换上麦克风，验证电路的工作情况，观察在被触发后 LED 灯的延时情况。

三、交流分享

1. 如何改变 LED 灯的延迟时间？

2. 如果要改为有声音时 LED 灯熄灭，没有声音时 LED 灯点亮，电路该如何修改？

四、评价总结

1. 首先由学生根据任务完成情况自己评价，然后由小组人员进行评价，记录于表 6-2 中。

表 6-2　学生自评和小组评价表

<table>
<tr><th>项目内容</th><th>配分</th><th>评　分　标　准</th><th>自评得分</th><th>小组评得分</th></tr>
<tr><td>素养与规范</td><td>30 分</td><td>(1) 准备工作不到位，可酌情扣 5～10 分；
(2) 着装不规范，可酌情扣 5～7 分；
(3) 违反操作规程，产生不安全因素，酌情扣 10～20 分；
(4) 迟到、早退、场地不清洁，每次扣 2～5 分</td><td></td><td></td></tr>
<tr><td>安装工艺</td><td>30 分</td><td>规定时间内元器件成形和插装正确，引脚及剪切整齐，焊点质量高，工艺美观，可得满分，否则每项酌情扣 1～5 分</td><td></td><td></td></tr>
<tr><td>电路调试</td><td>40 分</td><td>(1) 能正确使用仪器仪表调试，一次通电调试成功，且记录完整，得满分；
(2) 通电调试时发现接线错误等，每处扣 3～10 分</td><td></td><td></td></tr>
<tr><td colspan="3">总分</td><td></td><td></td></tr>
<tr><td colspan="5">自评人签名：　　　　　　年　月　日　　组评人员签名：</td></tr>
</table>

2. 由指导教师根据任务完成整体情况，并结合学生自评和小组评价进行综合评分，将评价意见与评分值记录于表 6-3 中。

表 6-3　教师评价表

<table>
<tr><td colspan="2">教师总体评价意见：</td></tr>
<tr><td>教师评分（按 100 分计）</td><td></td></tr>
<tr><td>总评分 ＝ 自评得分 × 0.3 ＋ 小组评价得分 × 0.3 ＋ 教师评分 × 0.4</td><td></td></tr>
</table>

任务二　调幅收音机的安装与调试

无线电广播的接收是由收音机实现的。收音机的接收天线收到空中的电波；调谐电路选中所需频率的信号；检波器将高频信号还原成声频信号(即解调)；解调后得到的声频信号再经过放大获得足够的推动功率；最后经过电声转换还原出广播内容。可见，在无线电广播和接收过程中，无线电波是信息传播的重要工具。

利用无线电波作为载波，对信号进行传递，可以用不同的装载方式。在无线电广播中可分为调幅制、调频制两种调制方式。目前，调频式或调幅式收音机，一般都采用超外差式，它具有灵敏度高、工作稳定、选择性好及失真度小等优点。本任务选用的是超外差式调幅收音机。

本任务通过对 B123 八管半导体收音机的安装与调试，了解电子产品的装配全过程，训练动手能力，掌握元器件的识别、简易测试及整机调试工艺。

知识积累

超外差收音机由输入回路、变频电路(混频电路和本机振荡电路)、中频放大器、检波电路、功率放大电路和扬声器或耳机组成，如图 6-3 所示。

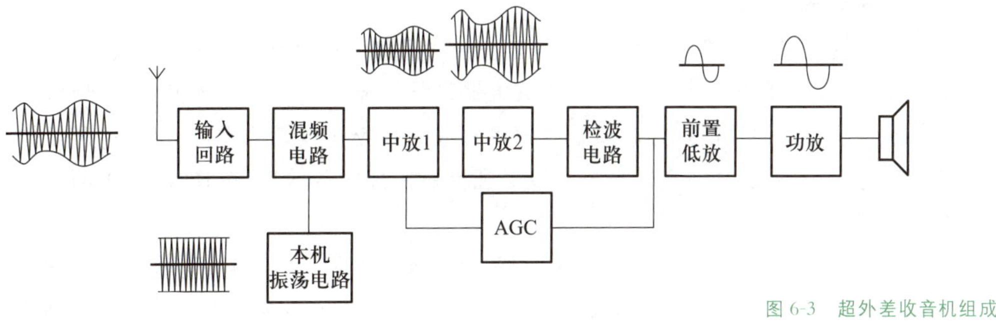

图 6-3　超外差收音机组成框图

接收天线将广播电台发出的高频调幅信号接收下来，通过变频电路把外来高频信号频率变换成一个较低的固定频率(465 kHz)。通过双联可变电容，变频电路能把中波(AM)段从低到高所有高频信号均变换成 465 kHz 的中频调幅信号，然后由中频放大器将此信号放大，经检波电路检出音频信号，再送入低频放大器将此信号放大，推动功率放大器使扬声器工作。

1. 变频电路

变频电路由混频电路和本机振荡电路组成，其作用是将输入电路选出的信号(载波频率为 f_s 的高频信号)与本机振荡电路产生的振荡信号(频率为 f_r)在混频电路中进行混频，结果得到一个固定频率(465 kHz)的中频信号。这个过程称为“变频”，它只是将信号的载波频率降低了，而信号的调制特性并没有改变，仍属于调幅波。由于混频管的非线性作用，f_s 与 f_r 在混频过程中，产生的信号除原信号频率外，还有二次谐波及两个频率的和频与差频分量。其中，差频分量(f_r-f_s)就是需要的中频信号，可以用谐振回路选择出来，而将其他不需要的信号滤除掉。因为 465 kHz 中频信号的频率是固定的，所以本机振荡信号的频率始终比接收到的外来信号频率高出 465 kHz，这也是“超外差”的由来。

本电路用一个三极管同时完成振荡与混频工作，收音机变频电路如图 6-4 所示。电台信号经 C_A，L_1 谐振滤波，再经过 L_1 和 L_2 的互感送入变频管 VT_1 的基极，L_4，C_B 组成振荡回路产生的本机振荡信号通过 C_3 送到 VT_1 的发射极。B_3 是谐振于465 kHz的中频变压器，电路中，C_{1A}，C_{1B} 微调电容用来统调与调整频率范围。R_1，R_2 组成变频管 VT_1 的偏置电路，为 VT_1 建立工作点。C_2 为旁路电容。

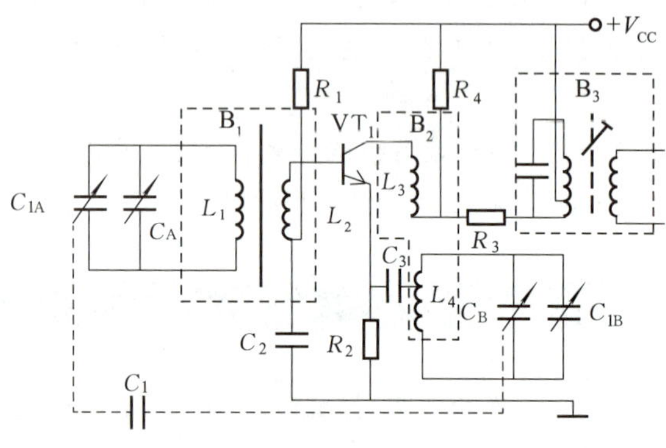

图 6-4　收音机变频电路

2. 中频放大电路

中频放大电路又称中频放大器，其作用是将变频电路送来的中频信号进行放大，一般采用变压器耦合的多级放大器。中频放大器是超外差式收音机的重要组成部分，直接影响着收音机的主要性能指标。质量好的中频放大器应有较高的增益、足够的通频带和阻带(使通频带以外的频率全部衰减)，以保证整机良好的灵敏度、选择性、失真和自动增益控制等指标。

中频放大器工作频率为 465 kHz，由于其工作频率低，所以增益可以设计得高并不易产生自激振荡，从而提高整机灵敏度。一级中放的增益为 25～35 dB。并联 LC 谐振回路工作在谐振频率时阻抗最大，回路两端的电压最高，损耗最小。

收音机中频放大电路如图 6-5 所示。

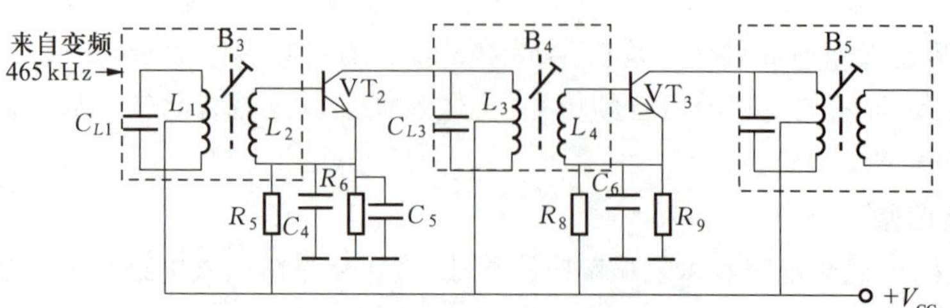

图 6-5　收音机中频放大电路

在图 6-5 中，经过变频电路输出的 465 kHz 中频信号，输入由 L_1，C_{L1} 组成的谐振回路，通过互感器由 L_2 送至 VT_2 基极进行放大，由 C_{L3}，L_3 组成谐振回路，进一步对信号加以选择，然后由 L_4 耦合送至下级电路。电路中，R_5，R_6，R_8，R_9 组成 VT_2，VT_3 的直流偏置电路；C_4，C_5，C_6 构成交流旁路电路。

3. 检波和自动增益控制电路

检波的作用是从中频调幅信号中取出音频信号，常利用二极管来实现。由于二极管的单向导电性，中频调幅信号通过检波二极管后将得到包含多种频率成分的脉动电压，然后经过滤波电路滤除不要的成分，取出音频信号和直流分量。音频信号通过音量控制电位器送往音频放大器，而直流分量与信号强弱成正比，可将其反馈至中频放大电路实现自动增益控制(简称 AGC)。收音机中设计 AGC 电路的目的是：接收弱信号时，使收音机的中频放大电路增益增高，而接收强信号时自动使其增益降低，从而使检波前的放大增益随输入信号的强弱变化而自动增减，以保持输出的相对稳定。收音机检波和自动增益控制电路如图 6-6 所示。

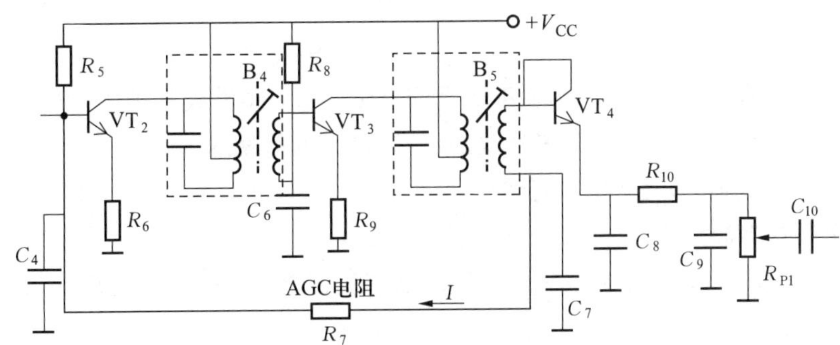

图 6-6 收音机检波和自动增益控制电路

在图 6-6 中，AGC 电阻 R_7 接到检波输出中周 B_5 的一端，其中，高频信号经由 C_7 滤除，低频信号通过 R_7 加到 VT_2 基极进行 AGC 控制。当信号增大时，VT_2 基极电位降低，VT_2 集电极电流减少，使增益减少，反之增益增大，达到自动控制信号电平的作用。本电路检波管采用三极管的一个 PN 结进行检波，也可以用高频二极管替代使用。

4. 功率放大电路

(1) 前置低频放大器

由检波电路输出的音频信号，要经过前置低频放大器和末级功率放大器才能推动扬声器工作，前置低频放大器的作用是推动末级功率放大器工作，其输出要满足末级功率放大器的输入要求。收音机前置低频放大器电路如图 6-7 所示，其为由 NPN 型三极管构成的共发射极放大电路。

在图 6-7 中，R_{P1} 是音量控制电位器，调节活动臂从 2 端至 3 端，则送到 VT_5 的信号最大，从 2 端至 1 端，则信号电压为“0”，通过电容 C_{10} 与放大电路相耦合，C_{10}，C_{11} 起到耦合交流的作用，称为耦合电容。为了使交流信号顺利通过，要求它们在输入信号频率下的容抗很小，因此，它们的容量均取得较大，在低频放大电路中，常采用有极性的电解电容器，这样对于交流信号，C_{10}，C_{11} 可视为短路。为了不使信号源及负载对放大电路直流工作点产生影响，则要求 C_{10}，C_{11} 的漏电流很小，即 C_{10}，C_{11} 还具有隔断直流的作用，所以，C_{10}，C_{11} 也可称为隔直流电容器。

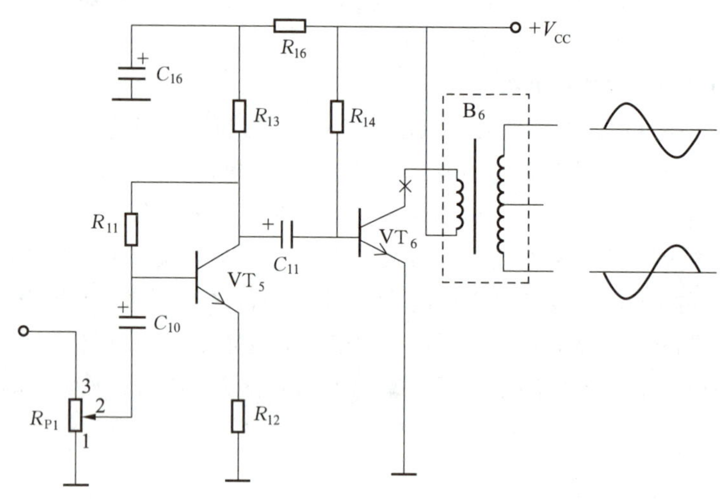

图 6-7　收音机前置低频放大器电路

R_{11} 为 VT_5 的偏置电阻，R_{12} 为发射极反馈电阻，R_{13} 为集电极负载，R_{14} 为 VT_6 的偏置电阻，VT_5 为信号推动管，VT_6 为信号激励级，以较大的能量送入输入变压器，B_6 为 VT_6 的集电极耦合变压器，也是 VT_6 的负载。

(2) 末级功率放大器

互补对称功率放大器作为末级功率放大器不仅效率高、省电，而且输出功率大，其电路如图 6-8 所示。

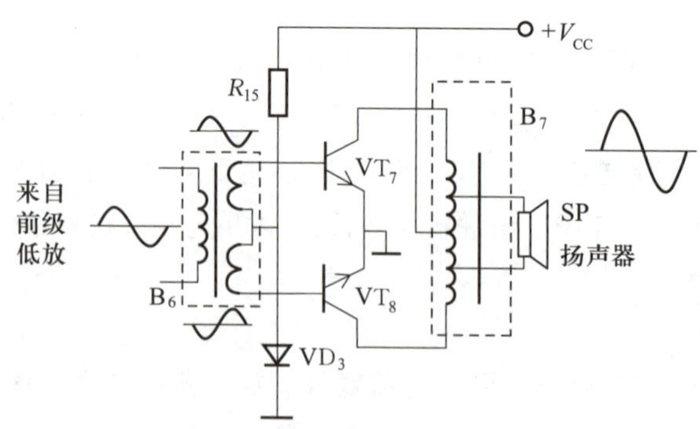

图 6-8　末级功率放大器电路

在互补对称功率放大器中，三极管工作在乙类状态，即两个三极管在无信号时处于截止状态，在有信号时，三极管 VT_7，VT_8 轮流工作，在信号正半周时，VT_7 基极相当于加了正电压，所以 VT_7 工作，VT_8 基极相当于加了负电压而不工作，反之则 VT_7 不工作，VT_8 工作，这样对信号轮流放大并通过 B_7 耦合到扬声器，在扬声器上得到完整的信号。

图 6-8 中，B_6 是输入变压器，与前级耦合并起阻抗匹配作用，同时还起到倒相作用，给 VT_7，VT_8 提供对称信号，B_7 是输出变压器，与 VT_7，VT_8 连接，以推动扬声器工作，其阻

抗匹配保证信号放大后输出最大功率，本电路采用自耦输出变压器，可提高音频信号的输出效率。

R_{15}是VT_7，VT_8的偏置电阻，调整R_{15}使末级互补对称功率放大器的工作电流在4～10 mA之间，VD_3二极管起稳定VT_7，VT_8三极管工作及温度补偿作用，当环境温度升高时，VT_7，VT_8基极工作电流会增大，同时VD_3随着温度的升高而管压降变小，造成偏置电压减小，使VT_7，VT_8基极电流减小，结果是集电极电流也随之减小，起到温度补偿作用，使互补对称功率放大器工作稳定。

任务实施　B123 八管半导体收音机的安装与调试

一、任务导入

通过对B123八管半导体收音机的安装与调试，了解电子产品的装配全过程，训练动手能力，掌握元器件的识别、简易测试及整机安装调试工艺。

二、工作过程

（一）准备

1. B123八管半导体收音机电路原理图如图6-9所示。其印制电路图如图6-10所示。对照读图。

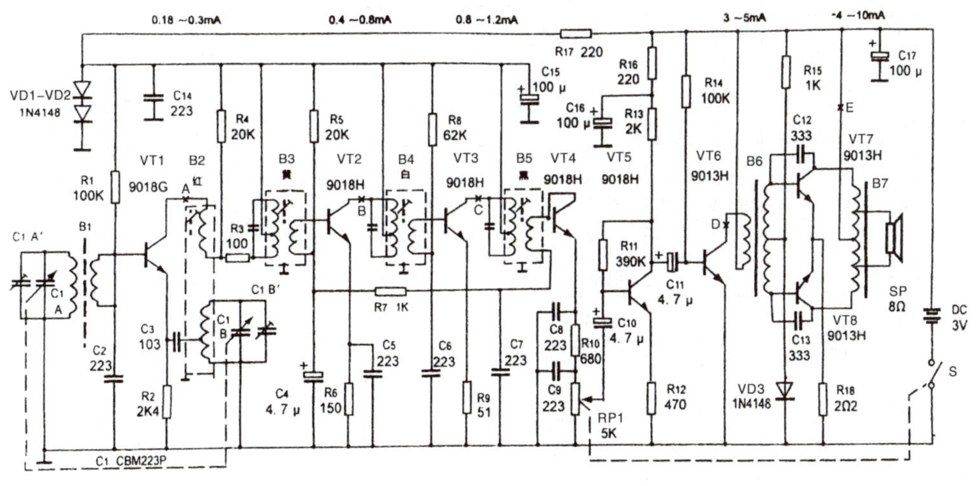

图6-9　B123八管半导体收音机电路原理图

注：此图为生产实际电路图，图中图形和文字符号保持了生产文件原样，识读时应注意与标准电路图对应。

2. 清点B123八管半导体收音机套件，根据B123八管半导体收音机元器件和结构件清单（表6-4）对照电路原理图核实元器件及结构件，并准备焊锡、松香、无水酒精等，同时准备20 W电烙铁、烙铁架、尖嘴钳、斜口钳、镊子、螺丝刀、小刀和万用表等工具和仪表。

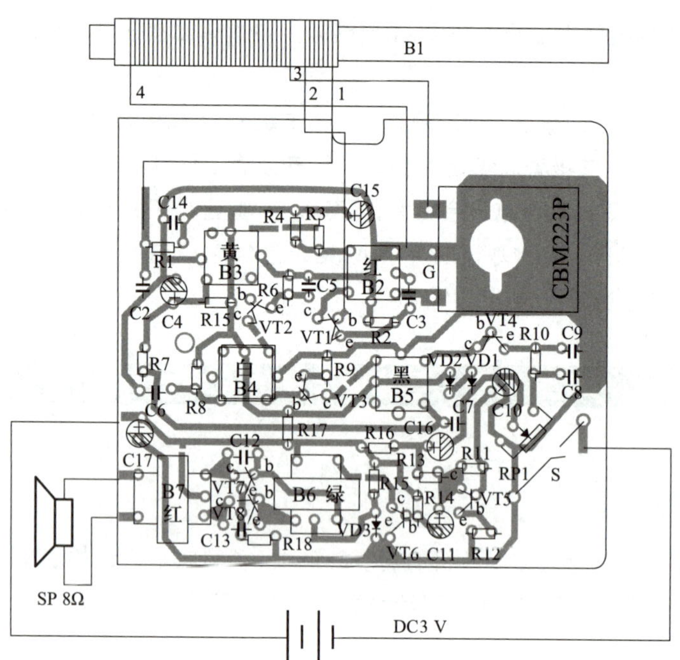

图 6-10　B123 八管半导体收音机印制电路图

表 6-4　B123 八管半导体收音机元器件和结构件清单

元器件清单				结构件清单		
位号	名称规格	位号	名称规格	序号	名称规格	数量
R_1	电阻器 100 kΩ	C_{10}	电解电容器 4.7 μF	1	前框	1
R_2	电阻器 2.4 kΩ	C_{11}	电解电容器 4.7 μF	2	后盖	1
R_3	电阻器 100 Ω	C_{12}	元片电容器 333	3	网罩	1
R_4	电阻器 20 kΩ	C_{13}	元片电容器 333	4	周率板	1
R_5	电阻器 20 kΩ	C_{14}	元片电容器 223	5	调谐盘	1
R_6	电阻器 150 Ω	C_{15}	电解电容器 100 μF	6	音量盘	1
R_7	电阻器 1 kΩ	C_{16}	电解电容器 100 μF	7	指针	1
R_8	电阻器 62 kΩ	C_{17}	电解电容器 100 μF	8	磁棒支架	1
R_9	电阻器 51 Ω	B_1	磁棒 B5×13×80（天线线圈）	9	扬声器压板	1
R_{10}	电阻器 680 Ω			10	正极片	2
R_{11}	电阻器 390 kΩ	B_2	中周（红）（振荡线圈）	11	负极片	2
R_{12}	电阻器 470 Ω	B_3	中周（黄）	12	印制电路板	1
R_{13}	电阻器 2 kΩ	B_4	中周（白）	13	拎带	1
R_{14}	电阻器 100 kΩ	B_5	中周（黑）	14	双联调谐盘螺钉 M2.5×5	3
R_{15}	电阻器 1 kΩ	B_6	输入变压器（绿）			
R_{16}	电阻器 220 Ω	B_7	输出变压器（红）	15	扬声器自攻螺钉 M3×6	1
R_{17}	电阻器 220 Ω	VD_1	二极管 1N4148			
R_{18}	电阻器 2.2 Ω	VD_2	二极管 1N4148	16	机芯自攻螺钉 M2.5×6	1
R_{P1}	电位器 5 kΩ	VD_3	二极管 1N4148			

续 表

元器件清单				结构件清单		
位号	名称规格	位号	名称规格	序号	名称规格	数量
C_1	双联电容器 CBM—223P	VT_1	三极管 9018G	17	音量盘螺钉 M1.7×4	1
C_2	元片电容器 223	VT_2	三极管 9018H			
C_3	元片电容器 103	VT_3	三极管 9018H	18	正极线(红)12 cm	1
C_4	电解电容器 4.7 μF	VT_4	三极管 9018H	19	负极线(黑)17 cm	1
C_5	元片电容器 223	VT_5	三极管 9018H	20	扬声器线 12 cm	2
C_6	元片电容器 223	VT_6	三极管 9013H			
C_7	元片电容器 223	VT_7	三极管 9013H			
C_8	元片电容器 223	VT_8	三极管 9013H			
C_9	元片电容器 223	SP	ϕ66 mm/8 Ω 扬声器			

（二）实施

1. 外观检查

要求元器件外观完整无损，标志清晰，引线无锈蚀和断脚等现象。对电位器，观察引出端子是否松动，转动转轴时感觉是否平滑，不应有过松过紧等情况；对电感线圈，观察表面有无发霉现象，绝缘有无损坏，线圈有无松散，引脚有无折断或生锈等现象。如果电感器带有磁芯（中周），还要检查磁芯的螺纹是否配合，有无松脱现象。

2. 质量检查

电阻器、电容器、二极管、三极管等常用元器件的具体检测方法前面已有讲述，这里不再重复，要求将检测结果填入报告。

对多引脚的中周和变压器，可根据图 6-11 所示的内部接线关系检测电阻。

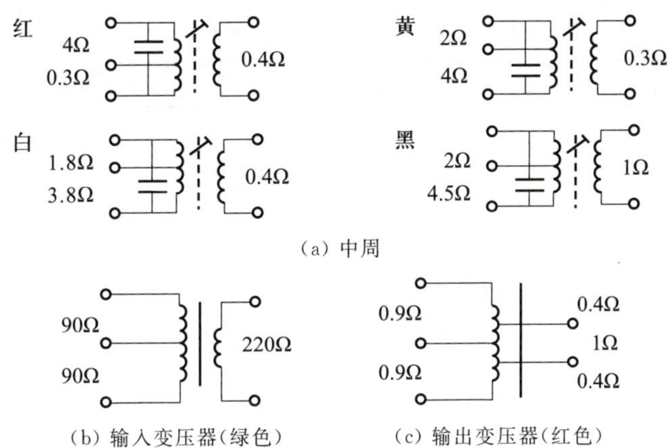

图 6-11 中周和变压器内部接线图

3. 元器件说明

中周（红）（振荡线圈）、中周（黄）、中周（白）和中周（黑）在出厂前均已调在规定的频率上，装好后只需微调甚至不调，注意不要调乱。B_6 为输入变压器，线圈骨架上有凸点标志的为一次侧。

4. 装配

元器件安装质量的好坏，直接影响到产品的电路性能与成功率，要按前面所讲的焊接技术认真练习后，再进行整机的安装。

(1) 元器件整形

将所有元器件引脚上的漆膜、氧化膜清除干净，然后进行搪锡（如元器件引脚未氧化则省去此项），根据图 6-12(a)(b)要求，将电阻器、二极管引脚整形。

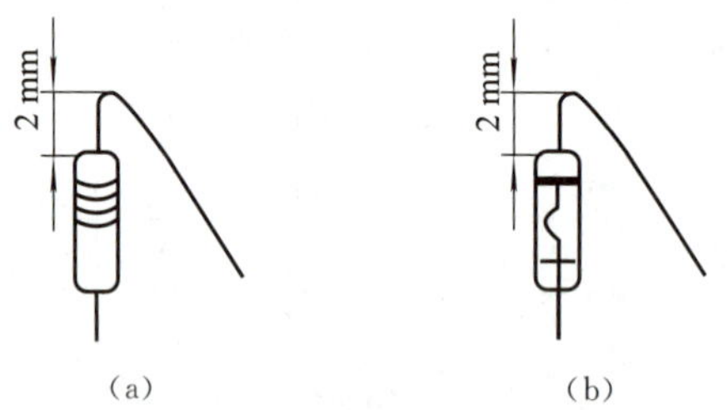

图 6-12　电阻器、二极管引脚整形

将磁棒按图 6-13 套入天线线圈及磁棒支架。

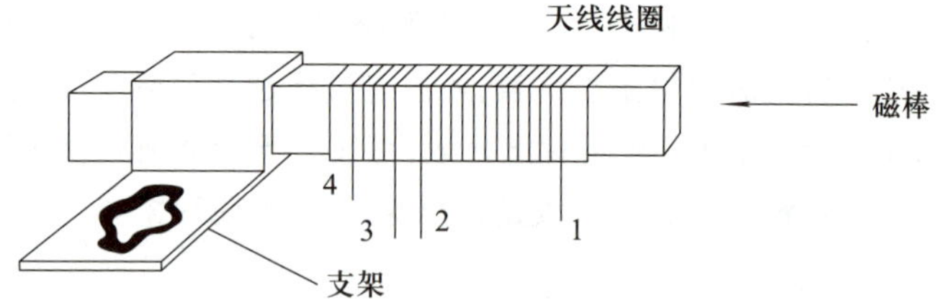

图 6-13　磁棒、天线安装图

(2) 焊接

根据表 6-5 所示元器件的安装焊接顺序及要点进行安装。

表 6-5　元器件的安装焊接顺序及要点

序号	安装焊接元器件	要　　点
1	全部电阻器、二极管	2 mm　≤13 mm　色环方向保持一致　2 mm
2	圆片电容器	
3	三极管 $VT_1 \sim VT_8$	e b c　注意色标、极性及安装高度
4	中周 B_2，B_3，B_4，B_5	四个中周外观相似而参数不同，因此要注意区分（颜色分别为红、黄、白、黑）。安装时要插装到位，由于外壳上的两个固定脚散热快，难上锡，可内弯后用工作温度高的电烙铁焊上

续 表

序号	安装焊接元器件	要 点
5	变压器 B_6，B_7	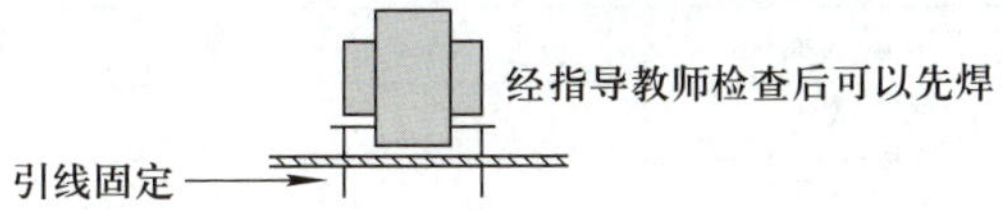 经指导教师检查后可以先焊 引线固定
6	电解电容器	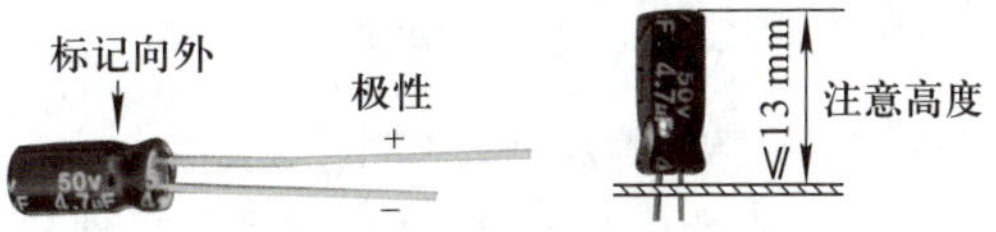 标记向外 极性 + − ≤13 mm 注意高度
7	双联电容器、电位器、磁棒架	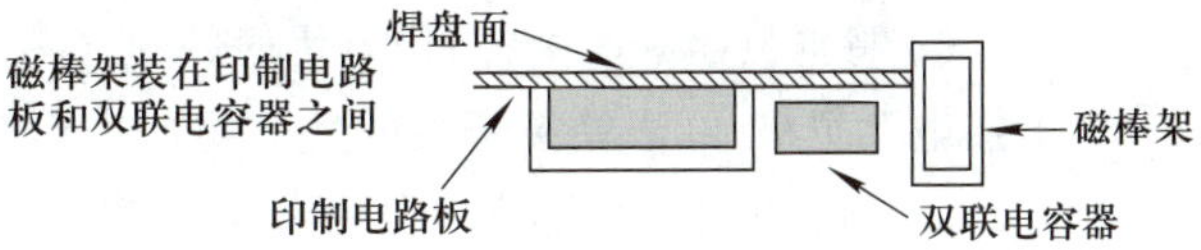 焊盘面 磁棒架装在印制电路板和双联电容器之间 磁棒架 印制电路板 双联电容器
8	修理引脚	 <2 mm 剪断引脚多余部分，注意不可留得太长，也不可剪得太短
9	焊接电池引线、装拨盘、磁棒等	
10	其他	固定扬声器、装透镜、金属网罩及拎带等
11	检查焊点	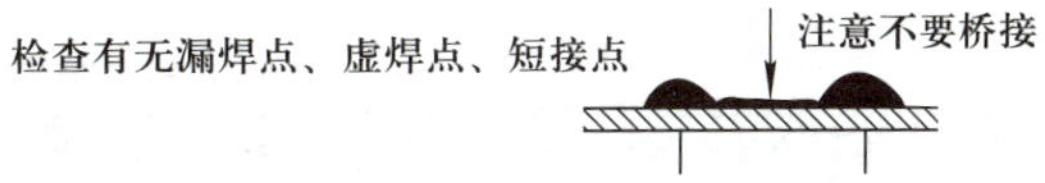 检查有无漏焊点、虚焊点、短接点 注意不要桥接

注：安装时，所有元器件的高度不得高于中周的高度。每次焊接完一部分元器件，均应检查一遍焊接质量，特别注意是否有错焊、漏焊。

5. 检测和调试

(1) 通电前的检测。同学之间对安装好的收音机进行自检和互检，主要检查焊点有无虚焊、各元器件位置与图纸所示位置是否相同、各三极管与二极管的极性是否焊错等。检查电源有无输出电压(3 V)及引出线的极性是否正确。

(2) 通电后的初步检测。首先调整电路中各级三极管的偏置电阻，使其静态电流处最佳工作状态。在测量过程中，将整机静态工作的总电流及各级三极管静态工作电流填入报告。图 6-9 中各电流断点的各级三极管静态工作电流参考值见表 6-6。

表 6-6　各级三极管静态工作电流参考值

三极管	静态工作电流	静态工作电流参考值/mA	电流断点
变频管 VT_1	I_{C1}	0.18～0.3	A
中放管 VT_2	I_{C2}	0.4～0.8	B
中放管 VT_3	I_{C3}	0.8～1.2	C
低频管 VT_6	I_{C6}	3～5	D
功放管 VT_7，VT_8	I_{C7}，I_{C8}	4～10	E

注：工作电压为直流 3 V；整机工作电流 I_0 = 10 mA。

(3) 具体检测方法如下(静态调试)：

① 收音机装上电池(注意正负极性)，测量电源电压 3 V，不得低于 2.8 V。

② 将可变电容全部旋入或全部旋出，保证测量时无信号输入，扬声器无声。

③ 将电位器开关关掉，用万用表的 50 mA 挡，将表笔跨接在电位器开关的两端(黑表笔接电池负极，红表笔接开关的另一端)，若电流指示小于 10 mA，则说明可以通电。

④ 测静态工作电流时，自后向前一级一级地测量。将电位器开关打开(音量旋至最小)，用万用表的毫安挡依次测量 E，D，C，B，A 五个电流断点的电流值。若数值在表 6-6 规定的参考值范围内，即可用电烙铁将其缺口补焊连通。

⑤ 若需要调整工作电流时，可选取一个固定电阻和一个电位器串入断点处，调节电位器，找到最佳工作点后，记录固定电阻和电位器阻值之和，用一个等值电阻替换接入电路即可。

⑥ 工作电流检测合格后，用小起子自后向前逐个触碰各管基极，扬声器均应发出“咯、咯”的声音，若无声则说明该级有故障。

⑦ 开大音量电位器试听，慢慢转动调谐盘，试听扬声器发出声音大小和音质是否正常，同时测量大音量时整机动态电流是否处正常范围。

⑧ 测量各级三极管的静态工作电压，各级三极管的静态工作电压参考值见表 6-7。

表 6-7　各级三极管的静态工作电压参考值

三极管	b 极电压/V	e 极电压/V	c 极电压/V	三极管	b 极电压/V	e 极电压/V	c 极电压/V
VT_1	1.1	0.58	1.4	VT_5	0.89	0.16	2.2
VT_2	0.8	0.07	1.4	VT_6	0.7	0	2.2
VT_3	0.8	0.05	1.4	VT_7	0.66	0	3
VT_4	0.7	0.14	0.7	VT_8	0.66	0	3

(4) 收音机经过通电检查并正常发声后，可以进行下一步调试工作(动态调试)。具体步骤分为调整中频频率(调中周)、调整频率范围和统调等。

① 调中周

目的：将各中周的谐振频率统一调整到固定中频 465 kHz。

方法：简单的调整方法是首先判断振荡是否起振，先用小起子敲击天线插孔，正常时扬声器应发出响亮的“咯、咯”声，若停振则声音很小。其次用小起子敲击分别触碰双联的两组定片，若扬声器发出同样响亮的“咯、咯”声，说明已起振；如果不起振，则可能是振荡电压太低或振荡部分元器件有问题。

当振荡电路起振后，调整各中周。出厂时中周都已调整在 465 kHz（一般调整范围在半圈左右），打开收音机，在频段高端找一个较弱的电台，或改变天线方向使接收信号弱些，并将音量调至适中，目的是使谐振点明显且各三极管不至于进入饱和状态。先从 B_5 开始改变，然后用无感小起子自后向前逐级微微旋转中周（B_4，B_3）的磁帽，调整磁芯使扬声器声音输出最大。重复 2～3 次，每次均要求声音输出最大。此时中频频率调整完毕，最后用蜡封住磁芯，将其固定。

若具备高频信号发生器、音频毫伏表和示波器，则可按如下方法调整：

A. 将收音机调台指示调至中波段低端 535～750 kHz 无电台处，音量电位器开足。用示波器（示波器接在音量电位器两端）观察，如果此时有广播电台的干扰，应把频率调偏些，避开干扰。

B. 用高频信号发生器从天线输入频率为 465 kHz 的调幅信号，从小到大慢慢调节高频信号发生器输出信号幅度，直至扬声器里能听见音频声。

C. 用无感的小起子，按从后级到前级的次序逐级微微旋转中周（B_4，B_3）的磁帽，调整磁芯到收音机输出最大（接在音量电位器两端的音频毫伏表指示最大、示波器波形幅值最大或扬声器声音最大）。

D. 减小高频信号发生器输出信号的幅值，重复上述步骤 2～3 次，直至输出峰点位置不再改变为止，此时中频频率调整完毕。

E. 如果中周全部调乱，可将 465 kHz 的调幅信号分别从各中放级和变频级（图 6-9 中 VT3，VT2，VT1）的基极依次输入，并由后级到前级调整中周磁芯。

② 调整频率范围

目的：使双联电容器从全部旋入到全部旋出时，收音机所接收的频率范围恰好是整个中波段，即 525～1 605 kHz。

方法：调整频率范围的实质是校准本振频率与中频频率之差，它是通过调整本机振荡频率来实现的，具体步骤如下：

A. 先进行频率低端的调整：将高频信号发生器输出信号频率调到 525 kHz，或者在低端接收一个电台（如 640 kHz），收音机的刻度盘调整 530 kHz 位置，此时调整振荡线圈 B_2，使收音机输出的信号最大，即声音最强。

B. 再进行频率高端的调整：将高频信号发生器输出信号频率调到 1 600 kHz，或者在高端接收一个电台（如 1 200 kHz），收音机的刻度盘调整 1 600 kHz 位置，此时调整本振回路微调电容器 C_{1B} 的容量，即调节图 6-14 双联电容器顶部左上角的微调电容 C_{1B}，使收音机输出的信号最大，即声音最强。

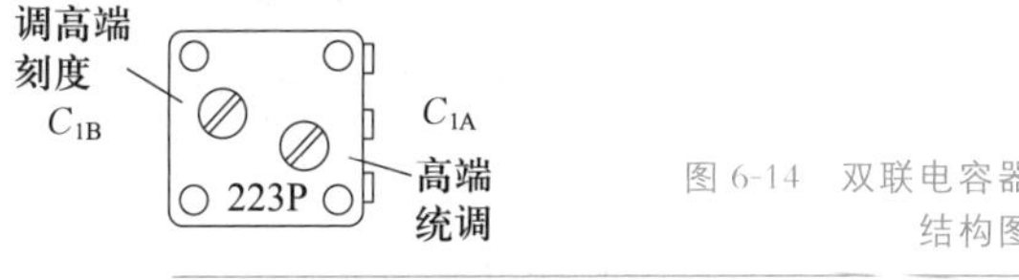

图 6-14 双联电容器结构图

C. 若整个频率刻度均偏高或偏低，还应调整振荡线圈 B_2 的磁芯，然后再根据实际情况进行调整。由于低端校准与高端校准有相互影响，因此，校准时应反复调整 2～3 次，直至高低端基本调准为止。

③ 统调（调收音机的灵敏度和跟踪调整）

目的：使本机振荡频率始终比输入回路的谐振频率高出一个固定中频 465 KHz。

方法：在低（600 kHz）、中（1 000 kHz）、高（1 500 kHz）三端各取一个频点进行调整。

6

A. 低端调整：将高频信号发生器调至 600 kHz，或者接收一个电台，收音机刻度盘也调至 600 kHz，调整天线线圈 B_1 在磁棒上的位置，使收音机输出信号最大，即声音最强。

B. 中端和高端调整：方法类似低端调整，不同的是调整图 6-14 中双联电容器的 C_{1A}，高、中、低端要反复调整 2～3 次，调完后即可用蜡将线圈固定在磁棒上。

6. 验收

按照产品出厂的要求进行验收：

(1) 外观：机壳及频率盘清洁完整，不得有划伤、烫伤及缺损。

(2) 印制电路板安装整齐美观，焊接质量好，无损伤。

(3) 导线焊接要可靠，不得有虚焊，特别是导线与正负极间的焊接位置和焊接质量要好。

(4) 整机安装合格：转动部分灵活，固定部分可靠，后盖松紧合适。

(5) 性能指标要求：

① 频率范围：525～1 605 kHz。

② 灵敏度较高。

③ 收音机的音质清晰、洪亮、噪声低。

三、交流分享

(1) 简述超外差收音机安装与调试的步骤与方法。

(2) 在安装与调试收音机过程中遇到哪些问题？常见故障有哪些？你是如何排除的？

四、评价总结

1. 首先由学生根据任务完成情况进行评价，然后由小组人员进行评价，记录在表 6-8 中。

表 6-8 学生自我评价和小组评价表

项目内容	配分	评 分 标 准	自评得分	小组评得分
素养与规范	30 分	(1) 准备工作不到位，可酌情扣 5～10 分； (2) 着装不规范，可酌情扣 5～7 分； (3) 违反操作规程，产生不安全因素，酌情扣 10～20 分； (4) 迟到、早退、场地不清洁，每次扣 2～5 分		
安装工艺	20 分	规定时间内元器件成形和插装正确，引脚及剪切整齐，焊点质量高，工艺美观，可得满分，否则每项酌情扣 1～5 分		
电路调试	20 分	(1) 合理选择仪器仪表，各调试步骤均一次调试成功，得满分； (2) 调试时发现接线错误等，每处扣 5～7 分		
数据测试	30 分	能正确使用仪器仪表调试，测试数据与理论值误差在 10% 以内，各步骤调试测量均一次成功，且记录完整，可得满分，否则每项酌情扣 3～10 分		
总分				
自评人签名：		年 月 日 组评人员签名：		

2. 由指导教师根据任务完成整体情况，并结合学生自评和小组评价进行综合评分，将评价意见与评分值记录于表 6-9 中。

表 6-9　教师评价表

教师总体评价意见：	
教师评分（按 100 分计）	
总评分 = 自评得分 × 0.3 + 小组评价得分 × 0.3 + 教师评分 × 0.4	

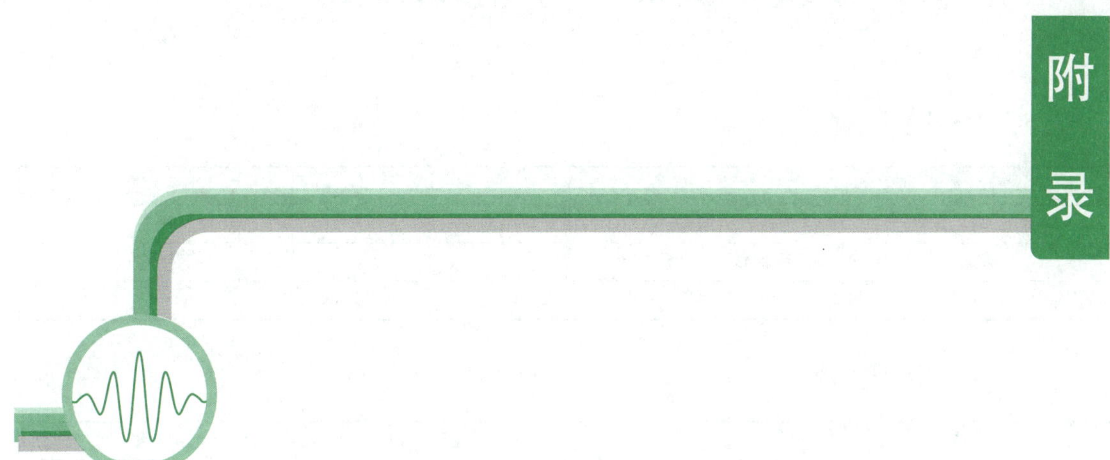
附
录

附录一　本书常用符号

1. 元器件

符　号	说　明	符　号	说　明
VD	二极管	S	开关
VT	三极管、场效晶体管	T	变压器
A	放大器		

2. 元器件引脚

符　号	说　明	符　号	说　明
b	三极管基极	g	场效应晶体管栅极
c	三极管集电极	d	场效应晶体管漏极
e	三极管发射极	s	场效应晶体管源极

3. 电压与电流

(1) 电源电压

① 符号规定

大写英文字母U(电位表示时则用大写英文字母V)，下角标采用大写英文字母，并双写该字母。

② 符号使用

符　号	说　明	符　号	说　明
V_{BB}	三极管基极电源	V_{GG}	场效应晶体管栅极电源
V_{CC}	三极管集电极电源	V_{DD}	场效应晶体管漏极电源
V_{EE}	三极管发射极电源		

(2) 电压与电流

① 符号规定

小写英文字母$u(i)$，其下标若为小写英文字母，则表示交流电压(电流)瞬时值(例如，u_o表示输出交流电压瞬时值)。

小写英文字母$u(i)$，其下标若为大写英文字母，则表示含有直流的电压(电流)瞬时值(例如，u_O表示含有直流的输出电压瞬时值)。

大写英文字母$U(I)$，其下标若为小写英文字母，则表示交流电压(电流)有效值或幅值(例如，U_o表示输出交流电压有效值)。

大写英文字母$U(I)$，其下标若为大写英文字母，则表示直流电压(电流)(例如，U_O表示输出直流电压)。

若在大写英文字母$U(I)$之前加符号“Δ”,则表示直流电压(电流)的变化量。

② 符号使用

符 号	说 明	符 号	说 明
$U_B(V_B)$	基极的直流电压(电位)	I_{CEO}	基极开路时集射极间的穿透电流
$U_C(V_C)$	集电极的直流电压(电位)	I_{CM}	集电极最大允许电流
$U_E(V_E)$	发射极的直流电压(电位)	$U_{GS(th)}$	场效应晶体管开启电压
U_{BE}	三极管基射极间的直流电压	$U_{GS(off)}$	场效应晶体管夹断电压
$U_{(BR)CEO}$	基极开路时三极管集射极间的反向击穿电压	U_{GS}	场效应晶体管栅源极间的直流电压
$U_{(BR)EBO}$	集电极开路时三极管射基极间的击穿电压	U_{gs}	栅源极间的交流电压(有效值)
u_i	交流输入电压	I_D	漏极直流电流
u_o	交流输出电压	U_{DS}	漏源极间的直流电压
U_i	输入电压的有效值	U_{ds}	漏源极间的交流电压(有效值)
U_o	输出电压的有效值	u_f	反馈电压
U_{CE}	三极管集射极间直流电压	u_{id}	差模输入电压,净输入电压
U_{CES}	三极管的集射极间饱和压降	u_{ic}	共模信号电压
u_s	信号源电压	U_+	运放同相端的输入电压
i_B	基极含有直流成分的瞬时电流	I_+	运放同相端的输入电流
i_C	集电极含有直流成分的瞬时电流	U_-	运放反相端的输入电压
i_E	发射极含有直流成分的瞬时电流	I_-	运放反相端的输入电流
i_b	基极交流电流	U_Z	稳压二极管的稳定电压
i_c	集电极交流电流	I_Z	稳压二极管的稳定电流
i_e	发射极交流电流	I_F	二极管的最大整流电流
I_b	基极交流电流的有效值	U_{RM}	二极管的最大反向工作电压
I_c	集电极交流电流的有效值	I_R	二极管的反向电流
I_e	发射极交流电流的有效值	f_M	二极管的最高工作频率
I_{BQ}	基极的静态工作电流	U_{REF}	电压比较器的参考电压
I_{CQ}	集电极的静态工作电流	U_{TH}	阈值电压或门限电压
I_{EQ}	发射极的静态工作电流	U_{TH1}	上门限电压
I_{BS}	临界基极饱和电流	U_{TH2}	下门限电压
I_{CS}	临界集电极饱和电流	ΔU_{TH}	回差电压
I_{CBO}	发射极开路时集基极间的反向饱和电流		

4. 功率

符 号	说 明	符 号	说 明
P_{CM}	集电极最大耗散功率	P_o	输出功率
P_{DC}	直流电源提供的功率	P_{omax}	最大不失真输出功率
P_V	三极管耗散功率		

5. 电阻、电容、电感

符　号	说　明	符　号	说　明
R_b	基极偏置电阻	r_{od}	差模输出电阻
R_c	集电极电阻	r_{if}	具有反馈时的输入电阻
R_e	发射极电阻	r_{of}	具有反馈时的输出电阻
R_L	负载电阻	R_g	场效应晶体管的栅极电阻
r_i	输入电阻	R_d	场效应晶体管的漏极电阻
r_{be}	基射极间的交流输入电阻	R_s	场效应晶体管的源极电阻
r_o	输出电阻	C	电容
r_s	信号源内阻	L	电感
r_{id}	差模输入电阻		

6. 频率

符　号	说　明	符　号	说　明
f_H	放大电路的上限截止频率	f_{Hf}	具有反馈时的上限截止频率
f_L	放大电路的下限截止频率	f_{Lf}	具有反馈时的下限截止频率
f_{BW}	通频带	f_s	石英晶体的串联谐振频率
f_0	振荡频率	f_p	石英晶体的并联谐振频率
ω_0	谐振角频率		

7. 性能参数

符　号	说　明	符　号	说　明
$\bar{\beta}$	共发射极直流电流放大倍数	K_{CMR}	共模抑制比
β	共发射极交流电流放大倍数	A	开环放大倍数
A_u	交流电压放大倍数	A_{uf}	闭环电压放大倍数
A_{us}	源电压放大倍数	S_U	电压调整率
g_m	场效应晶体管低频跨导	S_I	电流调整率
η	效率	ΔU_{OPP}	纹波电压峰峰值
A_{ud}	差模电压放大倍数	q	占空比
$A_{ud1}(A_{ud2})$	单端输出差模电压放大倍数	φ_A	放大电路的相位移
A_{uc}	共模电压放大倍数	φ_F	反馈网络的相位移

附录二　半导体分立器件型号命名方法

第一部分		第二部分		第三部分				第四部分	第五部分
用阿拉伯数字表示器件的电极数目		用汉语拼音字母表示器件的材料和极性		用汉语拼音字母表示器件的类别				用阿拉伯数字表示登记顺序号	用汉语拼音字母表示规格号
符号	意义	符号	意　义	符号	意　义	符号	意　义		
2	二极管	A	N 型，锗材料	P	小信号管	CS	场效应晶体管		
		B	P 型，锗材料	H	混频管	BT	特殊晶体管		
		C	N 型，硅材料	V	检波管	FH	复合管		
		D	P 型，硅材料	W	电压调整管和电压基准管	JL	晶体管阵列		
		E	化合物或合金材料			PIN	PIN 二极管		
3	三极管	A	PNP 型，锗材料	C	变容管	ZL	二极管阵列		
		B	NPN 型，锗材料	Z	整流管	QL	硅桥式整流器		
		C	PNP 型，硅材料	L	整流堆	SX	双向三极管		
		D	NPN 型，硅材料	S	隧道管	XT	肖特基二极管		
		E	化合物或合金材料	K	开关管	CF	触发二极管		
				N	噪声管	DH	电流调整二极管		
				F	限幅管	SY	瞬时抑制二极管		
				X	低频小功率晶体管（$f_a<3$ MHz，$P_C<1$ W）	GS	光电子显示器		
						GF	发光二极管		
						GR	红外发射二极管		
				G	高频小功率晶体管（$f_a\geqslant 3$ MHz，$P_C<1$ W）	GJ	激光二极管		
						GD	光电二极管		
				D	低频大功率晶体管（$f_a<3$ MHz，$P_C\geqslant 1$ W）	GT	光电晶体管		
						GH	光电耦合器		
						GK	光电开关管		
				A	高频大功率晶体管（$f_a\geqslant 3$ MHz，$P_C\geqslant 1$ W）	GL	成像线阵器件		
						GM	成像面阵器件		
				T	闸流管				
				Y	体效应管				
				B	雪崩管				
				J	阶跃恢复管				

注：半导体分立器件的型号一般由第一部分到第五部分组成，也可以由第三部分到第五部分组成，表中波浪线标注部分内容为由第三部分到第五部分组成的器件型号的符号及其意义。

附录三　Multisim 14 软件的认识和使用

Multisim 14 软件为用户提供了丰富的元器件库和功能齐全的各类虚拟仪器，进入 Multisim 14 仿真环境，就如同置身于现代化电子实验室之中，足不出户就可以完成各种各样的电路设计、分析、测试。熟练掌握 Multisim 14 软件的应用，既可以节约时间又可以大幅度节约成本。在介绍仿真之前，先介绍一下 Multisim 14 软件的基本界面。

1. Multisim 14 软件的基本界面

启动 Windows“开始”菜单中的 Multisim 14，可以看到如附图 3-1 所示的 Multisim 14 软件的基本界面。Multisim 14 软件的基本界面主要由菜单栏、标准工具栏、绘图工具栏、使用中元器件列表、仿真开关、元器件工具栏、仪器工具栏、状态栏、电路工作区等组成。

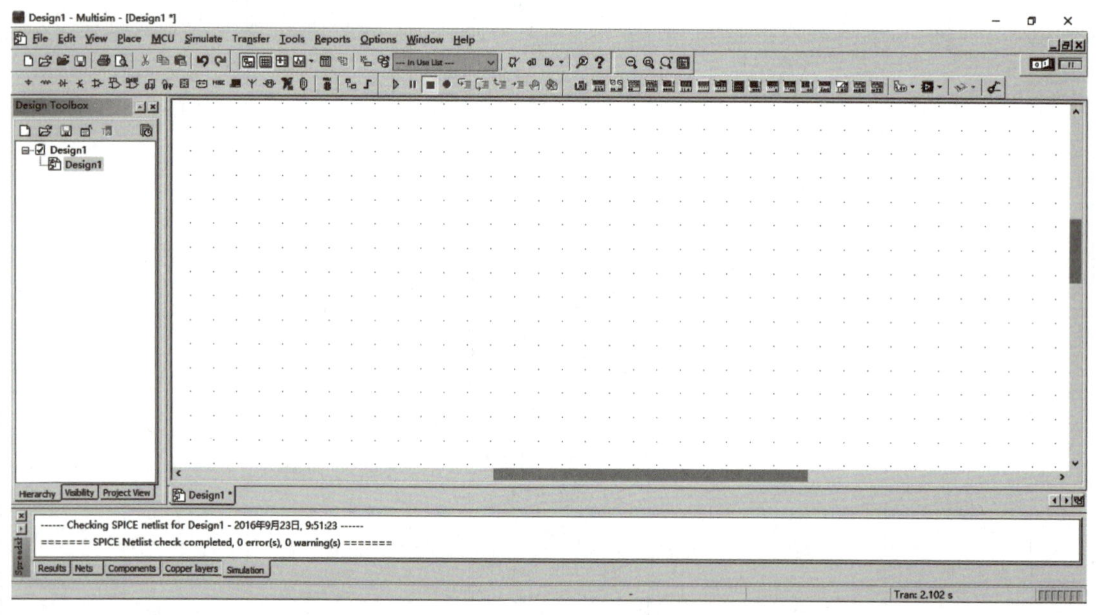

附图 3-1　Multisim 14 软件的基本界面

(1) 菜单栏(Menus)

如附图 3-2 所示，菜单栏主要提供文件(File)、编辑(Edit)、显示(View)、放置(Place)、单片机(MCU)、仿真(Simulate)、转换(Transfer)、工具(Tools)、报告(Reports)、选项(Options)、窗口(Window)以及帮助(Help)等 12 个菜单。

File　Edit　View　Place　MCU　Simulate　Transfer　Tools　Reports　Options　Window　Help

附图 3-2　菜单栏

(2) 标准工具栏(Standard Toolbar)

如附图 3-3 所示,标准工具栏包括新建文件、打开文件、保存文件、打印电路、打印预览以及剪切、复制和粘贴等选项。

附图 3-3 标准工具栏

(3) 仪器工具栏(Instruments Toolbar)

如附图 3-4 所示,Multisim 14 软件提供的仪器工具栏中共有虚拟仪器、仪表 18 台,电流检测探针 1 个,LabVIEW 采样仪器 7 种和动态测量探针 1 个。

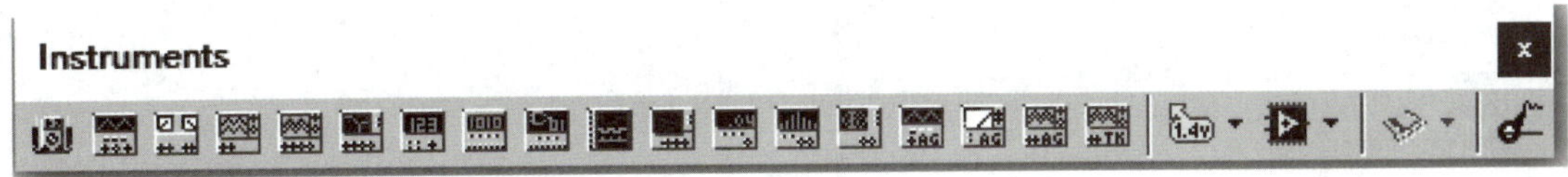

附图 3-4 仪器工具栏

(4) 元器件工具栏(Component)

如附图 3-5 所示,元器件工具栏包含电源、基本元件、二极管、三极管、相似元件、TTL 器件、CMOS 器件、杂项数字元件、混合元件、指示器件、电源模块、杂项元件、外围设备、射频器件、NI 元器件、机电器件、微处理器、层级模块和电路总线等。

附图 3-5 元器件工具栏

(5) 电路工作区(Workspace)

电路工作区相当于一个现实工作中的操作平台,电路图的编辑绘制、仿真分析及波形数据显示等都将在此窗口中进行。

(6) 状态栏(Status Bar)

状态栏主要用于显示当前操作和鼠标指向的有关信息。

(7) 使用中元器件列表(In Use List)

使用中元器件列表显示电路窗口已放置元器件的相关信息。

2. Multisim 界面定制

Multisim 界面定制包括工具栏、电路颜色、图纸尺寸、符号系统(ANSI 和 DIN)和打印设置等。定制设置和电路文件一起保存,可将电路定制成不同的颜色。

执行“Options”→“Sheet Propertise”命令,弹出“Sheet Propertise”对话框,在“Sheet visibility”选项卡中,可对电路中的元器件、网络名、总线入口等进行设定,如附图 3-6 所示,在“Workspace”选项卡中,可对电路工作区中的显示方式、纸型、尺寸、方向、单位等进行设定,如附图 3-7 所示,在其他选项卡中可对颜色(Colors)、线型(Wiring)、字体(Font)、印制电路板(PCB)及图层设置(Layer settings)进行设定。同时,执行“Options”→“Global

Preferences"可对元器件放置模式、符号标准、数字仿真设置等进行重置。

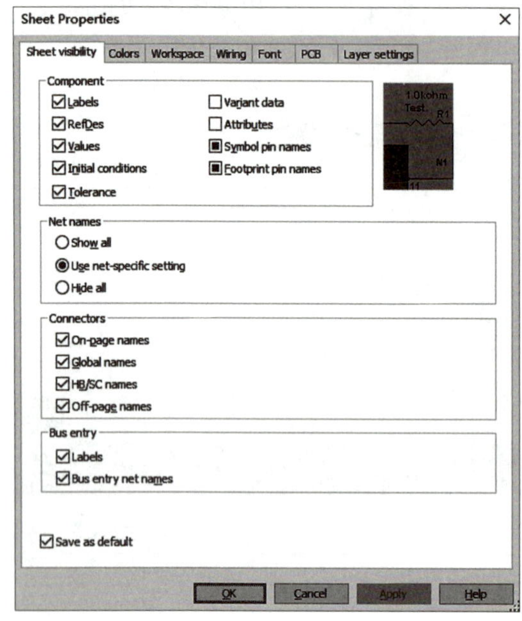

附图 3-6 "Sheet visibility"选项卡

附图 3-7 "Workspace"选项卡

3. Multisim 电路仿真

以单管放大电路为例，简要说明 Multisim 14 的电路仿真过程，包括建立电路文件、放置元器件、电路连接、虚拟仪器的使用和电路分析等全过程。

单管放大电路如附图 3-8 所示，这是一个静态工作点稳定的单管放大电路，包括 1 个三极管 2N2222A、5 个电阻器、3 个电容器、1 个 +12 V 直流电源、函数信号发生器和示波器。

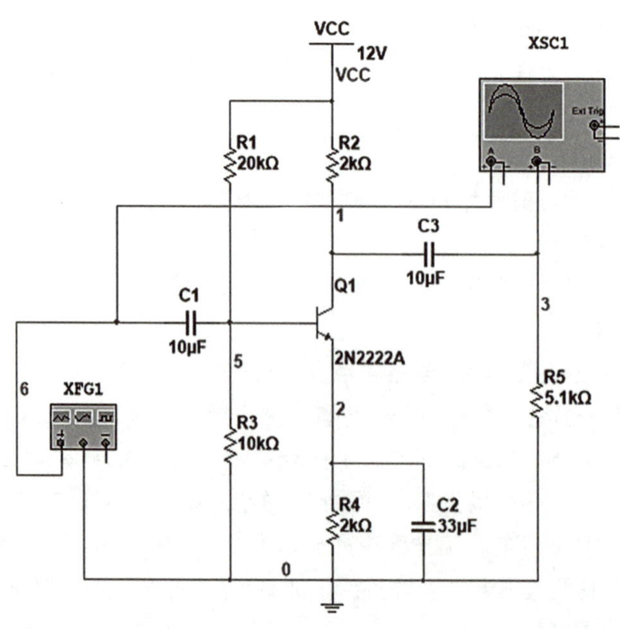

附图 3-8 单管放大电路

具体步骤如下：

(1) 建立电路文件

执行“开始”→“程序”→“Multisim 14”命令，启动 Multisim 14，启动后程序将自动建立名为“Design1”的空白电路文件，保存该文件并重新命名。

电路工作区的颜色、尺寸、显示模式等可以根据用户的使用习惯，执行“Options”→“Customize Interface”命令进行设置，此处保持程序默认设置。

(2) 放置元器件

① 放置 +12 V 电源

在元器件工具栏上单击“Sources 库”按钮，将弹出“Select a Component”对话框，选择“Family”栏中的“POWER-SOURCES”选项，如附图 3-9 所示，在右侧元器件列表栏中双击“VCC”，则在电路工作区中将弹出电源图标，双击电源图标，在“Value”选项卡中修改电压值为 12 V。

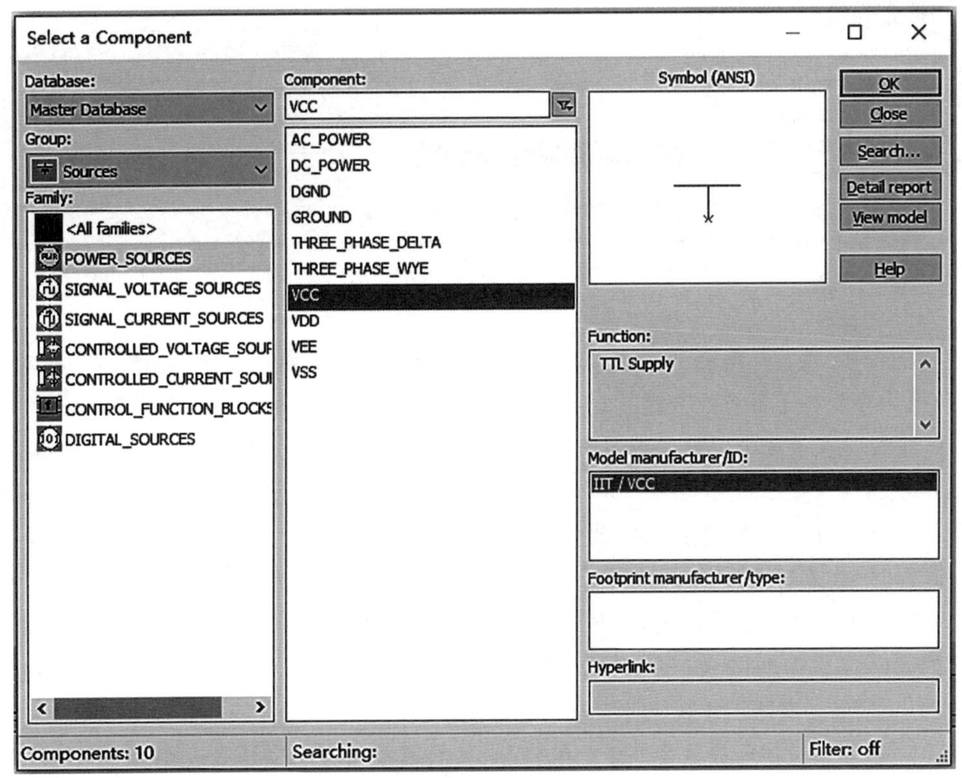

附图 3-9 电源选择

② 放置电阻器

在元器件工具栏上单击“Basic 库”按钮，将弹出“Select a Component”对话框，选择“Family”栏中的“RESISTOR”选项，如附图 3-10 所示，在右侧元器件列表栏中双击“20 k”，则在电路工作区中将弹出电阻器图标。

重复以上操作放置另外 4 个电阻器。

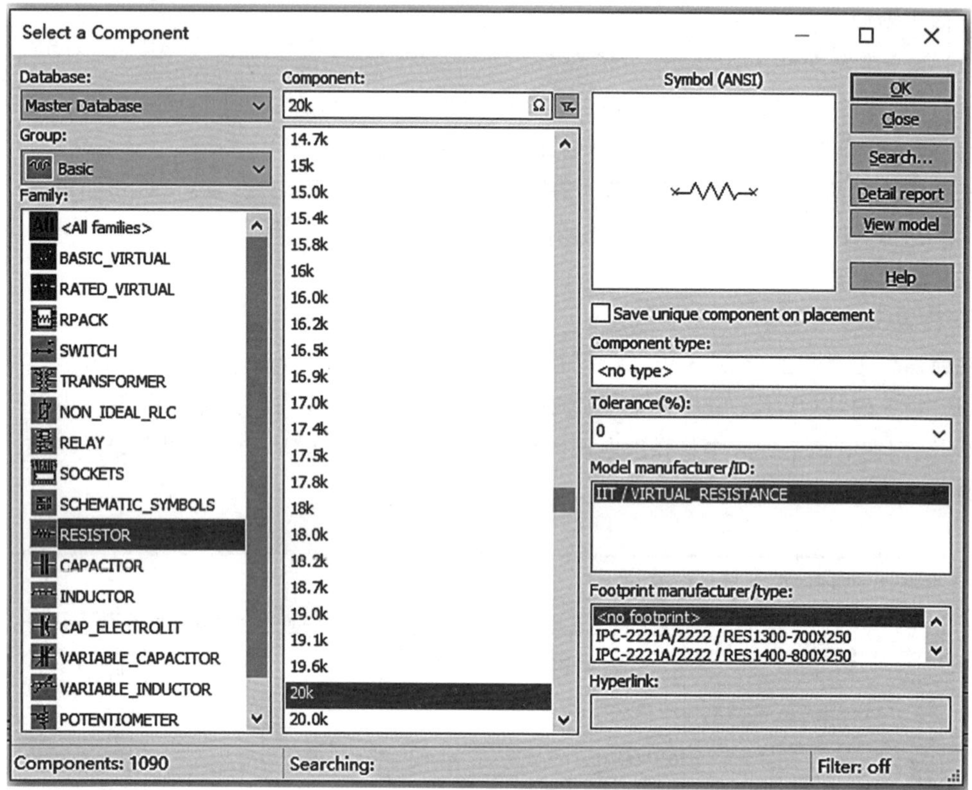

附图 3-10　电阻选择

提示：也可在电路工作区中单击选中元器件，采用键盘组合键“Ctrl + C”复制该元器件，再多次按下键盘组合键“Ctrl + V”粘贴该元器件，即可得到多个元器件。

如果要改变电阻器的放置方式（垂直放置或水平放置），则右击该电阻器图标，在弹出的快捷菜单中执行“Rotate 90 Clockwise”（顺时针旋转 90°）或“Rotate 90 Counter Clockwise”（逆时针旋转 90°）命令，则可将电阻器旋转。

③ 放置电容器

单击元器件工具栏上的“Basic 库”按钮，将弹出“Select a Component”对话框，选择“Family”栏中的“CAPACITOR”选项，如附图 3-11 所示，在右侧元器件列表栏中双击“10 μ”，则在电路工作区中将弹出电容器图标。

重复以上操作放置另外 2 个电容器，并将其放置到合适位置。同样也可在电路工作区中右击电容器图标，在弹出的快捷菜单中选择电容器的放置方式。

④ 放置 NPN 三极管

单击元器件工具栏上的“Transistors 库”按钮，将弹出“Select a Component”对话框，选择“Family”栏中的“BJT-NPN”选项，如附图 3-12 所示，在右侧元器件列表栏中双击“2N2222A”，则在电路工作区中将弹出三极管图标，将其拖到电路工作区中的合适位置。

⑤ 放置接地端

接地端是电路的公共参考点，电路中可以有多个接地符号，但实际上都属于同一个接

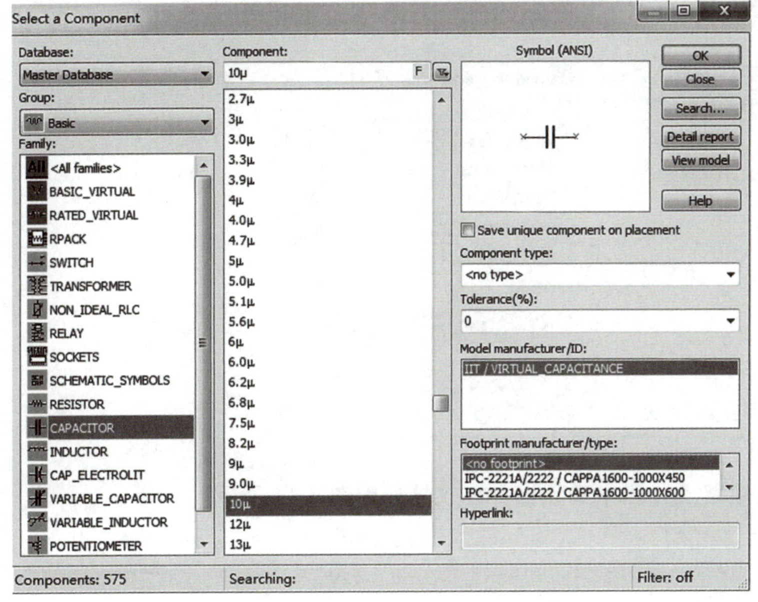

附图 3-11 电容器选择

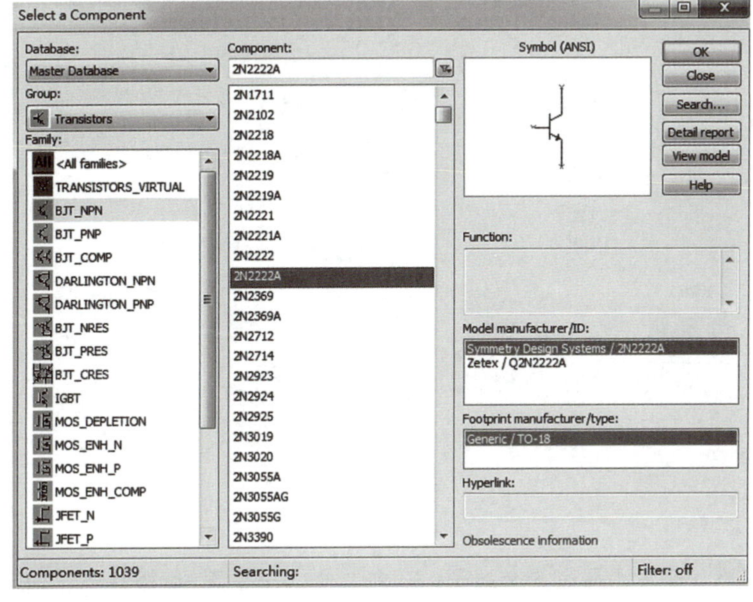

附图 3-12 三极管选择

地点，如果电路中没有接地端，仿真将不能进行。

单击元器件工具栏上的“Sources 库”按钮，将弹出“Select a Component”对话框，选择“Family”栏中的“POWERSOURCES”，在右侧元器件列表中双击“GROUND”，则在电路工作区中将出现接地端图标。

(3) 放置仪器

分别单击仪器工具栏中的“函数信号发生器”图标和“双通道示波器”图标，将其拖到电路工作区合适的位置。双击“函数信号发生器”图标，将弹出参数设置对话框。本例设置函数信号发生器输出频率为 1 kHz,幅值为 5 mV 的正弦信号,参数设置如附图 3-13 所示。

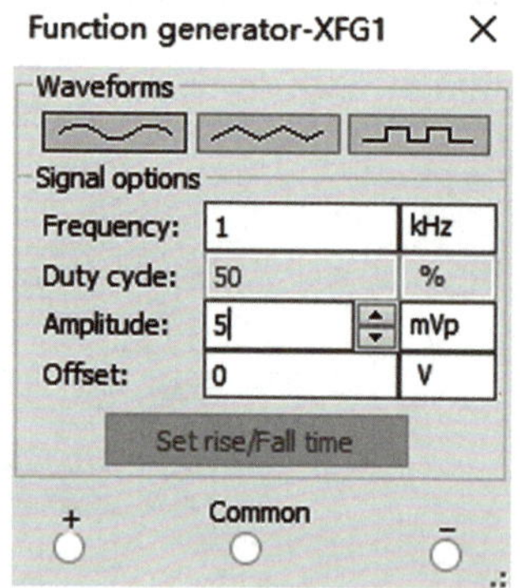

附图 3-13　函数信号发生器参数设置

放置在电路工作区中的元器件和仪器如附图 3-14 所示。

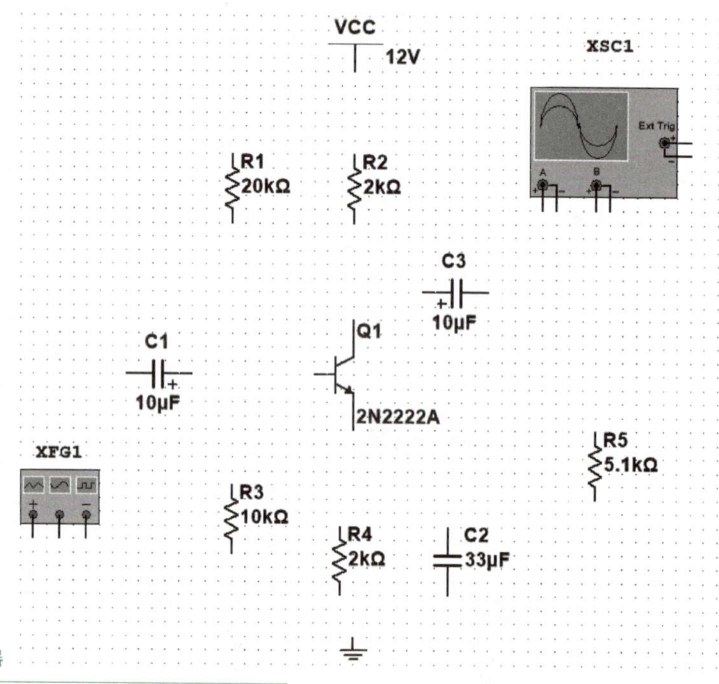

附图 3-14　放置在电路工作区中的元器件和仪器

其中,函数信号发生器有 3 个端子,左、右 2 个端子是正、负极性电压输出端,中间端子是公共端,一般接地,此处采用正极性输出端。

示波器的"A""B"端是两路模拟信号输入端,与附图 3-8 中电路的输入和输出相连,Multisim 软件默认"-"端(接地端)与地相连接,可不画出连线,"Ext Trig"端是外触发信号输入端,此处不用。

(4) 电路连接

① 元器件与元器件间的连接

将鼠标指向所要连接的元器件引脚上,此时鼠标指针会变成带圆点的十字形光标,单击该元器件引脚并移动鼠标,即可拉出一条虚线,到达要连接的另外元器件的引脚时单击该点，则完成两点间的连线。如果连线过程中要从某点转弯，则单击该点，然后再移动鼠标，即可在需要的某个地方转弯。

② 元器件与导线间的连接

单击所要连接的元器件引脚并移动鼠标，即可拉出一条虚线，到达要连接的线路上再单击，则连线完成，系统自动在线路交叉上放置一个节点。

将附图 3-14 的元器件和仪器按照上述方法连接后，将得到附图 3-8 所示电路。

(5) 电路的进一步调整

为了使电路更整洁规范，便于仿真，可以对电路进行进一步编辑处理。

① 调整元器件位置。选定元器件，按住鼠标左键并将其拖到合适位置。

② 改变元器件标号。双击元器件，在属性对话框中可改变元器件的标号。

③ 显示网络编号。在主窗口中执行“Options”→“Sheet Properties”命令，将弹出“Sheet Properties”对话框。在“Sheet visibility”选项卡中，选中“Net names”选项区域内的“Show all”选项，则显示线路上的网络编号。

④ 导线和节点的删除。右击想要删除的导线，在弹出的快捷菜单中执行“Delete”命令即可删除；若想删除某节点，则将鼠标指向所要删除的节点并右击，在弹出的快捷菜单中执行“Delete”命令即可。

(6) 电路仿真

电路连接好后，此时电路并未工作，需按下电路工作区上方的仿真开关，电路才开始工作，电路工作后，双击示波器，调整示波器的横坐标和纵坐标刻度得到波形，如附图 3-15 所示，可以观察到附图 3-8 所示单管放大电路的放大倍数和波形失真情况。

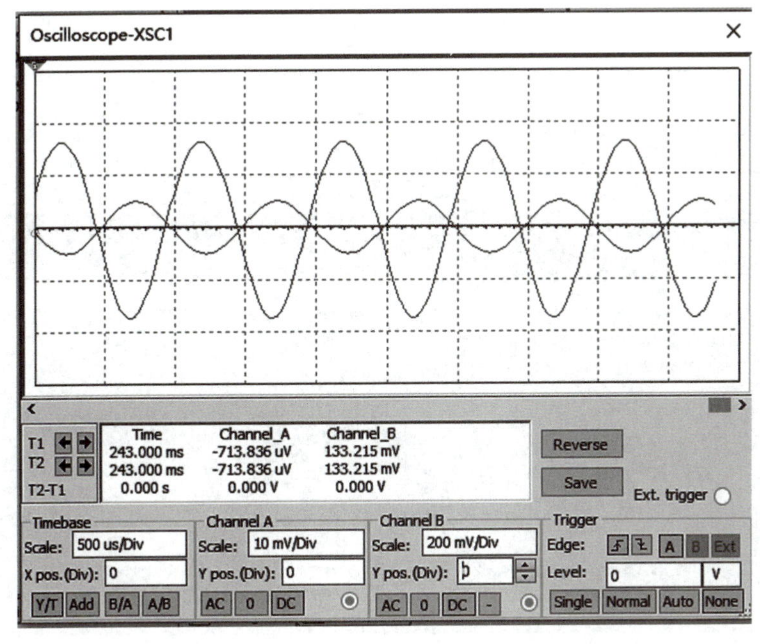

附图 3-15　单管放大电路的输出结果

注意：示波器的默认背景颜色是黑色，此处通过单击示波器面板上的“Reverse”按钮将示波器的背景颜色反色。

执行“Simulate”→“Analyses”→“DC Operating Point”命令，将弹出“DC Operating Point Analysis”对话框，如附图 3-16 所示。在左侧列表栏中选择需要仿真的输出变量，此处选择 1，2，5 节点为输出，选中后单击“Add”按钮，添加到右侧列表栏作为输出，然后单击“Simulate”按钮，得出静态工作点仿真结果，如附图 3-17 所示。

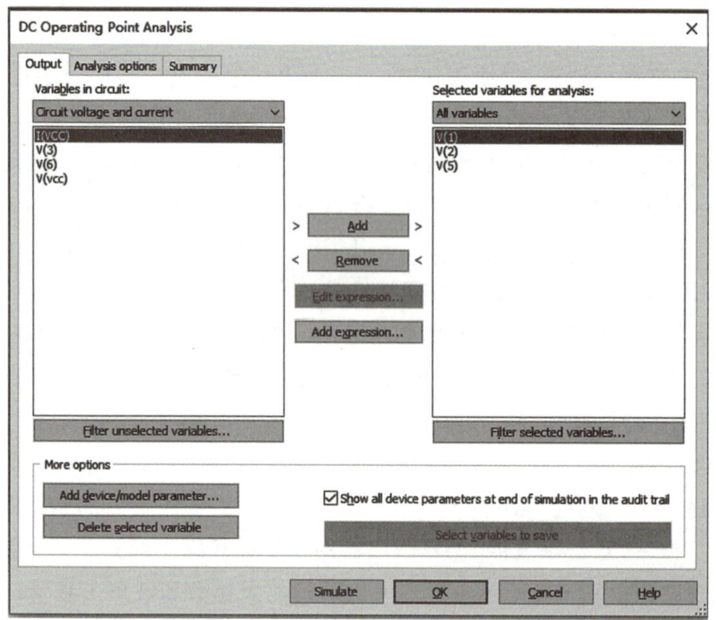

附图 3-16 “DC Operating Point Analysis”对话框

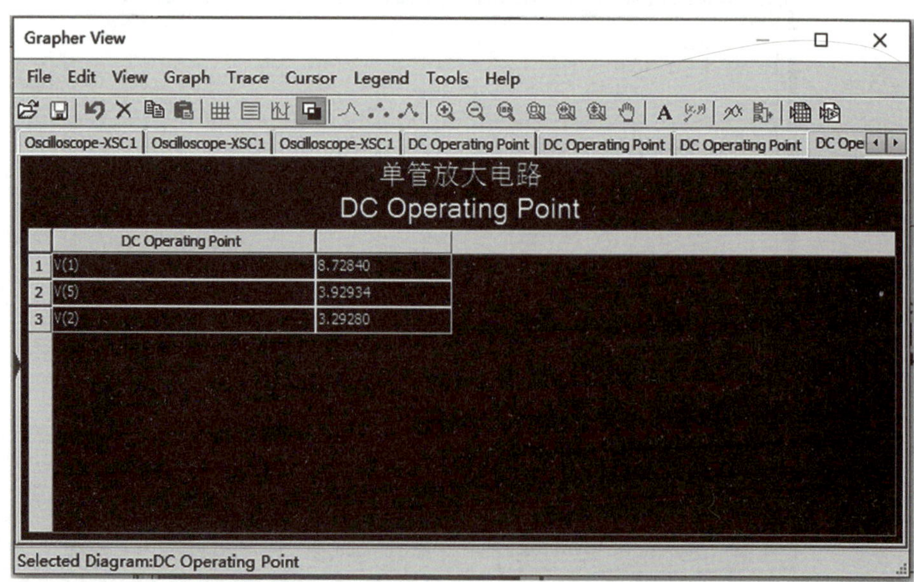

附图 3-17 静态工作点仿真结果

参 考 文 献

[1] 于宝明.电工电子技术[M].2版.北京:高等教育出版社,2019.

[2] 周雪.模拟电子技术[M].5版.西安:西安电子科技大学出版社,2021.

[3] 胡宴如.模拟电子技术[M].6版.北京:高等教育出版社,2019.

[4] 古良玲,王玉菡.电子技术实验与Multisim 12仿真[M].北京:机械工业出版社,2015.

[5] 付植桐,张永飞.电子技术[M].6版.北京:高等教育出版社,2019.

[6] 华成英.模拟电子技术基本教程[M].北京:高等教育出版社,2020.